Wilfried Weißgerber

Elektrotechnik für Ingenieure – Formelsammlung

Aus dem Programm Elektrotechnik

Weitere Lehrbücher des Autors:

Elektrotechnik für Ingenieure Bd 1 bis 3
von W. Weißgerber

Elektrotechnik für Ingenieure – Klausurenrechnen
von W. Weißgerber

Handbuch Elektrotechnik
herausgegeben von W. Plaßmann und W. Schulz

Grundzusammenhänge der Elektrotechnik
von H. Kindler und K.-D. Haim

Aufgabensammlung Elektrotechnik 1 und 2
von M. Vömel und D. Zastrow

Elektrotechnik
von D. Zastrow

www.viewegteubner.de

Wilfried Weißgerber

Elektrotechnik für Ingenieure – Formelsammlung

Elektrotechnik kompakt

3., überarbeitete und erweiterte Auflage

STUDIUM

Bibliografische Information der Deutschen Nationalbibliothek
Die Deutsche Nationalbibliothek verzeichnet diese Publikation in der
Deutschen Nationalbibliografie; detaillierte bibliografische Daten sind im Internet über
<http://dnb.d-nb.de> abrufbar.

1. Auflage 1999
2., korrigierte und erweiterte Auflage 2004
3., überarbeitete und erweiterte Auflage 2009

Alle Rechte vorbehalten
© Vieweg+Teubner | GWV Fachverlage GmbH, Wiesbaden 2009

Lektorat: Reinhard Dapper | Walburga Himmel

Vieweg+Teubner ist Teil der Fachverlagsgruppe Springer Science+Business Media.
www.viewegteubner.de

Das Werk einschließlich aller seiner Teile ist urheberrechtlich geschützt. Jede Verwertung außerhalb der engen Grenzen des Urheberrechtsgesetzes ist ohne Zustimmung des Verlags unzulässig und strafbar. Das gilt insbesondere für Vervielfältigungen, Übersetzungen, Mikroverfilmungen und die Einspeicherung und Verarbeitung in elektronischen Systemen.

Die Wiedergabe von Gebrauchsnamen, Handelsnamen, Warenbezeichnungen usw. in diesem Werk berechtigt auch ohne besondere Kennzeichnung nicht zu der Annahme, dass solche Namen im Sinne der Warenzeichen- und Markenschutz-Gesetzgebung als frei zu betrachten wären und daher von jedermann benutzt werden dürften.

Umschlaggestaltung: KünkelLopka Medienentwicklung, Heidelberg
Technische Redaktion: FROMM MediaDesign, Selters/Ts.
Druck und buchbinderische Verarbeitung: Krips b.v., Meppel
Gedruckt auf säurefreiem und chlorfrei gebleichtem Papier.
Printed in the Netherlands

ISBN 978-3-8348-0301-6

Vorwort

Viele Studenten kommen mit der ausführlichen Darstellung der elektrotechnischen Zusammenhänge in den drei Bänden der „Elektrotechnik für Ingenieure" gut zurecht. Geht es dann in die Phase der Prüfungsvorbereitung, wünschen sie sich eine kompakte Darstellung, in der die wichtigsten Zusammenhänge, Lösungsabläufe und Formeln zusammengefasst sind, mit denen Übungs- und Prüfungsaufgaben gelöst werden können. Vor der Prüfung erschlägt sie förmlich die Fülle des Stoffes in einem umfangreichen Lehrbuch, der während des Studiums nur einmal gehört und nur einmal mittels Übungsaufgaben nachbereitet werden konnte. Etwa ein Sechstel des Textes ist leichter zu überschauen und zur Prüfung zu wiederholen.

Diese vorliegende Formelsammlung sollte die Studenten allerdings nicht dazu verführen, die Elektrotechnik mit Hilfe dieser Zusammenfassung verstehen zu wollen. Die Formelsammlung kann erst nützlich sein, nachdem die Zusammenhänge im Lehrbuch bearbeitet und verstanden worden sind. Dann erst hilft die Formelsammlung bei der Lösung von Übungs- und Prüfungsaufgaben.

Die berufspraktische Tätigkeit eines Diplomingenieurs setzt die Kenntnis von elektrotechnischen Grundlagen voraus. Dafür ist oft ein komprimiertes Buch mit Zusammenfassungen, Formeln und Arbeitsanweisungen ausreichend und sinnvoll, und es findet in jedem Schreibtisch einen Platz.

Sollte diese „Formelsammlung und mehr" für ein zu lösendes Problem nicht ausreichend sein, kann mit dem Seitenbezug zu den Lehrbüchern die jeweilige ausführliche Darstellung gefunden werden. Sie steht hinter den Überschriften jeden Kapitels.

Textbild und Zeichnungen sind ganz bewusst aus den Lehrbüchern entnommen, damit das in den Lehrbüchern vertraute Bild wieder erkannt wird.

Die 2. Auflage wurde um ein Sachwortverzeichnis und ein Verzeichnis der verwendeten Formelzeichen ergänzt. Die 3. Auflage wurde vollständig überarbeitet.

Wedemark, im September 2009   *Wilfried Weißgerber*

Inhaltsverzeichnis

Vorwort		V
Schreibweisen, Formelzeichen und Einheiten		XI
1	**Physikalische Grundbegriffe der Elektrotechnik**	1
2	**Gleichstromtechnik**	4
2.1	Der unverzweigte Stromkreis	4
	2.1.1 Der Grundstromkreis	4
	2.1.2 Zählpfeilsysteme	6
	2.1.3 Die Reihenschaltung von Widerständen	6
	2.1.4 Anwendungen der Reihenschaltung von Widerständen	6
	2.1.5 Die Reihenschaltung von Spannungsquellen	7
2.2	Der verzweigte Stromkreis	7
	2.2.1 Die Maschenregel	7
	2.2.2 Die Knotenpunktregel	7
	2.2.3 Die Parallelschaltung von Widerständen	8
	2.2.4 Anwendungen der Parallelschaltung von Widerständen	8
	2.2.5 Ersatzspannungsquelle und Ersatzstromquelle	9
	2.2.6 Die Parallelschaltung von Spannungsquellen	11
	2.2.7 Messung von Widerständen	12
	2.2.8 Der belastete Spannungsteiler	13
	2.2.9 Kompensationsschaltungen	14
	2.2.10 Umwandlung einer Dreieckschaltung in eine Sternschaltung und umgekehrt	15
2.3	Verfahren zur Netzwerkberechnung	16
	2.3.1 Netzwerkberechnung mit Hilfe der Kirchhoffschen Sätze	16
	2.3.2 Netzwerkberechnung mit Hilfe des Überlagerungssatzes	17
	2.3.3 Netzwerkberechnung mit Hilfe der Zweipoltheorie	18
	2.3.4 Netzwerkberechnung nach dem Maschenstromverfahren	21
	2.3.5 Netzwerkberechnung nach dem Knotenspannungsverfahren	22
2.4	Elektrische Energie und elektrische Leistung	23
	2.4.1 Energie und Leistung	23
	2.4.2 Energieumwandlungen	23
	2.4.3 Messung der elektrischen Energie und Leistung	23
	2.4.4 Wirkungsgrad in Stromkreisen	25
	2.4.5 Anpassung	26
3	**Das elektromagnetische Feld**	27
3.1	Der Begriff des Feldes	27
3.2	Das elektrische Strömungsfeld	29
	3.2.1 Wesen des elektrischen Strömungsfeldes	29
	3.2.2 Elektrischer Strom und elektrische Stromdichte	29

	3.2.3	Elektrische Spannung und elektrische Feldstärke, elektrischer Widerstand und spezifischer Widerstand	31
3.3	Das elektrostatische Feld		33
	3.3.1	Wesen des elektrostatischen Feldes	33
	3.3.2	Verschiebungsfluss und Verschiebungsflussdichte	33
	3.3.3	Elektrische Spannung und elektrische Feldstärke, Kapazität und Permittivität (Dielektrizitätskonstante)	35
	3.3.4	Verschiebestrom – Strom im Kondensator	41
	3.3.5	Energie und Kräfte des elektrostatischen Feldes	42
	3.3.6	Das Verhalten des elektrostatischen Feldes an der Grenze zwischen Stoffen verschiedener Dielektrizitätskonstanten	43
3.4	Das magnetische Feld		44
	3.4.1	Wesen des magnetischen Feldes	44
	3.4.2	Magnetischer Fluss und magnetische Flussdichte	44
	3.4.3	Durchflutung, magnetische Spannung und magnetische Feldstärke (magnetische Erregung), magnetischer Widerstand und Permeabilität	47
	3.4.4	Das Verhalten des magnetischen Feldes an der Grenze zwischen Stoffen verschiedener Permeabilitäten	53
	3.4.5	Berechnung magnetischer Kreise	54
		3.4.5.1 Berechnung geschlossener magnetischer Kreise	54
		3.4.5.2 Berechnung des nichteisengeschlossenen magnetischen Kreises einer Doppelleitung und mehrerer paralleler Leiter	60
		3.4.5.3 Berechnung magnetischer Kreise mit Dauermagneten	61
	3.4.6	Elektromagnetische Spannungserzeugung – das Induktionsgesetz ...	63
		3.4.6.1 Bewegte Leiter in einem zeitlich konstanten Magnetfeld – die Bewegungsinduktion	63
		3.4.6.2 Zeitlich veränderliches Magnetfeld und ruhende Leiter – die Ruheinduktion	67
	3.4.7	Selbstinduktion und Gegeninduktion	70
		3.4.7.1 Die Selbstinduktion	70
		3.4.7.2 Die Gegeninduktion	73
		3.4.7.3 Haupt- und Streuinduktivitäten, Kopplungs- und Streufaktoren	81
	3.4.8	Magnetische Energie und magnetische Kräfte	82
		3.4.8.1 Magnetische Energie	82
		3.4.8.2 Magnetische Kräfte	83

4 Wechselstromtechnik 84

4.1	Wechselgrößen und sinusförmige Wechselgrößen	84
4.2	Berechnung von sinusförmigen Wechselgrößen mit Hilfe der komplexen Rechnung	86
4.3	Wechselstromwiderstände und Wechselstromleitwerte	91
4.4	Praktische Berechnung von Wechselstromnetzen	101
4.5	Die Reihenschaltung und Parallelschaltung von ohmschen Widerständen, Induktivitäten und Kapazitäten	102
	4.5.1 Die Reihenschaltung von Wechselstromwiderständen – die Reihen- oder Spannungsresonanz	102

	4.5.2	Die Parallelschaltung von Wechselstromwiderständen – die Parallel- oder Stromresonanz	107
4.6		Spezielle Schaltungen der Wechselstromtechnik	112
	4.6.1	Schaltungen für eine Phasenverschiebung von 90⁰ zwischen Strom und Spannung	112
	4.6.2	Schaltungen zur automatischen Konstanthaltung des Wechselstroms – die Boucherot-Schaltung	113
	4.6.3	Wechselstrom-Messbrückenschaltungen	113
4.7		Die Leistung im Wechselstromkreis	116
	4.7.1	Augenblicksleistung, Wirkleistung, Blindleistung, Scheinleistung und komplexe Leistung	116
	4.7.2	Die Messung der Wechselstromleistung	120
	4.7.3	Verbesserung des Leistungsfaktors – Blindleistungs- kompensation	122
	4.7.4	Wirkungsgrad und Anpassung	123

5 Ortskurven 124

- 5.1 Begriff der Ortskurve 124
- 5.2 Ortskurve „Gerade" 125
- 5.3 Ortskurve „Kreis durch den Nullpunkt" 125
- 5.4 Ortskurve „Kreis in allgemeiner Lage" 126
- 5.5 Ortskurven höherer Ordnung 126

6 Der Transformator 127

- 6.1 Übersicht über Transformatoren 127
- 6.2 Transformatorgleichungen und Zeigerbild 127
- 6.3 Ersatzschaltbilder mit galvanischer Kopplung 130
- 6.4 Messung der Ersatzschaltbildgrößen des Transformators 132
- 6.5 Frequenzabhängigkeit der Spannungsübersetzung eines Transformators 134

7 Mehrphasensysteme 135

- 7.1 Die m-Phasensysteme 135
- 7.2 Symmetrische verkettete Dreiphasensysteme 136
- 7.3 Unsymmetrische verkettete Dreiphasensysteme 138
- 7.4 Messung der Leistungen des Dreiphasensystems 143

8 Ausgleichsvorgänge in linearen Netzen 144

- 8.1 Grundlagen für die Behandlung von Ausgleichsvorgängen 144
- 8.2 Berechnung von Ausgleichsvorgängen durch Lösung
von Differentialgleichungen 145
- 8.3 Berechnung von Ausgleichsvorgängen mit Hilfe
der Laplace-Transformation 150
  - 8.3.1 Grundlagen für die Behandlung der Ausgleichsvorgänge
mittels Laplace-Transformation 150
  - 8.3.2 Lösungsmethoden für die Berechnung von Ausgleichsvorgängen
Zusammenfassung der Laplace-Operationen
und der Laplace-Transformierten (Korrespondenzen) 153

9 Fourieranalyse von nichtsinusförmigen periodischen Wechselgrößen und nichtperiodischen Größen 163

- 9.1 Fourierreihenentwicklung von analytisch gegebenen nichtsinusförmigen periodischen Wechselgrößen 163
- 9.2 Reihenentwicklung von in diskreten Punkten vorgegebenen nichtsinusförmigen periodischen Funktionen 170
- 9.3 Anwendungen der Fourierreihen 176
- 9.4 Die Darstellung nichtsinusförmiger periodischer Wechselgrößen durch komplexe Reihen 178
- 9.5 Transformation von nichtsinusförmigen nichtperiodischen Größen durch das Fourierintegral 178

10 Vierpoltheorie 180

- 10.1 Grundlegende Zusammenhänge der Vierpoltheorie 180
- 10.2 Vierpolgleichungen, Vierpolparameter und Ersatzschaltungen 180
- 10.3 Vierpolparameter passiver Vierpole 185
- 10.4 Betriebskenngrößen von Vierpolen 188
- 10.5 Leistungsverstärkung und Dämpfung 190
- 10.6 Spezielle Vierpole 191
- 10.7 Zusammenschalten zweier Vierpole 192
  - 10.7.1 Grundsätzliches über Vierpolzusammenschaltungen 192
  - 10.7.2 Die Parallel-Parallel-Schaltung zweier Vierpole 193
  - 10.7.3 Die Reihen-Reihen-Schaltung zweier Vierpole 194
  - 10.7.4 Die Reihen-Parallel-Schaltung zweier Vierpole 195
  - 10.7.5 Die Parallel-Reihen-Schaltung zweier Vierpole 197
  - 10.7.6 Die Ketten-Schaltung zweier Vierpole 198
- 10.8 Die Umrechnung von Vierpolparametern von Dreipolen 199
- 10.9 Die Wellenparameter passiver Vierpole 200

Sachwortverzeichnis 201

Schreibweisen, Formelzeichen und Einheiten

Schreibweise physikalischer Größen und ihrer Abbildungen

u, i	Augenblicks- oder Momentanwert zeitabhängiger Größen: kleine lateinische Buchstaben
U, I	Gleichgrößen, Effektivwerte: große lateinische Buchstaben
û, î	Maximalwert
$\underline{u}, \underline{i}$	komplexe Zeitfunktion, dargestellt durch rotierende Zeiger
$\underline{û}, \underline{î}$	komplexe Amplitude
$\underline{U}, \underline{I}$	komplexer Effektivwert, dargestellt durch ruhende Zeiger
$\underline{Z}, \underline{Y}, \underline{z}$	komplexe Größen
$\underline{Z}^*, \underline{Y}^*, \underline{z}^*$	konjugiert komplexe Größen
$\vec{E}, \vec{D}, \vec{r}$	vektorielle Größen

Schreibweise von Zehnerpotenzen

10^{-12} = p = Piko	10^{-2} = c = Zenti	10^{3} = k = Kilo
10^{-9} = n = Nano	10^{-1} = d = Dezi	10^{6} = M = Mega
10^{-6} = µ = Mikro	10^{1} = da = Deka	10^{9} = G = Giga
10^{-3} = m = Milli	10^{2} = h = Hekto	10^{12} = T = Tera

Formelzeichen physikalischer Größen

a	Länge	c	Länge
	Vierpolparameter		Konstante
	Wellendämpfungsmaß		Lichtgeschwindigkeit
a_k	Fourierkoeffizient		c = 2,99792·10^8 m/s
$\underline{a}$	Operator des m-Phasensystems		spezifische Wärmekapazität
A	Fläche, Querschnittsfläche,		(spezifische Wärme)
$\underline{A}$	komplexe Größe		Vierpolparameter
	Vierpolparameter	$\underline{c}_k$	komplexer Fourierkoeffizient
b	Länge,	c_k	Amplitudenspektrum
	Wellenphasenmaß	C	elektrische Kapazität
b_k	Fourierkoeffizient		Konstante
$B, \vec{B}$	magnetische Flussdichte oder	$\underline{C}$	komplexe Größe
	magnetische Induktion,		Vierpolparameter
$\underline{B}$	komplexe Größe	d	Dicke,
B	Blindleitwert (Suszeptanz)		Durchmesser
			Verlustfaktor

D, $\vec{D}$	elektrische Verschiebungsflussdichte oder Erregungsflussdichte		$\hat{i}$	komplexe Amplitude des Stroms
D	Durchmesser		I	Stromstärke (Gleichstrom, Effektivwert)
D*	Drehfederkonstante		$\underline{I}$	komplexer Effektivwert des Stroms
e	Elementarladung $e = 1{,}602 \cdot 10^{-19}$ As zeitlich veränderliche EMK		j	imaginäre Einheit: $\sqrt{-1}$ imaginäre Achse
E	EMK		k	Knotenzahl Kopplungsfaktor Klirrfaktor laufender Index
E, $\vec{E}$	elektrische Feldstärke			
$\underline{E}$	komplexe Größe			
f	Frequenz Formfaktor		K	Konstante
f_{Fe}	Eisenfüllfaktor		$\underline{K}$	Ortskurve Kreis
f(t)	Zeitfunktion		l, $\vec{l}$	Länge
F, $\vec{F}$	Kraft		l	Anzahl
$\underline{F}$	komplexe Größe		L	Induktivität
F(s)	Laplacetransformierte der Zeitfunktion f(t)		$\underline{L}$	komplexe Größe
F{f(t)}	Fouriertransfomierte der Zeitfunktion f(t)		L{f(t)}	Laplacetransformierte der Zeitfunktion f(t)
F(jω)	Fouriertransfomierte der Zeitfunktion f(t)		m	Masse Anzahl
$|F(j\omega)|$	Amplitudenspektrum		M	Gegeninduktivität Drehmoment
g	Gütefaktor Wellen-Übertragungsmaß		n	Anzahl Drehzahl
G	elektrischer Leitwert Wirkleitwert (Konduktanz)		N	Entmagnetisierungsfaktor
G_m	magnetischer Leitwert		$\vec{N}$	Normale
G(s)	Übertragungsfunktion, Netzwerkfunktion		$\underline{N}$	komplexe Größe
G(jω)	Übertragungsfunktion		$\underline{O}$	allgemeine Ortskurvengleichung
$\underline{G}$	Ortskurve Gerade		p	Augenblicksleistung Verhältniszahl Parameter Tastverhältnis
h	Höhe, Länge Vierpolparameter			
H, $\vec{H}$	magnetische Feldstärke oder magnetische Erregung		p_i	Größen der Zipperer-Tafel
			P	Leistung (Gleichleistung, Wirkleistung)
$\underline{H}$	Vierpolparameter		$\underline{P}$	Ortskurve Parabel
i	zeitlich veränderlicher Strom (Augenblicks- oder Momentanwert) laufender Index		q	zeitlich veränderliche Ladung
			q_i	Größen der Zipperer-Tafel
			Q	Ladung, Elektrizitätsmenge Blindleistung Kreisgüte, Gütefaktor, Resonanzschärfe
$\hat{i}$	Amplitude, Maximalwert des sinusförmigen Stroms			
$\underline{i}$	komplexe Zeitfunktion des Stroms			

r	variabler Radius	V	Volumen
	Betrag einer komplexen Zahl		magnetische Spannung
	reelle Achse		Effektivwert einer allgemeinen Größe v
	Widerstandsverhältnis		
$\vec{r}$	Radiusvektor, Ortsvektor		Verstärkung
R	elektrischer Widerstand		normierte Verstimmung
	Wirkwiderstand (Resistanz)	w	Windungszahl
	Radius		zeitlich veränderliche Energie
R_m	magnetischer Widerstand	w′	Energiedichte
$\underline{R}$	komplexe Größe	$\underline{w}$	komplexe Zahl
s	Weg, Länge	W	Arbeit, Energie
	komplexe Variable der Laplacetransformation	x	unabhängige Veränderliche laufende Ordinate auf der Abzissenachse
s_i	Ordinatensprünge		
$s_n(t)$	Summenfunktion		Verhältniszahl
$S, \vec{S}$	Stromdichte		Realteil einer komplexen Zahl
S	Scheinleistung	x(t)	Eingangs-Zeitfunktion
$\underline{S}$	komplexe Leistung	X	Blindwiderstand (Reaktanz)
	komplexe Größe	X(s)	Laplacetransformierte der Eingangs-Zeitfunktion
t	Zeit		
T	Periodendauer (Dauer einer Schwingung)	y	laufende Ordinate auf der Ordinatenachse
u	zeitlich veränderliche elektrische Spannung (Augenblicks- oder Momentanwert)		Imaginärteil einer komplexen Zahl
			Vierpolparameter
	Realteil einer komplexen Zahl	y(t)	Ausgangs-Zeitfunktion
$\hat{u}$	Amplitude, Maximalwert der sinusförmigen Spannung	Y	Scheinleitwert (Admittanz)
		Y(s)	Laplacetransformierte der Ausgangs-Zeitfunktion
$\underline{u}$	komplexe Zeitfunktion der elektrischen Spannung		
		$\underline{Y}$	komplexer Leitwert bzw. komplexer Leitwertoperator
$\underline{\hat{u}}$	komplexe Amplitude der elektrischen Spannung		
			Vierpolparameter
U	elektrische Spannung (Gleichspannung, Effektivwert)	z	Zweigzahl
			Ankerumdrehungen
$\underline{U}$	komplexer Effektivwert der elektrischen Spannung		laufende Ordinate
			Vierpolparameter
ü	Übersetzungsverhältnis	$\underline{z}$	komplexe Zahl
$v, \vec{v}$	Geschwindigkeit	Z	Scheinwiderstand (Impedanz)
v	allgemeine zeitlich veränderliche Größe	$\underline{Z}$	komplexer Widerstand bzw. komplexer Widerstandsoperator
	Imaginärteil einer komplexen Zahl		Vierpolparameter
	Widerstandsverhältnis		
v_i	abgelesene Ordinatenwerte		
$v_i(x)$	Geradenstücke einer Ersatzfunktion		

α	Winkel	φ_{vk}	Phasenspektrum
	Temperaturkoeffizient	$\varphi(\omega)$	Phasenspektrum
	Zeigerausschlag	Φ	magnetischer Fluss
β	Winkel	ϑ	Temperatur
	Temperaturkoeffizient	κ	spezifischer Leitwert
γ	Winkel		Teil der Lösung der charakteristischen Gleichung
	Zeigerausschlag		
δ	Verlustwinkel	λ	Lösung der charakteristischen Gleichung
	Abklingkonstante		
	Realteil der komplexen Variablen s	μ	Permeabilität Permeabilität des Vakuums:
$\delta(t)$	Dirac-Impuls oder Dirac'sche Deltafunktion		$\mu_0 = 1{,}256 \cdot 10^{-6}\, \dfrac{\text{Vs}}{\text{Am}}$
Δ	Differenz, Abweichung	ν	laufender Index
Δf	Bandbreite		relative Verstimmung
ε	Dielektrizitätskonstante	ρ	spezifischer Widerstand
	Dielektrizitätskonstante des Vakuums, Influenzkonstante:	Θ	Durchflutung
		σ	Streufaktor
	$\varepsilon_0 = 8{,}8542 \cdot 10^{-12}\, \dfrac{\text{As}}{\text{Vm}}$	$\sigma(t)$	Sprungfunktion
		τ	Zeitkonstante
	Fehlwinkel		Temperaturkennwert
η	Wirkungsgrad	ω	Kreisfrequenz
φ	elektrisches Potential	Ψ	Verschiebungsfluss
	Phasenverschiebung		Induktionsfluss oder verketteter Fluss
	Argument einer komplexen Zahl		
		Ψ_k	Phasenspektrum
φ_i	Anfangsphasenwinkel des Stroms	ζ	Abszissenwert von Stützstellen Scheitelfaktor
φ_u	Anfangsphasenwinkel der Spannung		

Schreibweisen, Formelzeichen und Einheiten

Einheiten des SI-Systems (Système International d'Unités)

Basiseinheit

der Länge l	das Meter, m
der Masse m	das Kilogramm, kg
der Zeit t	die Sekunde, s
der elektrischen Stromstärke I	das Ampere, A
der absoluten Temperatur T	das Kelvin, K
der Lichtstärke I	die Candela, cd
der Stoffmenge n	das Mol, mol

von den Basiseinheiten abgeleitete Einheit

der Kraft F	Newton,	$1N = 1kg \cdot m \cdot s^{-2} = 1V \cdot A \cdot s \cdot m^{-1}$
der Energie W	Joule,	$1J = 1kg \cdot m^2 \cdot s^{-2} = 1V \cdot A \cdot s$
der Leistung P	Watt,	$1W = 1kg \cdot m^2 \cdot s^{-3} = 1V \cdot A$
der Ladung Q gleich	Coulomb,	$1C = 1A \cdot s$
des Verschiebungsflusses Ψ		
der elektrischen Spannung U	Volt,	$1V = 1kg \cdot m^2 \cdot s^{-3} \cdot A^{-1} = 1W \cdot A^{-1}$
des elektrischen Widerstandes R	Ohm,	$1\Omega = 1kg \cdot m^2 \cdot s^{-3} \cdot A^{-2} = 1V \cdot A^{-1}$
des elektrischen Leitwertes G	Siemens,	$1S = 1kg^{-1} \cdot m^{-2} \cdot s^3 \cdot A^2 = 1V^{-1} \cdot A$
der Kapazität C	Farad,	$1F = 1kg^{-1} \cdot m^{-2} \cdot s^4 \cdot A^2 = 1C \cdot V^{-1}$
des magnetischen Flusses Φ	Weber,	$1Wb = 1kg \cdot m^2 \cdot s^{-2} \cdot A^{-1} = 1Vs$
der Induktivität L	Henry,	$1H = 1kg \cdot m^2 \cdot s^{-2} \cdot A^{-2} = 1Wb \cdot A^{-1}$
der magnetischen Induktion B	Tesla,	$1T = 1kg \cdot s^{-2} \cdot A^{-1} = 1Wb \cdot m^{-2}$
der Frequenz f	Hertz,	$1Hz = s^{-1}$

1 Physikalische Grundbegriffe der Elektrotechnik

Das Coulombsche Gesetz und das elektrische Feld (Band 1, S. 4)

elektrische Kraft zwischen geladenen Körpern

$$F = K\frac{Q_1 \cdot Q_2}{r^2} = E \cdot Q_2 = K\frac{Q_1}{r^2} \cdot Q_2 \quad \text{mit} \quad E = K\frac{Q_1}{r^2} \quad \text{elektrische Feldstärke}$$

Das elektrische Potential und die elektrische Spannung (Band 1, S.5-7)

$$\varphi_1 = \frac{W_1}{Q_2} \qquad \varphi_2 = \frac{W_2}{Q_2}$$

Ladungsverschiebungen

$$\Delta W = W_2 - W_1 = (\varphi_2 - \varphi_1) \cdot Q_2$$

$$U = \frac{\Delta W}{Q_2} = \varphi_2 - \varphi_1$$

mit $\quad 1\,V = 1\frac{N \cdot m}{C}$

Der elektrische Strom (Band 1, S.10-12)

Arten des elektrischen Stroms:
  der Verschiebungsstrom im Nichtleiter und der Konvektionsstrom im Leiter

Konvektionsstrom   *Stromdichte*

$$I = \frac{Q}{t} \quad \text{Gleichstrom} \qquad\qquad S = \frac{I}{A} \quad S = \frac{dI}{dA} \quad \text{mit} \quad [S] = 1\frac{A}{mm^2}$$

$$i = \frac{dq}{dt} \quad \text{zeitlich veränderlicher Ladungsstrom}$$

mit $\quad 1\,A = 1\frac{C}{s} = \frac{6{,}24 \cdot 10^{18}\ \text{Elektronen}}{\text{Sekunde}}$

Stromarten
  Gleichstrom
    (Band 1, Kapitel 2),
  Wechselstrom
    (Band 2, Kapitel 4).

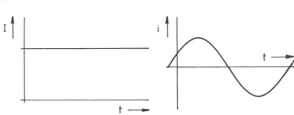

Der elektrische Widerstand (Band 1, S.12-21)

elektrischer Widerstand

$$R_a = \frac{U}{I} \qquad [R_a] = 1\frac{V}{A} = 1\,\Omega$$

$$U = R_a \cdot I \quad \text{oder} \quad I = \frac{U}{R_a}$$

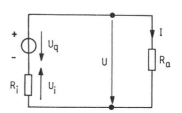

elektrischer Leitwert

$$G_a = \frac{1}{R_a} \qquad [G_a] = 1\,S = 1\,\Omega^{-1}$$

Bemessungsgleichung

$$R_a = \frac{\rho \cdot l}{A} = \frac{l}{\kappa \cdot A}$$

mit l: Länge des Leiters, A: Querschnittfläche des Leiters

ρ: spezifischer Widerstand
$\kappa = 1/\rho$: spezifischer Leitwert $\Bigg\}$ Materialgrößen

Temperaturabhängigkeit des Widerstandes

bis 200 °C

$$\rho = \rho_{20} \cdot (1 + \alpha_{20} \cdot \Delta\vartheta)$$
$$R_a = R_{20} \cdot (1 + \alpha_{20} \cdot \Delta\vartheta)$$

über 200 °C bzw. nichtlinear

$$\rho = \rho_{20} \cdot [1 + \alpha_{20} \cdot \Delta\vartheta + \beta_{20} \cdot (\Delta\vartheta)^2]$$
$$R_a = R_{20} [1 + \alpha_{20} \cdot \Delta\vartheta + \beta_{20} \cdot (\Delta\vartheta)^2]$$

mit $\Delta\vartheta = \vartheta - 20\,°C$

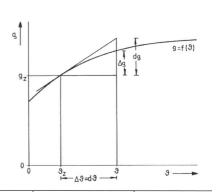

Material	Symbol	ρ $\frac{\Omega \cdot mm^2}{m}$	κ $\frac{m}{\Omega \cdot mm^2}$	α_{20} $\frac{1}{°C}$ oder $\frac{1}{K}$
Aluminium	Al	0,028	36	0,004
Silber	Ag	0,016	63	0,004
Kupfer	Cu	0,018	56	0,004
Gold	Au	0,023	44	0,004
Platin	Pt	0,11	9	0,002
Eisen	Fe	0,125	8	0,005
Manganin	Cu, Fe, Mn, Ni	0,4	2,5	0,00001
Chromnickel	Cr, Ni, Fe	1	1	0,00005

Die elektrische Energie und die elektrische Leistung

(Band 1, S.22-24)

In einem Stromkreis ist die Summe aller vorzeichenbehafteten Energien Null:

$$\sum_{i=1}^{l} W_i = W_1 + W_2 + ... + W_l = 0$$

Energieansatz mit Quellspannungen:

Werden für die Spannungsquellen Quellspannungen U_q angesetzt, gilt für den Energiesatz, dass die Summe aller vorzeichenbehafteten Energien (zugeführte Energien sind negativ, nach außen abgegebene Energien sind positiv) Null ist.

In einer Spannungsquelle erzeugte – genauer umgewandelte – elektrische Energie :

$$W_{erz} = Q \cdot U_q$$

In ohmschen Widerständen abgegebene Energie:

$$W_{abg} = Q \cdot U = U \cdot I \cdot t = I^2 \cdot R_a \cdot t = \frac{U^2}{R_a} \cdot t$$

[W] = 1 J = 1 Ws = 1 Nm   1 Joule   1 Wattsekunde   1 Newtonmeter

heute nicht mehr gebräuchliche Energieäquivalente

mechanische Arbeit	Wärmeenergie	elektrische Energie
426,9 kp · m	= 1 kcal	= 4,187 · 10³ Ws
0,102 kp · m	= 0,2388 cal	= 1 Ws

Wärmeenergie (Wärmemenge)

$$W = c \cdot m \cdot \Delta\vartheta$$

Die spezifische Wärmekapazität c eines Stoffes gibt an, wie viel Wärmeenergie notwendig ist, um 1 kg dieses Stoffes um 1 °C zu erwärmen.

Beispiele:

Wasser	4 187 J/(kg · K)	Aluminium	880 J/(kg · K)
Kupfer	394 J/(kg · K)	Gold	130 J/(kg · K)
Eisen	461 J/(kg · K)	Sauerstoff	730 J/(kg · K)

Für Temperaturdifferenzen: 1 °C = 1 K

elektrische Leistung

[P] = 1 W = 1 V · A

2 Gleichstromtechnik

2.1 Der unverzweigte Stromkreis

2.1.1 Der Grundstromkreis (Band 1, S.27-31)

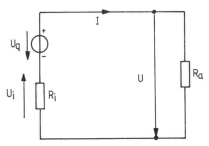

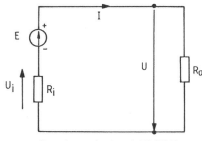

Grundstromkreis mit Quellspannung U_q Grundstromkreis mit EMK E

$$U_q = U + U_i \qquad\qquad E = U + U_i$$

normaler Betriebsfall mit $0 < R_a < \infty$

$$I = \frac{U_q}{R_a + R_i} \qquad\qquad I = \frac{E}{R_a + R_i}$$

Kurzschluss: $R_a = 0$ mit $U = 0$

$$I_k = \frac{U_q}{R_i} \qquad\qquad I_k = \frac{E}{R_i}$$

Leerlauf: $R_a = \infty$ mit $I = 0$

$$U_l = U_q \qquad\qquad U_l = E$$

Anpassung: $R_a = R_i$

$$I = \frac{1}{2} I_k \qquad\qquad I = \frac{1}{2} I_k$$

$$U = \frac{1}{2} U_l \qquad\qquad U = \frac{1}{2} U_l$$

2.1 Der unverzweigte Stromkreis

Kennlinien des Grundstromkreises:

Kennlinie des aktiven Zweipols

$$\frac{U}{U_l} + \frac{I}{I_k} = 1$$

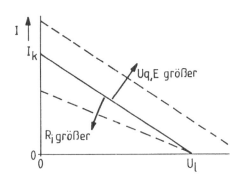

Kennlinie des passiven Zweipols

    linearer Widerstand

$$U = R_a \cdot I \qquad I = \frac{1}{R_a} U$$

    nichtlinearer Widerstand

$$U = f(I) \qquad I = f(U)$$

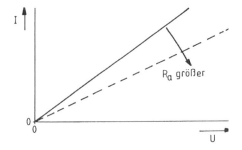

Überlagerung der Kennlinien des aktiven und passiven Zweipols

Werden aktiver und passiver Zweipol zusammengeschaltet, dann stellt sich nur ein Strom I und nur eine Klemmenspannung U ein. Diese Größen ergeben sich durch Überlagerung der Kennlinien des aktiven und passiven Zweipols, indem im Schnittpunkt (genannt Arbeitspunkt) die Größen abgelesen werden.

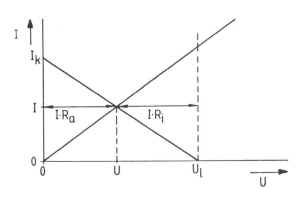

Aus den überlagerten Kennlinien lassen sich die Spannungen am Außenwiderstand und Innenwiderstand abgreifen.

2.1.2 Zählpfeilsysteme (Band 1, S.31,32)

Im *Verbraucherzählpfeilsystem* (VZS-System) werden die im Verbraucher (Widerstand) definierten Strom- und Spannungsrichtungen zugrunde gelegt:

2.1.3 Die Reihenschaltung von Widerständen (Band 1, S.33,34)

$$U = U_1 + U_2 + \ldots + U_n$$

$$U = I \cdot (R_1 + R_2 + \ldots + R_n)$$

$$U = \sum_{v=1}^{n} U_v = I \cdot \sum_{v=1}^{n} R_v$$

$$U = I \cdot R_a$$

$$R_a = \sum_{v=1}^{n} R_v$$

oder

$$\frac{1}{G_a} = \sum_{v=1}^{n} \frac{1}{G_v}$$

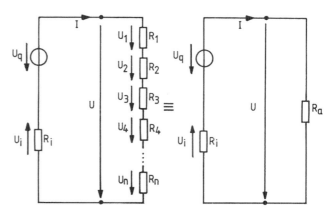

Ersatzschaltung eines Stromkreises mit n in Reihe geschalteten ohmschen Widerständen

2.1.4 Anwendungen der Reihenschaltung von Widerständen (Band 1, S.34,35)

unbelasteter Spannungsteiler

$$\frac{U_1}{U_2} = \frac{R_1}{R_2}$$

$$\frac{U_1}{U} = \frac{R_1}{R_1 + R_2} = \frac{R_1}{R}$$

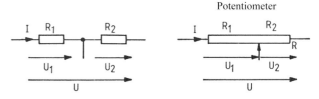

Ausführungen unbelasteter Spannungsteiler

Spannungsteilerregel

Die Spannungen über zwei vom gleichen Strom durchflossenen Widerständen verhalten sich wie die zugehörigen Widerstandswerte.

Messbereichserweiterung eines Spannungsmessers

$$R_v = (p - 1) \cdot R_0.$$

$$\text{mit} \quad p = \frac{U}{U_0}$$

2.1.5 Die Reihenschaltung von Spannungsquellen   (Band 1, S.35,36)

Die Ersatz-Quellspannung $U_{q\,ers}$ bzw. die Ersatz-EMK E_{ers} berücksichtigt alle U_{qv} bzw. E_v, die in gleicher Richtung wirken, positiv und die entgegengesetzt wirken, negativ.

Der Ersatz-Innenwiderstand $R_{i\,ers}$ ist gleich der Summe aller Innenwiderstände R_{iv}.

2.2 Der verzweigte Stromkreis

2.2.1 Die Maschenregel (Der 2. Kirchhoffsche Satz)   (Band 1, S.37,38)

Zur Ermittlung der Spannungsgleichungen in einem verzweigten Stromkreis werden beliebige Maschenumläufe gewählt, für die die *Maschenregel* gilt:

Beim Umlauf einer Masche ist die Summe aller vorzeichenbehafteten Spannungen (Quellspannungen und Spannungen an Widerständen) in einer Masche gleich Null:

$$\sum_{i=1}^{l} U_i = 0 \qquad (2.38)$$

Wird mit Quellspannungen gerechnet, dann wird jede Masche nur einmal durchlaufen.

Beim Umlauf einer Masche ist die Summe der vorzeichenbehafteten EMK E gleich der Summe der vorzeichenbehafteten Spannungsabfälle an den Widerständen:

$$\sum_{i=1}^{n} E_i = \sum_{i=1}^{m} U_i. \qquad (2.39)$$

Wird mit EMK E gerechnet, muss jede Masche zweimal durchlaufen werden, einmal für die EMK und einmal für die Spannungsabfälle.

Vorzeichenbehaftet bedeutet, dass alle in der gewählten Umlaufrichtung liegenden Spannungen und EMK positiv und dass alle entgegengesetzt gerichteten Spannungen und EMK negativ in der Maschengleichung berücksichtigt werden.

2.2.2 Die Knotenpunktregel (Der 1. Kirchhoffsche Satz)   (Band 1, S.39)

Treffen sich mehrere stromdurchflossene Leiter in einem Knotenpunkt, so gilt die *Knotenpunktregel*:

Die Summe aller vorzeichenbehafteten Ströme eines Knotenpunktes ist Null; vorzeichenbehaftet bedeutet, dass die zum Knotenpunkt hinfließenden Ströme positiv und die von ihm wegfließenden Ströme negativ gezählt werden oder umgekehrt:

$$\sum_{i=1}^{l} I_i = 0 \qquad (2.40)$$

Die Summe der zum Knotenpunkt hinfließenden Ströme ist gleich der Summe der vom Knotenpunkt wegfließenden Ströme:

$$\sum_{i=1}^{n} I_i = \sum_{i=1}^{m} I_i. \qquad (2.41)$$

$\bullet \quad \bullet$
$\uparrow \quad \downarrow$

2.2.3 Die Parallelschaltung von Widerständen (Band 1, S.39,40)

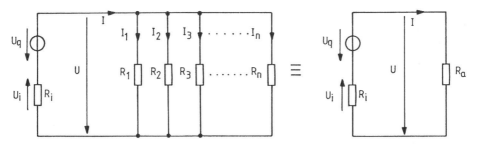

Ersatzschaltung eines Stromkreises mit n parallel geschalteten ohmschen Widerständen

$$I = I_1 + I_2 + I_3 + \ldots + I_n = U \cdot \left(\frac{1}{R_1} + \frac{1}{R_2} + \frac{1}{R_3} + \ldots + \frac{1}{R_n} \right) = U \cdot (G_1 + G_2 + G_3 + \ldots + G_n)$$

$$I = \sum_{v=1}^{n} I_v = U \cdot \sum_{v=1}^{n} \frac{1}{R_v} = U \cdot \sum_{v=1}^{n} G_v$$

$$G_a = G_1 + G_2 + G_3 + \ldots + G_n = \sum_{v=1}^{n} G_v \quad \text{oder} \quad \frac{1}{R_a} = \frac{1}{R_1} + \frac{1}{R_2} + \frac{1}{R_3} + \ldots + \frac{1}{R_n} = \sum_{v=1}^{n} \frac{1}{R_v}$$

2.2.4 Anwendungen der Parallelschaltung von Widerständen (Band 1, S.41,42)

Stromteiler

$$\frac{I_1}{I_2} = \frac{G_1}{G_2} = \frac{R_2}{R_1}$$

$$\frac{I_2}{I} = \frac{G_2}{G_1 + G_2} = \frac{R_1}{R_1 + R_2}.$$

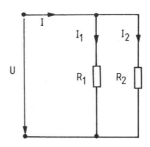

Stromteilerregel

Ein Stromteiler besteht aus zwei parallel geschalteten Widerständen R_1 und R_2, an denen die gleiche Spannung anliegt.

In parallelen Zweigen mit ohmschen Widerständen sind die Teilströme proportional den Zweigleitwerten und umgekehrt proportional den entsprechenden Zweigwiderständen.

Für zwei parallel geschaltete Widerstände gilt die Regel:

Der Teilstrom verhält sich zum Gesamtstrom wie der Widerstand, der nicht vom Teilstrom durchflossen ist, zum Ringwiderstand der Parallelschaltung. Der Ringwiderstand bedeutet der Widerstand der Reihenschaltung der beiden Widerstände, nicht der Gesamtwiderstand der Parallelschaltung:

$$\frac{I_1}{I} = \frac{R_2}{R_1 + R_2} \qquad \text{und} \qquad \frac{I_2}{I} = \frac{R_1}{R_1 + R_2}$$

2.2 Der verzweigte Stromkreis

Ersatzwiderstand von zwei parallel geschalteten Widerständen

$$R_a = \frac{R_1 \cdot R_2}{R_1 + R_2}$$

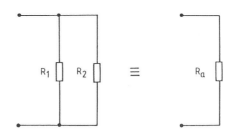

Messbereichserweiterung eines Strommessers

$$R_p = \frac{R_0}{p-1} \quad \text{mit} \quad p = \frac{I}{I_0}$$

$$G_p = (p-1) \cdot G_0.$$

2.2.5 Ersatzspannungsquelle und Ersatzstromquelle (Band 1, S.44-46)

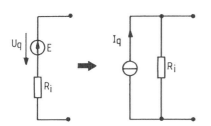

$$I_q = \frac{U_q}{R_i} \quad \text{bzw.} \quad I_q = \frac{E}{R_i}$$

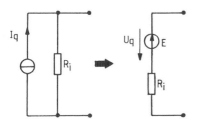

$$U_q = I_q \cdot R_i \quad \text{bzw.} \quad E = I_q \cdot R_i$$

normaler Belastungsfall

für Grundstromkreis mit Ersatzspannungsquelle

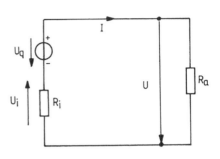

$$U = \frac{R_a}{R_i + R_a} \cdot U_q$$

(Spannungsteiler)

$$I = \frac{U_q}{R_i + R_a}$$

für Grundstromkreis mit Ersatzstromquelle

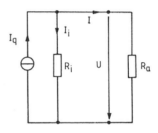

$$I = \frac{R_i}{R_i + R_a} \cdot I_q$$

(Stromteiler)

$$U = \frac{R_i \cdot R_a}{R_i + R_a} \cdot I_q$$

charakteristische Betriebszustände

	für Ersatzspannungsquelle		für Ersatzstromquelle	
Kurzschluss mit $R_a = 0$:	$U = 0$	$I = I_k = \dfrac{U_q}{R_i}$	$U = 0$	$I = I_k = I_q$ weil $I_i = 0$
Leerlauf mit $R_a = \infty$:	$I = 0$	$U = U_l = U_q$ weil $U_i = 0$	$I = 0$	$U = U_l = I_q \cdot R_i$ weil $I_i = I_q$
Anpassung mit $R_a = R_i$:		$U = \dfrac{U_l}{2} = \dfrac{U_q}{2}$ $I = \dfrac{I_k}{2} = \dfrac{I_q}{2}$		

2.2.6 Die Parallelschaltung von Spannungsquellen (Band 1, S.54-56)

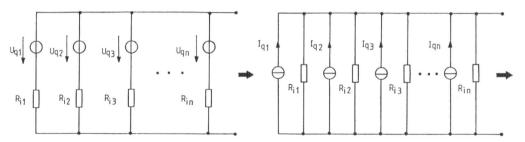

Überführung von n parallel geschalteten Spannungsquellen in n äquivalente Stromquellen

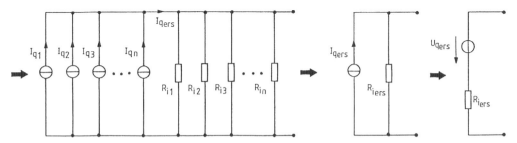

Überführung von n parallel geschalteten Stromquellen in eine Ersatz-Stromquelle und eine Ersatz-Spannungsquelle

$$U_{q\,ers} = \frac{\sum_{v=1}^{n} \dfrac{U_{qv}}{R_{iv}}}{\sum_{v=1}^{n} \dfrac{1}{R_{iv}}} = \frac{\dfrac{U_{q1}}{R_{i1}} + \dfrac{U_{q2}}{R_{i2}} + \dfrac{U_{q3}}{R_{i3}} + \ldots + \dfrac{U_{qn}}{R_{in}}}{\dfrac{1}{R_{i1}} + \dfrac{1}{R_{i2}} + \dfrac{1}{R_{i3}} + \ldots + \dfrac{1}{R_{in}}}$$

$$R_{i\,ers} = \frac{1}{\sum_{v=1}^{n} \dfrac{1}{R_{iv}}} = \frac{1}{\dfrac{1}{R_{i1}} + \dfrac{1}{R_{i2}} + \dfrac{1}{R_{i3}} + \ldots + \dfrac{1}{R_{in}}}$$

Sind die parallel geschalteten Spannungsquellen mit einem äußeren Widerstand R_a belastet, dann ist

$$I = \frac{U_{q\,ers}}{R_{i\,ers} + R_a} = \frac{\sum_{v=1}^{n} \dfrac{U_{qv}}{R_{iv}}}{1 + R_a \cdot \sum_{v=1}^{n} \dfrac{1}{R_{iv}}} = \frac{\dfrac{U_{q1}}{R_{i1}} + \dfrac{U_{q2}}{R_{i2}} + \dfrac{U_{q3}}{R_{i3}} + \ldots + \dfrac{U_{qn}}{R_{in}}}{1 + R_a \cdot \left(\dfrac{1}{R_{i1}} + \dfrac{1}{R_{i2}} + \ldots + \dfrac{1}{R_{in}}\right)}$$

2.2.7 Messung von Widerständen (Band 1, S.58-61)

Stromrichtige Messschaltung zur Messung von großen Widerständen:

$$R_M = \frac{U}{I} = \frac{U_R + U_A}{I} = \frac{U_R}{I} + \frac{U_A}{I}$$

$$R_M = R + \Delta R$$

$$\text{mit } \Delta R = \frac{U_A}{I} = R_A$$

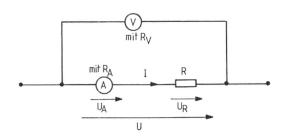

Spannungsrichtige Messschaltung zur Messung von kleinen Widerständen:

$$G_M = \frac{I_A}{U_R} = \frac{I + I_V}{U_R} = \frac{I}{U_R} + \frac{I_V}{U_R}$$

$$G_M = G + \Delta G$$

$$\text{mit} \quad \Delta G = \frac{I_V}{U_R} = G_V = \frac{1}{R_V}$$

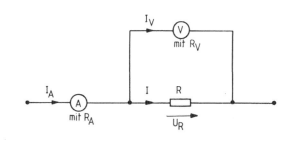

Gleichstrombrücke nach Wheatstone

Bei Abgleich der Brücke sind zwei Zweigströme gleich, weil der Diagonalzweig stromlos ist:

$I_1 = I_2$ und $I_3 = I_4$

Die Abgleichbedingung der Wheatstonebrücke lässt sich in ohmschen Widerständen ausdrücken:

$$\frac{R_1}{R_2} = \frac{R_3}{R_4}$$

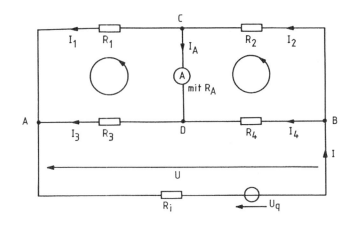

2.2 Der verzweigte Stromkreis

Schleifdraht-Messbrücke

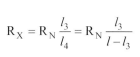

$$R_X = R_N \frac{l_3}{l_4} = R_N \frac{l_3}{l - l_3}$$

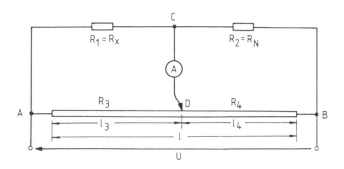

2.2.8 Der belastete Spannungsteiler (Band 1, S.62-66)

$$\frac{I_3}{I_{3max}} = \frac{U_2}{U} = \frac{v}{\frac{R}{R_3}(v - v^2) + 1}$$

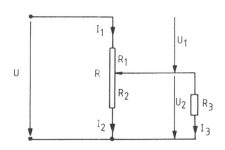

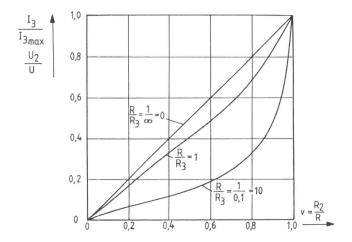

2.2.9 Kompensationsschaltungen (Band 1, S.66-69)

$$I_3 = \frac{UR_2 - U_{qx}R}{R_A R + R_1 R_2}$$

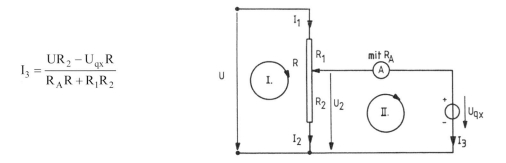

Im Zustand der Kompensation ist der Spannungsteiler unbelastet, denn der Belastungsstrom I_3 ist Null. Die unbekannte Spannung ergibt sich dann aus

$$U_{qx} = U \frac{R_2}{R}$$

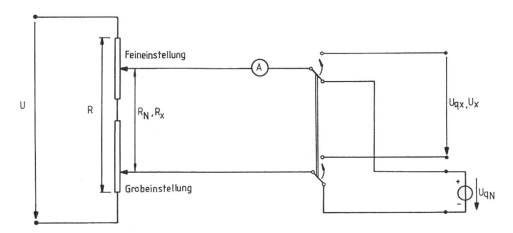

Zweifache Spannungskompensation

Die unbekannte Spannung kann unabhängig von der Hilfsspannung auf vier Ziffern genau berechnet werden:

$$U_x = \frac{R_x}{R_N} \cdot U_{qN}$$

2.2.10 Umwandlung einer Dreieckschaltung in eine Sternschaltung und umgekehrt (Band 1, S.69-73)

Dreieck-Stern-Transformation

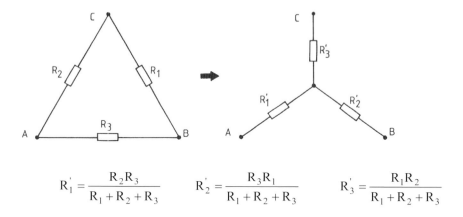

$$R_1' = \frac{R_2 R_3}{R_1 + R_2 + R_3} \qquad R_2' = \frac{R_3 R_1}{R_1 + R_2 + R_3} \qquad R_3' = \frac{R_1 R_2}{R_1 + R_2 + R_3}$$

Merkregel: $\quad$ Sternwiderstand $= \dfrac{\text{Produkt der beiden Dreieckwiderstände}}{\text{Summe aller Dreieckwiderstande}}$

Stern-Dreieck-Transformation

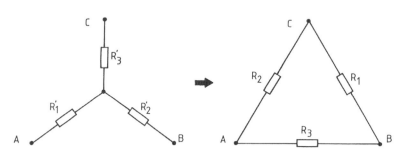

$$R_1 = R_2' + R_3' + \frac{R_2' R_3'}{R_1'} = \frac{R_1' R_2' + R_2' R_3' + R_1' R_3'}{R_1'} \qquad G_1 = \frac{G_3' G_2'}{G_1' + G_2' + G_3'}$$

$$R_2 = R_1' + R_3' + \frac{R_1' R_3'}{R_2'} = \frac{R_1' R_2' + R_2' R_3' + R_1' R_3'}{R_2'} \quad \text{oder} \quad G_2 = \frac{G_1' G_3'}{G_1' + G_2' + G_3'}$$

$$R_3 = R_1' + R_2' + \frac{R_1' R_2'}{R_3'} = \frac{R_1' R_2' + R_2' R_3' + R_1' R_3'}{R_3'} \qquad G_3 = \frac{G_1' G_2'}{G_1' + G_2' + G_3'}$$

2.3 Verfahren zur Netzwerkberechnung

Für ein Gleichstrom-Netzwerk, in dem Spannungsquellen, Stromquellen und ohmsche Widerstände gegeben sind, sollen die Zweigströme und Spannungen berechnet werden. Die Richtungen der Spannungsquellen und Stromquellen sind durch Zählpfeile vorgegeben.

2.3.1 Netzwerkberechnung mit Hilfe der Kirchhoffschen Sätze (Zweigstromanalyse) (Band 1, S.80-86)

Lösungsweg:

1. *Kennzeichnung der Richtung der Zweigströme*

   Ist die Stromrichtung nicht vorauszusagen, dann ist sie beliebig anzunehmen. Die Berechnung ergibt negative Ströme, wenn die Stromrichtung falsch vorausgesagt wurde.

2. *Aufstellen der k – 1 Knotenpunktgleichungen*

   Für ein Netzwerk mit k Knotenpunkten ergeben sich k – 1 voneinander unabhängige Knotenpunktgleichungen mit Hilfe der Knotenpunktregel. Die Gleichungen sind voneinander linear abhängig, wenn sie sich aus einer oder mehreren Knotenpunktgleichungen ableiten lassen. Stromquellen im Netzwerk werden als Ein- und Ausströmungen in jeweils zwei Knotenpunkten und in den Knotenpunktgleichungen berücksichtigt. Sie sind also keine Zweige, denn sie haben einen unendlich großen Widerstand:

   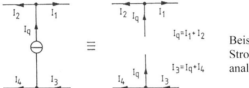

   Beispiel zur Behandlung von Stromquellen bei der Zweigstromanalyse

3. *Willkürliche Festlegung der Maschen-Umlaufrichtungen und Aufstellen der unabhängigen Maschengleichungen nach der Maschenregel*

   Für die Berechnung eines Netzwerkes sind z Gleichungen mit z unbekannten Zweigströmen notwendig, k – 1 Knotenpunktgleichungen sind bereits aufgestellt. Dazu kommen noch die unabhängigen Maschengleichungen für die Spannungen der Maschen, die man erhält, wenn nach jedem Maschenumlauf die behandelte Masche aufgetrennt gedacht wird. Diese Trennstelle wird in einem Zweig des Netzes durch zwei Striche gekennzeichnet. Ein neuer Maschenumlauf darf nicht über diese Trennstelle erfolgen. Nach dem Umlauf wird eine zweite Trennstelle vorgesehen, die beim dritten Umlauf nicht überschritten werden darf, usw. Ist wegen der eingezeichneten Trennstellen kein Umlauf mehr möglich, sind alle unabhängigen Maschengleichungen aufgestellt. Nun ist noch zu kontrollieren, ob die k – 1 Knotenpunktgleichungen und die unabhängigen Maschengleichungen z Gleichungen ergeben.

4. *Auflösen des Gleichungssystems nach den gesuchten Strömen und Spannungen*

   Handelt es sich um kleine Netze, können das Eliminationsverfahren, das Einsetzverfahren, das Determinantenverfahren (Abschnitt 2.3.6.3), das Bilden der inversen Matrix (Abschnitt 2.3.6.2) oder der Gaußsche Algorithmus (Abschnitt 2.3.6.3) angewendet werden. Bei größeren Netzen sollte ein Rechner zu Hilfe genommen werden, für den z.B. der Gaußsche Algorithmus programmiert wird.

2.3.2 Netzwerkberechnung mit Hilfe des Überlagerungssatzes (Superpositionsverfahren)   (Band 1, S.86-89)

Für elektrische Netze lautet das Überlagerungsprinzip:
> Die Ströme in den Zweigen eines linearen Netzwerks sind gleich der Summe der Teilströme in den betreffenden Zweigen, die durch die einzelnen Quellspannungen und Quellströme hervorgerufen werden. Lineares Netzwerk bedeutet, dass zwischen den Strömen und Spannungen lineare Zusammenhänge bestehen.

Lösungsweg:
1. *Kennzeichnung der Richtung der Zweigströme*
   Ist die Stromrichtung nicht vorauszusagen, dann ist sie beliebig anzunehmen. Die Berechnung ergibt negative Ströme, wenn die Stromrichtung falsch vorausgesagt wurde.
2. *Nullsetzen und Kurzschließen aller Quellspannungen und Nullsetzen und Unterbrechen aller Quellströme bis auf eine Quellspannung oder einen Quellstrom*
   Innenwiderstände verbleiben in der Schaltung. Es empfiehlt sich, die Schaltung mit nur einer Spannungs- oder Stromquelle noch einmal zu zeichnen.
3. *Berechnen des von der einen Quellspannung oder von dem einen Quellstrom verursachten Teilstrom in dem Zweig, in dem der Zweigstrom ermittelt werden soll*
   Da nur eine Energiequelle in der Schaltung wirkt, kann in den meisten Fällen die Stromrichtung in dem betreffenden Zweig vorausgesagt werden. Die Richtung des Teilstroms kann dabei auch entgegengesetzt zur angenommenen Richtung des unter 1. vereinbarten Richtung des gesamten Zweigstroms verlaufen.
4. *Nullsetzen und Kurzschließen aller Quellspannungen und Nullsetzen und Unterbrechen aller Quellströme bis auf eine zweite Quellspannung oder einen zweiten Quellstrom und Berechnen des Teilstroms in dem betreffenden Zweig*
5. *Berechnen der Teilströme in dem betreffenden Zweig auf Grund einer dritten, vierten, ... Energiequelle*
   Es ergeben sich so viele Teilströme, wie Spannungs- und Stromquellen in der Schaltung vorhanden sind.
6. *Aufsummieren der Teilströme bei Beachten der Vorzeichen der Teilströme*
   Teilströme, die die gleiche Richtung haben wie der unter 1. vereinbarte gesuchte Zweigstrom, werden positiv berücksichtigt. Die Teilströme, die entgegengesetzt gerichtet sind, gehen negativ in die Berechnung ein.

2.3.3 Netzwerkberechnung mit Hilfe der Zweipoltheorie (Band 1, S.46-54, 90-97)

Durch die Netzwerkberechnung nach der Zweipoltheorie wird das gegebene Gleichstrom-Netzwerk in einen Grundstromkreis überführt, wobei der gesuchte Zweigstrom gleich dem Belastungsstrom des Grundstromkreises ist bzw. die gesuchte Spannung gleich der Klemmenspannung des Grundstromkreises ist. Es gibt zwei mögliche Ersatzschaltungen für ein Gleichstromnetz:

- die Spannungsquellen-Ersatzschaltung und
- die Stromquellen-Ersatzschaltung.

Nach der Überführung kann der Strom bzw. die Spannung nach den Formeln für den Grundstromkreis berechnet werden.

Lösungsweg:

1. Aufteilung des Netzwerks in einen aktiven und einen passiven Zweipol
Die Aufteilung muss so vorgenommen werden, dass der gesuchte Zweigstrom von der oberen Klemme des aktiven Zweipols in die obere Klemme des passiven Zweipols und von der unteren Klemme des passiven Zweipols in die untere Klemme des aktiven Zweipols oder umgekehrt fließt bzw. die gesuchte Spannung zwischen den Klemmen der Zweipole liegt.

2. Berechnung der Ersatzschaltung des aktiven Zweipols

Ersatzspannungsquelle   oder   Ersatzstromquelle
mit $U_{q\,ers} = U_l$ und $R_{i\,ers}$ mit $I_{q\,ers} = I_k$ und $R_{i\,ers}$

$\underline{U_{q\,ers}}$: Die Ersatz-Quellspannung ist gleich der Leerlaufspannung

$$U_{q\,ers} = U_l,$$

d.h. für den aktiven Zweipol des Gleichstromnetzes wird bei offenen Klemmen, also bei Leerlauf, die Klemmenspannung rechnerisch oder messtechnisch ermittelt. Sollten Spannungsquellen oder Stromquellen in Reihe oder parallel geschaltet sein, dann werden diese zusammengefasst und bei der Berechnung von U_l berücksichtigt.

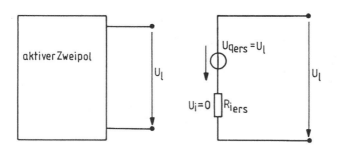

2.3 Verfahren zur Netzwerkberechnung

$\underline{I_{q\,ers}}$: Der Ersatz-Quellstrom ist gleich dem Kurzschlussstrom

$$I_{q\,ers} = I_k,$$

d. h. für den aktiven Zweipol des Gleichstromnetzes wird bei kurzgeschlossenen Klemmen, also bei Kurzschluss, der Klemmenstrom rechnerisch oder messtechnisch ermittelt. In Reihe oder parallel geschaltete Spannungs- oder Stromquellen werden zusammengefasst und bei der Ermittlung des Kurzschlussstroms berücksichtigt.

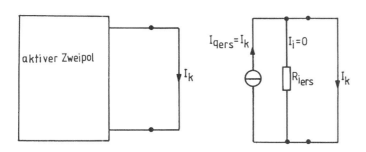

$\underline{R_{i\,ers}}$: Der Ersatz-Innenwiderstand ist gleich dem ohmschen Widerstand des aktiven Zweipols hinsichtlich der offenen Zweipolklemmen, wenn alle Spannungsquellen des Gleichstromnetzes als kurzgeschlossen und alle Stromquellen als unterbrochen angenommen werden. Innenwiderstände bleiben berücksichtigt in der Schaltung des Netzes. Anschließend müssen Brückenschaltungen durch Dreieck-Stern-Umwandlungen oder Stern-Dreieck-Umwandlungen (Abschnitt 2.2.10) in zusammenfassbare Reihen- und Parallelschaltungen überführt werden und mit den übrigen ohmschen Widerständen zusammengefasst werden.

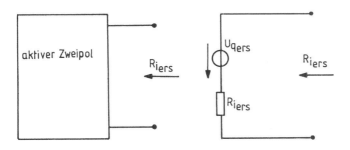

3. *Berechnung der Ersatzschaltung des passiven Zweipols*

    Ersatz-Außenwiderstand $R_{a\,ers}$

$\underline{R_{a\,ers}}$: Der Ersatz-Außenwiderstand ist gleich dem ohmschen Widerstand des passiven Zweipols hinsichtlich der offenen Zweipolklemmen. Dabei müssen Brückenschaltungen durch Dreieck-Stern-Umwandlungen oder Stern-Dreieck-Umwandlungen (Abschnitt 2.2.10) in zusammenfassbare Reihen- und Parallelschaltungen überführt werden und mit den übrigen ohmschen Widerständen zusammengefasst werden.

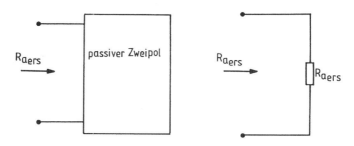

4. *Ermittlung des gesuchten Stroms oder der gesuchten Spannung mit Hilfe der Ersatzschaltung (Grundstromkreis)*

für die Spannungsquellen-Ersatzschaltung:

$$I = \frac{U_{q\,ers}}{R_{i\,ers} + R_{a\,ers}}$$

$$U = \frac{R_{a\,ers}}{R_{i\,ers} + R_{a\,ers}} \cdot U_{q\,ers}$$

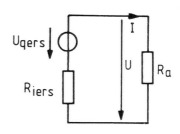

für die Stromquellen-Ersatzschaltung:

$$I = \frac{R_{i\,ers}}{R_{i\,ers} + R_{a\,ers}} \cdot I_{q\,ers}$$

$$U = \frac{R_{i\,ers} \cdot R_{a\,ers}}{R_{i\,ers} + R_{a\,ers}} \cdot I_{q\,ers}$$

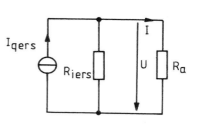

2.3 Verfahren zur Netzwerkberechnung

2.3.4 Netzwerkberechnung nach dem Maschenstromverfahren (Band 1, S.98-102)

Beim Maschenstromverfahren werden nur Maschengleichungen für Spannungen berücksichtigt. Deshalb sind im Gleichstromnetz vorkommende Stromquellen zunächst in äquivalente Spannungsquellen zu überführen. Bei idealen Stromquellen mit $G_i = 0$ ist die Umwandlung nicht möglich. In diesem Fall kann ein zur Stromquelle parallel geschalteter Innenwiderstand angenommen werden, der dann im Endergebnis unendlich gesetzt wird. Das Maschenstromverfahren kann aber auch für ideale Stromquellen erweitert werden [16].

Jeder unabhängigen Masche wird dann ein geschlossener Maschenstrom zugeordnet. In den Zweigen, die mehreren Maschen angehören, werden die Maschenströme überlagert. Die Zweigströme sind also gleich der vorzeichenbehafteten Summe der Maschenströme, je nachdem ob die Maschenströme in dem Zweig gleich gerichtet oder entgegengesetzt gerichtet sind.

Anschließend werden die unabhängigen Maschengleichungen für die Zweigströme nach der Maschenregel aufgestellt und zwar mit den angenommenen Maschenströmen.

Gegenüber der Netzberechnung nach den Kirchhoffschen Sätzen (Abschnitt 2.3.1) werden beim Maschenstromverfahren die Knotenpunktgleichungen eingespart, wodurch sich in vielen Fällen Vereinfachungen ergeben.

Lösungsweg:

1. Umwandlung sämtlicher Stromquellen in äquivalente Spannungsquellen

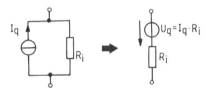

Behandlung von Stromquellen
beim Maschenstromverfahren

2. Jeder unabhängigen Masche wird ein Maschenstrom zugeordnet

Dabei kann die Umlaufrichtung der Maschenströme beliebig gewählt werden. Die Zuordnung der Maschenströme wird so vorgenommen, dass durch den Zweig, für den der Strom berechnet werden soll, nur ein Maschenstrom angenommen wird, damit nach Auflösung des Gleichungssystems nicht die Summe oder Differenz von Maschenströmen gebildet werden muss. Es wird also mit der Festlegung des Maschenstroms begonnen, zu dem der gesuchte Zweigstrom gehört. Anschließend wird dieser Zweig getrennt gedacht und mit zwei Strichen gekennzeichnet. Dann wird ein neuer Umlauf mit einem neuen Maschenstrom gesucht und wieder getrennt gedacht, usw. Ist infolge der gedachten Trennstellen kein Umlauf mehr möglich, sind sämtliche unabhängigen Maschen berücksichtigt.

3. Aufstellen der Maschengleichungen für die ausgewählten Maschen und zwar für Zweigströme

4. Berechnen des gesuchten Stroms oder der gesuchten Ströme mit Hilfe des geordneten Gleichungssystems

(Eliminationsverfahren, Cramersche Regel, Matrizenrechnung, Gaußscher Algorithmus im Abschnitt 2.3.6.3)

2.3.5 Netzwerkberechnung nach dem Knotenspannungsverfahren (Band 1, S.102-108)

Das Knotenspannungsverfahren basiert auf dem Knotenpunktsatz und dem Ohmschen Gesetz. Dabei wird mit den Spannungen zwischen dem jeweiligen Knotenpunkt und einem mit dem Potential Null festgelegten Knotenpunkt gerechnet.

Verbindet eine ideale Spannungsquelle mit $R_i = 0$ zwei Knotenpunkte, dann wird in einem der beiden Anschlusspunkte der Spannungsquelle das Potential Null angenommen, wodurch das Potential des anderen Knotenpunktes über die Quellspannung bekannt ist. Mit den übrigen Spannungen und den Leitwerten ergeben sich dann die gesuchten Zweigströme.

Einströmungen, z.B. Quellströme, lassen sich in den Knotenpunktgleichungen berücksichtigen.

Lösungsweg:

1. *Kennzeichen der Knotenpunkte von 0 bis k – 1: k0, k1, k2, k3, ...*
   Der Knotenpunkt k0 erhält das Potential Null. Zwischen den k – 1 Knotenpunkten und dem Knotenpunkt k0 bestehen dann die k – 1 Spannungen U_{i0}:
   $$U_{10} = \varphi_1 - \varphi_0 = \varphi_1 \quad U_{20} = \varphi_2 - \varphi_0 = \varphi_2 \quad \ldots \quad U_{k-1,0} = \varphi_{k-1} - \varphi_0 = \varphi_{k-1}$$

2. *Festlegen der Richtungen der z Zweigströme $I_1, I_2, \ldots, I_z$ im Gleichstromnetz*
   Einströmungen (zu- und abfließende Ströme) und Stromquellen (Quellströme) sind vorgegeben.

3. *Aufstellen der k – 1 Knotenpunktgleichungen in den Knotenpunkten k1, k2, ... nach der Knotenpunktregel*

4. *Aufstellen der z Gleichungen für die Zweigströme in Abhängigkeit von den Zweigleitwerten G, den Spannungen U_{i0} und den eventuell vorhandenen Quellspannungen*

   Erläuterungsbeispiel:
   Der Zweigstrom I_1 fließt vom Knotenpunkt k2 zum Knotenpunkt k1, dann wird er durch die Spannungsdifferenz $U_{20} - U_{10}$ getrieben.

   Befinden sich zwischen den Knotenpunkten k1 und k2 Quellspannungen, dann sind diese zu der Spannungsdifferenz $U_{20} - U_{10}$ zu addieren, wenn die Quellspannungen entgegengesetzt zum Zweigstrom I_1 gerichtet sind, und zu subtrahieren, wenn die Quellspannungen gleichgerichtet sind mit dem Zweigstrom I_1. Im Beispiel wirkt die Quellspannung U_{q1} stromtreibend (entgegengesetzt gerichtet zu I_1) und die Quellspannung U_{q2} stromhemmend (in gleicher Richtung wie I_1).

   Fließt der Zweigstrom durch mehrere in Reihe geschaltete Widerstände, dann ist deren Leitwert zu ermitteln. Im Beispiel fließt der Zweigstrom I_1 durch die beiden Widerstände R_1 und R_2; der zugehörige Zweigleitwert beträgt $G_{12} = 1/(R_1 + R_2)$.
   $$I_1 = G_{12} \cdot (U_{20} - U_{10} + U_{q1} - U_{q2})$$
   Für die übrigen k – 1 Zweigströme werden auf die gleiche Weise die Gleichungen ermittelt.

5. *Einsetzen der Gleichungen für die Zweigströme in die Knotenpunktgleichungen und Ordnen des Gleichungssystems*
   Durch das Einsetzen der unter 4. entwickelten Gleichungen in die unter 3. aufgestellten Knotenpunktgleichungen entsteht ein Gleichungssystem mit bekannten Leitwerten, gegebenen Quellspannungen und unbekannten Spannungen U_{i0}.

6. *Lösen des Gleichungssystems nach den unbekannten Spannungen U_{i0} und Berechnen der gesuchten Zweigströme $I_1, I_2, \ldots, I_z$*
   (Eliminationsverfahren, Cramersche Regel, Matrizenrechnung, Gaußscher Algorithmus im Abschnitt 2.3.6.3)

2.4 Elektrische Energie und elektrische Leistung

2.4.1 Energie und Leistung (Band 1, S.132-135)

$P = \dfrac{W}{t}$ bzw. $P = \dfrac{dW}{dt}$ potentielle Energie: $W_{pot} = m \cdot g \cdot \Delta h$

Energiesatz: $\sum_{v=1}^{n} W_v = \text{konstant}$ kinetische Energie: $W_{kin} = \dfrac{m \cdot v^2}{2}$

2.4.2 Energieumwandlungen (Band 1, S.135-138)

Elektrische Energie in Wärmeenergie

$W_{el} = W_{th}$ $U \cdot I \cdot t = c \cdot m \cdot \Delta\vartheta$

Energieäquivalente $1\,J = 1\,Nm = 1\,Ws = 1\,kg \cdot m^2 \cdot s^{-2}$

	J = Nm = Ws	cal	kWh	kpm	eV
1 J = 1 Nm = 1 Ws	1	0,2388	$2,778 \cdot 10^{-7}$	0,102	$6,25 \cdot 10^{18}$
1 cal	4,1868	1	$1,163 \cdot 10^{-6}$	0,4269	$2,62 \cdot 10^{19}$
1 kWh	$3,6 \cdot 10^6$	$859,8 \cdot 10^3$	1	$3,671 \cdot 10^5$	$2,25 \cdot 10^{25}$
1 kpm	9,80665	2,342	$2,724 \cdot 10^{-6}$	1	$6,12 \cdot 10^{19}$
1 eV	$1,602 \cdot 10^{-19}$	$3,82 \cdot 10^{-20}$	$4,44 \cdot 10^{-26}$	$1,63 \cdot 10^{-20}$	1

2.4.3 Messung der elektrischen Energie und Leistung (Band 1, S.138-142)

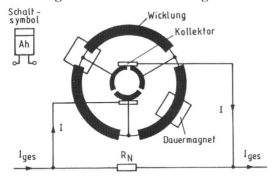

Magnet-Motorzähler

Ankerumdrehungen

$z = t \cdot n = \dfrac{c_1}{c_2} \cdot I \cdot t = \dfrac{c_1}{c_2} \cdot Q$

mit Drehzahl n

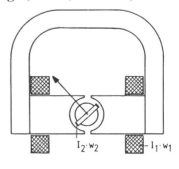

Leistungsmesser

Zeigerausschlag

$\alpha = \dfrac{c}{D^*} \cdot U \cdot I = c_{stat} \cdot P_{el}$

mit D^* = Drehfederkonstante

Stromrichtige und spannungsrichtige Leistungsmessung

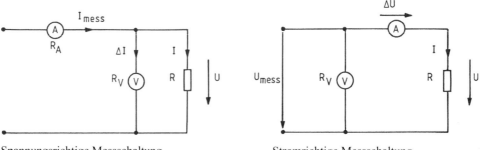

Spannungsrichtige Messschaltung
mit zwei getrennten Instrumenten

Stromrichtige Messschaltung
mit zwei getrennten Instrumenten

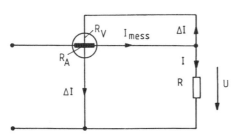

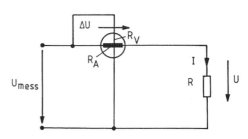

Spannungsrichtige Messschaltung
mit einem elektrodynamischen Messwerk

Stromrichtige Messschaltung
mit einem elektrodynamischen Messwerk

Die in den Instrumenten auftretende Verlustleistung bestimmt die Messgenauigkeit:

	spannungsrichtige Messschaltung	stromrichtige Messschaltung
Leistung des Verbrauchers	$P = U \cdot I = \dfrac{U^2}{R}$	$P = U \cdot I = I^2 \cdot R$
Leistungsverlust im Spannungs- bzw. Strompfad	$\Delta P = U \cdot \Delta I = \dfrac{U^2}{R_V}$ mit $\Delta I = \dfrac{U}{R_V}$	$\Delta P = \Delta U \cdot I = I^2 \cdot R_A$ mit $\Delta U = I \cdot R_A$
Messleistung	$P_{mess} = P + \Delta P$	$P_{mess} = P + \Delta P$
relativer Fehler	$\dfrac{\Delta P}{P} = \dfrac{\frac{U^2}{R_V}}{\frac{U^2}{R}} = \dfrac{R}{R_V}$	$\dfrac{\Delta P}{P} = \dfrac{I^2 \cdot R_A}{I^2 \cdot R} = \dfrac{R_A}{R}$

2.4.4 Wirkungsgrad in Stromkreisen (Band 1, S.142-145)

$$\eta = \frac{P_N}{P_{ges}} = \frac{P_N}{P_N + P_V}$$

Nutzleistung P_N
Verlustleistung P_V
zugeführte Gesamtleistung P_{ges}

Wirkungsgrad des Grundstromkreises mit Ersatzspannungsquelle

Wirkungsgrad des Grundstromkreises mit Ersatzstromquelle

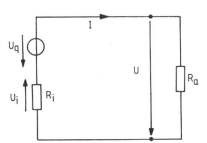
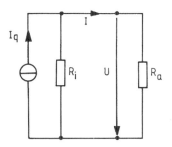

$$\eta = \frac{P_a}{P_E} = \frac{P_a}{P_a + P_i} = \frac{1}{1 + \frac{P_i}{P_a}}$$

$$\eta = \frac{P_a}{P_E} = \frac{P_a}{P_a + P_i} = \frac{1}{1 + \frac{P_i}{P_a}}$$

$$\eta = \frac{1}{1 + \frac{R_i}{R_a}}$$

$$\eta = \frac{1}{1 + \frac{R_a}{R_i}}$$

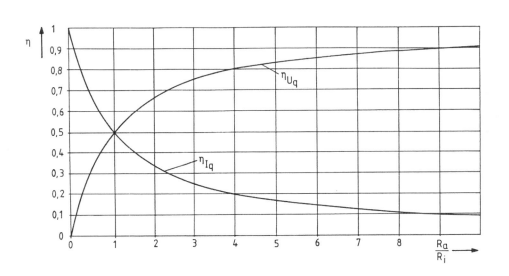

2.4.5 Anpassung (Band 1, S.145-148)

Wirkungsgrad-Maximum, Verbraucherleistung-Maximum

<u>Leistungen im Grundstromkreis
mit Ersatzspannungsquelle</u>

<u>Leistungen im Grundstromkreis
mit Ersatzstromquelle</u>

Erzeugerleistung: Leistung der Energiequelle

$$P_E = U_q \cdot I \qquad\qquad P_E = I_q \cdot U$$

innere Leistung: am Innenwiderstand umgesetzte Leistung

$$P_i = I^2 \cdot R_i \qquad\qquad P_i = \frac{U^2}{R_i}$$

äußere Leistung: am Außenwiderstand umgesetzte Leistung (Verbraucherleistung, Klemmenleistung)

$$P_a = P_k \cdot \frac{R_i \cdot R_a}{(R_i + R_a)^2} \qquad\qquad P_a = P_l \cdot \frac{R_i \cdot R_a}{(R_i + R_a)^2}$$

mit der Kurzschlussleistung   mit der Leerlaufleistung

$$P_k = I_k \cdot U_l \qquad\qquad P_l = I_k \cdot U_l$$

mit $P_k = P_l = P_{konst}$ ist $\dfrac{P_a}{P_{konst}} = \dfrac{\dfrac{R_a}{R_i}}{\left(1 + \dfrac{R_a}{R_i}\right)^2}$ mit $\dfrac{P_{a\,max}}{P_{konst}} = \dfrac{1}{4}$ (maximale Verbraucherleistung)

Gleichzeitig ist $\dfrac{U}{U_l} = \dfrac{1}{1 + \dfrac{1}{R_a / R_i}}$ und $\dfrac{I}{I_k} = \dfrac{1}{1 + \dfrac{R_a}{R_i}}$

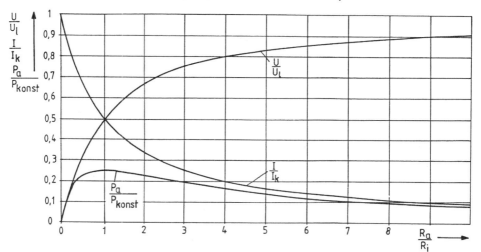

Spannung, Strom und Leistung in Abhängigkeit von den Widerständen im Grundstromkreis

3 Das elektromagnetische Feld

3.1 Der Begriff des Feldes (Band 1, S.150-153)

In jedem Punkt des Feldraums beschreibt eine vektorielle Feldgröße und eine skalare Feldgröße den Raumzustand. Vektorfeld und Skalarfeld beschreiben also gemeinsam den Raumzustand. Das Feld ist mathematisch eine vektorielle und skalare Ortsfunktion. Ist der Raumzustand zeitlich veränderlich, ist die Funktion orts- und zeitabhängig.

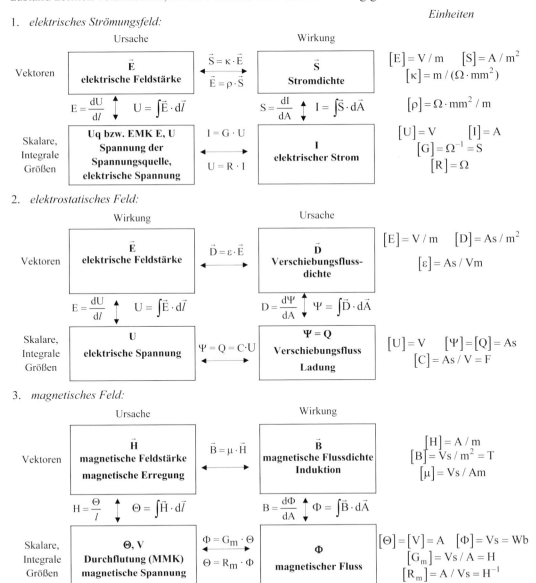

Die Richtungslinien der vektoriellen Feldgrößen in einem Vektorfeld sind die Feldlinien. In einem Quellenfeld (elektrostatisches Feld) beginnen sie in einer Quelle (positiv geladener Körper) und enden in einer Senke (negativ geladener Körper). Befinden sich keine Quellen und Senken im Feld (elektrisches Strömungsfeld und magnetisches Feld), dann sind die Feldlinien in sich geschlossen.

Das zugehörige Skalarfeld wird durch Flächen veranschaulicht, den so genannten Äquipotentialflächen (Flächen gleichen Potentials) im elektrischen und magnetischen Feld. Die Feldlinien durchdringen die Äquipotentialflächen senkrecht: die Feldlinien und Feldvektoren sind in Richtung des größten Potentialgefälles gerichtet. Der Zusammenhang zwischen den Feldlinien und den Äquipotentialflächen lässt sich z. B. für das elektrostatische Feld durch die folgende Gleichung mathematisch beschreiben:

$$\vec{E} = -\operatorname{grad} \varphi$$

mit $\vec{E}$: elektrische Feldstärke

und φ: elektrisches Potential.

Obwohl die elektrischen und magnetischen Felder auch hier wie in anderer Literatur getrennt dargestellt werden, bilden sie eine Einheit, weil sie über den Durchflutungssatz und das Induktionsgesetz miteinander verbunden sind. Die *Maxwellschen Gleichungen* stellen die elektromagnetischen Erscheinungen in Differentialform dar:

$$\text{Durchflutungssatz} \quad \operatorname{rot} \vec{H} = \frac{\partial \vec{D}}{\partial t} + \vec{S}$$

$$\text{Induktionsgesetz} \quad \operatorname{rot} \vec{E} = -\frac{\partial \vec{B}}{\partial t}$$

Der Satz von der Quellenfreiheit des magnetischen Flusses lautet in Differentialform

$$\operatorname{div} \vec{B} = 0$$

und der Satz über den Zusammenhang zwischen der Verschiebungsflussdichte und der Raumladung im elektrischen Feld, der Gaußsche Satz

$$\operatorname{div} \vec{D} = \rho$$

ist ebenso in Differentialform angegeben.

Zur Beschreibung der drei Felder und deren Zusammenhänge und zur Behandlung von grundlegenden praktischen Beispielen eignet sich genauso die integrale Form obiger Gleichungen.

3.2 Das elektrische Strömungsfeld

3.2.1 Wesen des elektrischen Strömungsfeldes (Band 1, S.154-156)

Die kollektive Bewegung von geladenen Teilchen bildet das elektrische Strömungsfeld. Es kann also nur in elektrischen Leitern existieren – im Gegensatz zum elektrostatischen Feld, das nur im Nichtleiter besteht.

Wird die Bewegung der Ladung durch eine Gleichspannung verursacht, dann entsteht ein stationäres Strömungsfeld, das durch einen zeitlich konstanten Strom charakterisiert wird.

> **Beispiel:**
> Bereits im Kapitel 2 behandelte zeitlich konstante elektrische Strömungsfelder in linienhaften Leitern der Gleichstromnetze.

3.2.2 Elektrischer Strom und elektrische Stromdichte (Band 1, S.156-159)

Elektrischer Fluss – elektrischer Strom I

Die in dem leitenden Medium sich bewegenden Ladungsträger – vorwiegend Elektronen – bilden den elektrischen Fluss, genannt elektrischer Strom. Die Feldlinien sind die Strömungslinien der beweglichen Ladungsträger. Die Gesamtheit der Feldlinien kennzeichnet also den elektrischen Strom in einem Leiter. Nach der Richtungsdefinition des elektrischen Stroms (positiver Strom entspricht der Bewegungsrichtung positiver Ladungen) haben die Feldlinien die Richtung des größten Potentialgefälles. Die in Metallen sich bewegenden Elektronen wandern also entgegen den gerichteten Feldlinien.

Elektrische Flussdichte – Stromdichte

homogene Strömungsfelder

$$S = \frac{I}{A} \qquad\qquad I = S \cdot A \cdot \cos\alpha = \vec{S} \cdot \vec{A}$$

inhomogene Strömungsfelder

$$S = \lim_{\Delta A \to 0} \frac{\Delta I}{\Delta A} = \frac{dI}{dA} \qquad\qquad I = \int dI = \int_A \vec{S} \cdot d\vec{A}$$

$$\text{und} \qquad I = \oint_A \vec{S} \cdot d\vec{A} = 0$$

Für grundlegende Berechnungen ist es nicht notwendig, Ströme durch Flächen zu berechnen, die nicht gleich den Äquipotentialflächen sind. Werden Flächen gewählt, die gleich den Äquipotentialflächen oder gleich Teilen von Äquipotentialflächen sind, dann ist der Neigungswinkel α zwischen den Vektoren $\vec{S}$ und $d\vec{A}$ gleich Null und das Skalarprodukt $\vec{S} \cdot d\vec{A}$ wird gleich dem Produkt der Skalare $S \cdot dA$ mit $\cos \alpha = 1$.

Sind zusätzlich die Beträge der Stromdichte konstant, dann kann S vor das Integralzeichen gesetzt werden und die Flächenelemente dA können einfach aufsummiert werden. Sie sind gleich der Gesamtfläche A, durch die der Strom I fließt.

Auf diese Weise lassen sich Stromdichteverteilungen einfacher inhomogener Strömungsfelder errechnen.

Beispiel:

Strömungsfeld einer zylindersymmetrischen Anordnung der Höhe h

Die Stromdichteverteilung $S = f(r)$ soll ermittelt werden:

$$I = \int_A \vec{S} \cdot d\vec{A} = \int_A S \cdot dA$$

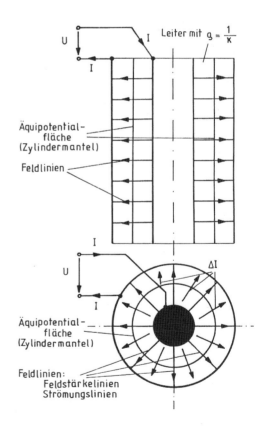

Äquipotential-
fläche
(Zylindermantel)

Feldlinien

Äquipotential-
fläche
(Zylindermantel)

Feldlinien:
Feldstärkelinien
Strömungslinien

Für das Flächenintegral sollen die Äquipotentialflächen, die Zylindermantelflächen mit veränderlichem Radius r sind, berücksichtigt werden. Das Skalarprodukt hinter dem Integralzeichen ist dann gleich dem Produkt der Skalare:

Auf einer Äquipotentialfläche haben die Stromdichtevektoren $\vec{S}$ gleiche Beträge, sind also unabhängig vom Punkt der Äquipotentialfläche mit der Teilfläche dA. Deshalb kann S vor das Integralzeichen gesetzt werden:

$$I = S \cdot \int_A dA$$

Alle Flächenelemente dA aufsummiert, ergibt die Zylindermantelfläche $A = 2\pi r h$.

$$I = S \cdot A = S \cdot 2 \cdot \pi \cdot r \cdot h ,$$

woraus sich die Formel für die Stromdichte in Abhängigkeit vom Radius r errechnen lässt:

$$S = \frac{I}{2\pi h} \cdot \frac{1}{r}$$

Die Stromdichte nimmt hyperbolisch mit dem Radius ab.

3.2.3 Elektrische Spannung und elektrische Feldstärke, elektrischer Widerstand und spezifischer Widerstand (Band 1, S.160-165)

Elektrische Spannung

$$U_{12} = \varphi_1 - \varphi_2$$

Elektrischer Widerstand und elektrischer Leitwert

$$U = R \cdot I \quad \text{bzw.} \quad I = \frac{1}{R} \cdot U = G \cdot U$$

homogene Felder

$$R = \rho \cdot \frac{l}{A} = \frac{l}{\kappa \cdot A} \qquad \text{oder} \qquad G = \frac{A}{\rho \cdot l} = \kappa \cdot \frac{A}{l}$$

inhomogene Felder, ermittelt durch „Homogenität im Kleinen"

Beispiel:
Elektrischer Widerstand der zylindersymmetrischen Anordnung der Höhe h ohne Randstörungen
Der Widerstand R wird als Reihenschaltung von Widerständen der Zylinderschalen der Dicke dr und der Fläche A von Zylindermänteln aufgefasst, wobei in den Zylinderschalen jeweils ein homogenes Feld angenommen werden kann:

$$dR = \rho \cdot \frac{dr}{A} = \rho \cdot \frac{dr}{2\, r\, \pi\, h}$$

$$R = \int_i^a dR = \frac{\rho}{2\pi h} \int_{r_i}^{r_a} \frac{dr}{r} = \frac{\rho}{2\pi h} \cdot \ln|r|\, \Big|_{r_i}^{r_a} = \frac{\rho}{2\pi h} \cdot \ln \frac{r_a}{r_i}$$

Elektrische Feldstärke

homogene Felder $\qquad\qquad\qquad\qquad$ inhomogene Felder

$$E = \frac{U}{l} = \rho \cdot \frac{I}{A} = \rho \cdot S \qquad\qquad E = \frac{dU}{dl} = \rho \frac{dI}{dA} = \rho \cdot S$$

$$\vec{E} = \rho \cdot \vec{S} \qquad \text{oder} \qquad \vec{S} = \frac{1}{\rho} \cdot \vec{E} = \kappa \cdot \vec{E}$$

Beispiel:
Elektrische Feldstärke einer stromdurchflossenen zylindersymmetrischen Anordnung der Höhe h

$$E = \rho \cdot S = \frac{\rho \cdot I}{2\pi h} \cdot \frac{1}{r} \qquad \text{mit} \qquad S = \frac{I}{2\pi h} \cdot \frac{1}{r}$$

Elektrische Feldstärke und elektrische Spannung

$$U_{12} = \varphi_1 - \varphi_2 = \int_{P_1}^{P_2} dU = \int_1^2 \vec{E} \cdot d\vec{l} \quad \text{und} \quad \oint_l \vec{E} \cdot d\vec{l} = 0$$

Bei praktischen Berechnungen wird grundsätzlich längs einer Feldlinie integriert, wodurch das Skalarprodukt gleich dem Produkt der Skalare ist.

Allgemeine Formel für den elektrischen Widerstand

$$R = \frac{U}{I} = \frac{\int_1^2 \vec{E} \cdot d\vec{l}}{\int_A \vec{S} \cdot d\vec{A}}$$

Beispiel:

<u>Widerstand der zylindersymmetrischen Anordnung der Höhe h</u>
Das Strömungsfeld ist inhomogen, deshalb ergibt sich der Widerstand aus

$$U = \int_1^2 \vec{E} \cdot d\vec{l} = \int_{r_i}^{r_a} E \cdot dr$$

Für die Ermittlung der Spannung U wird längs der radialen Feldlinie mit $dl = dr$ integriert. Die elektrische Feldstärke ist bereits berechnet

$$E = \frac{\rho \cdot I}{2\pi \cdot h} \cdot \frac{1}{r},$$

so dass sich für die Spannung durch Integration ergibt

$$U = \frac{\rho \cdot I}{2\pi h} \int_{r_i}^{r_a} \frac{dr}{r} = \frac{\rho \cdot I}{2\pi h} \ln \frac{r_a}{r_i}$$

Wird die Spannung durch den Strom geteilt, entsteht die Widerstandsformel

$$R = \frac{U}{I} = \frac{\rho}{2\pi h} \ln \frac{r_a}{r_i}$$

3.3 Das elektrostatische Feld

3.3.1 Wesen des elektrostatischen Feldes (Band 1, S.167-169)

In der Umgebung geladener Körper sind Kräfte auf andere geladene Körper zu beobachten, die dem elektrostatischen Feld zugeschrieben werden: gleichartige Ladungen stoßen sich ab, ungleichartige Ladungen ziehen sich an.

3.3.2 Verschiebungsfluss und Verschiebungsflussdichte (Band 1, S.170-174)

Verschiebungsfluss oder Erregungsfluss

Befindet sich in einem elektrostatischen Feld ein Leiter, dann werden die in ihm befindlichen freien Elektronen aufgrund der Kräfte, die auf Ladungen wirken (Coulombsche Kräfte), innerhalb des Leiters verschoben: die Elektronen wandern an die Oberfläche des Leiters, die der positiven Elektrode zugewandt ist; auf der anderen Seite des Leiters fehlen dann Elektronen. Die Ladungen innerhalb des Leiters werden infolge der Ladungen des Zweielektrodensystems verschoben. Diesen Vorgang nennt man „Influenz" oder „elektrostatische Induktion", in Anlehnung an die Ladungsverschiebung infolge eines Magnetfeldes.

Um den Vorgang der Influenz zu veranschaulichen, werden Flusslinien oder Feldlinien ähnlich wie die Strömungslinien im elektrischen Strömungsfeld eingeführt, die allerdings bei der positiven Ladung beginnen und bei der negativen Ladung enden. Im elektrischen Strömungsfeld dagegen sind die Flusslinien oder Feldlinien in sich geschlossen.

Die Gesamtheit der Flusslinien des elektrostatischen Feldes charakterisieren den angenommenen Fluss, den Verschiebungs- oder Erregungsfluss Ψ. Der Verschiebungsfluss beginnt grundsätzlich in einer Quelle (positive Ladung) und endet in einer Senke (negative Ladung) und kann nur so groß sein wie die Ladung, die den Fluss verursacht:

$$\Psi = Q$$

Verschiebungsflussdichte oder Erregungsflussdichte

homogene elektrostatische Felder

$$D = \frac{\Psi}{A} = \frac{Q}{A} \qquad \Psi = D \cdot A \cdot \cos\alpha = \vec{D} \cdot \vec{A}$$

inhomogene elektrostatische Felder

$$D = \lim_{\Delta A \to 0} \frac{\Delta \Psi}{\Delta A} = \frac{d\Psi}{dA} = \frac{dQ}{dA} \qquad \Psi = \int d\Psi = \int_A \vec{D} \cdot d\vec{A}$$

und $\quad \Psi = \oint_A \vec{D} \cdot d\vec{A} = Q$

Für grundlegende Berechnungen ist es nicht notwendig, Verschiebungsflüsse durch Flächen zu berechnen, die nicht gleich Äquipotentialflächen sind. Werden Flächen gewählt, die gleich den Äquipotentialflächen oder gleich Teilen von Äquipotentialflächen sind, dann ist der Neigungswinkel α zwischen den Vektoren $\vec{D}$ und $d\vec{A}$ gleich Null und das Skalarprodukt $\vec{D} \cdot d\vec{A}$ wird gleich dem Produkt der Skalare $D \cdot dA$ mit $\cos \alpha = 1$.

Sind zusätzlich die Beträge der Verschiebungsflussdichte konstant, dann kann D vor das Integralzeichen gesetzt werden und die Flächenelemente dA können einfach aufsummiert werden. Sie sind gleich der Gesamtfläche A, durch die der Fluss Ψ hindurchtritt.

Auf diese Weise lassen sich Verschiebungsflussdichte-Verteilungen einfacher inhomogener Felder errechnen.

Beispiel:

<u>Elektrostatisches Feld einer Punktladung oder einer geladenen Kugel</u>

Die Flussdichteverteilung $D = f(r)$ soll ermittelt werden:

Ausgegangen wird vom Ansatz für den Fluss Ψ für inhomogene Felder, und zwar für die Hüllfläche A, denn die Kugeloberfläche mit der Punktladung im Zentrum umschließt die Ladung Q:

$$\Psi = \oint_A \vec{D} \cdot d\vec{A} = Q$$

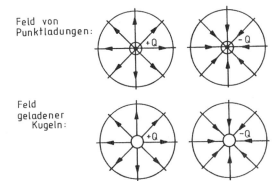

Feld von Punktladungen:

Die Kugeloberfläche A ist eine Äquipotentialfläche, so dass das Skalarprodukt hinter dem Integralzeichen gleich dem Produkt der Skalare ist:

Feld geladener Kugeln:

$$\Psi = \oint_A D \cdot dA = Q$$

Auf der Äquipotentialfläche haben die Verschiebungsflussdichtevektoren $\vec{D}$ gleiche Beträge, die also unabhängig vom Punkt der Äquipotentialfläche mit der Teilfläche dA sind. Deshalb kann D vor das Integralzeichen gesetzt werden:

$$\Psi = D \cdot \oint_A dA = Q$$

Alle Flächenelemente dA auf summiert, ergibt die Kugeloberfläche $A = 4 \pi r^2$:

$$\Psi = D \cdot A = D \cdot 4\pi r^2 = Q,$$

woraus sich die Formel für die Verschiebungsflussdichte in Abhängigkeit vom Radius r errechnen lässt:

$$D = \frac{\Psi}{4\pi} \frac{1}{r^2} = \frac{Q}{4\pi} \frac{1}{r^2}$$

Die Verschiebungsflussdichte nimmt quadratisch mit dem Radius ab.

3.3.3 Elektrische Spannung und elektrische Feldstärke, Kapazität und Permittivität (Dielektrizitätskonstante) (Band 1, S.175-196)

Elektrische Spannung

$$U_{12} = \varphi_1 - \varphi_2$$

Kapazität eines Zweielektrodensystems

$$\Psi = C \cdot U = Q$$

homogene Felder

$$C = \frac{\varepsilon \cdot A}{l}$$

inhomogene Felder, ermittelt durch „Homogenität im Kleinen"

Beispiel:

Kapazität der zylindersymmetrischen Anordnung der Höhe h ohne Randstörungen
(Zylinderkondensator, Kabel)

Der nichtleitende Raum zwischen den Metallelektroden wird in Zylinderschalen der Dicke dr zerlegt, deren reziproke Kapazitäten nach der Bemessungsgleichung für homogene Felder berechnet und aufsummiert, d. h. integriert werden:

$$d\left(\frac{1}{C}\right) = \frac{1}{\varepsilon} \cdot \frac{dr}{A} = \frac{1}{\varepsilon} \cdot \frac{dr}{2r\pi h}$$

$$\frac{1}{C} = \int_i^a d\left(\frac{1}{C}\right) = \frac{1}{\varepsilon 2\pi h} \int_{r_i}^{r_a} \frac{dr}{r} = \frac{\ln(r_a/r_i)}{\varepsilon 2\pi h} \qquad C = \varepsilon \cdot \frac{2\pi h}{\ln(r_a/r_i)}$$

Elektrische Feldstärke

homogene Felder

$$E = \frac{U}{l} = \frac{1}{\varepsilon}\frac{\Psi}{A} = \frac{1}{\varepsilon}\frac{Q}{A} = \frac{1}{\varepsilon}D$$

inhomogene Felder

$$E = \frac{dU}{dl} = \frac{1}{\varepsilon}\frac{d\Psi}{dA} = \frac{1}{\varepsilon}\frac{dQ}{dA} = \frac{1}{\varepsilon}D$$

$$\vec{E} = \frac{1}{\varepsilon}\vec{D} \quad \text{oder} \quad \vec{D} = \varepsilon \cdot \vec{E}$$

Beispiel:

Elektrische Feldstärke in der Umgebung einer Punktladung oder einer geladenen Kugel

$$E = \frac{1}{\varepsilon}D = \frac{\Psi}{4\pi\varepsilon r^2} = \frac{Q}{4\pi\varepsilon r^2} \qquad \text{mit} \quad D = \frac{\Psi}{4\pi r^2} = \frac{Q}{4\pi r^2}$$

Die elektrische Feldstärke einer kugelsymmetrischen Anordnung nimmt genauso wie die Verschiebungsflussdichte mit dem Quadrat des Radius ab.

Das Coulombsche Gesetz beschreibt die Kräfte, die zwischen geladenen Körpern wirken:

$$\vec{F} = K \frac{Q_1 \cdot Q_2}{r^3} \vec{r} = K \frac{Q_1 \cdot Q_2}{r^2} \vec{r}_0 \quad \text{mit} \quad F = K \frac{Q_1 \cdot Q_2}{r^2}$$

Beispiel:
<u>Kräfte zwischen zwei Punktladungen gleicher und ungleicher Polarität</u>

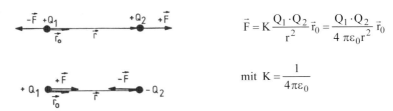

$$\vec{F} = K \frac{Q_1 \cdot Q_2}{r^2} \vec{r}_0 = \frac{Q_1 \cdot Q_2}{4 \pi \varepsilon_0 r^2} \vec{r}_0$$

$$\text{mit} \quad K = \frac{1}{4 \pi \varepsilon_0}$$

Die Feldtheorie nach Faraday erklärt die Kräfte zwischen zwei Ladungen nicht als Fernwirkung, sondern als Wechselwirkung zwischen der einen Ladung und dem Raumzustand, der durch die andere Ladung verursacht wird oder umgekehrt.

$$\vec{F} = \vec{E} \cdot Q_2 = K \frac{Q_1 \cdot Q_2}{r^2} \vec{r}_0 \quad \text{ergibt} \quad \vec{E} = K \frac{Q_1}{r^2} \vec{r}_0$$

Die Richtung der Feldstärke wird in Richtung der Kraft positiv definiert, die auf eine positive Ladung wirkt:

$$\vec{E} = \frac{\vec{F}}{Q}$$

Die Richtung der Kräfte und die Richtung der elektrischen Feldstärken in jedem Raumpunkt stimmt mit der Richtung der Feldlinien überein.

Permittivität und Dielektrizitätskonstante

$$\varepsilon = \varepsilon_r \cdot \varepsilon_0 \qquad \varepsilon_0 = 8{,}8542 \cdot 10^{-12} \frac{As}{Vm} \qquad \text{und} \qquad 4 \pi \varepsilon_0 = \frac{1}{9} \cdot 10^{-9} \frac{As}{Vm}$$

mit ε_0 Dielektrizitätskonstante des Vakuums oder Influenzkonstante

ε_r ist eine Verhältniszahl mit $[\varepsilon_r] = 1$; ε_0 dagegen ist dimensionsbehaftet

Beispiele für relative Dielektrizitätskonstanten ε_r:

Aceton	21,5	Hartgummi	2,5...5	Polystyrol (PS)	2,5
Acrylglas	3	Kabelpapier in Öl	4,3	Polyvinylchlorid (PVC)	3 ... 4
Bariumtitanat	1 000 ... 2 000	Luft	1,0006	Porzellan	5 ... 6,5
Glas	5 ... 12	Papier, trocken	2	Schellack	3 ... 4
Glimmer	5 ... 8	Polyäthylen (PE)	2,3	Transformatorenöl	2,3
Hartpapier	4 ... 7	Polypropylen (PP)	2,3	reinstes Wasser	80,8

3.3 Das elektrostatische Feld

Zusammenschalten von Kapazitäten

Um vorgegebene Kapazitätswerte mittels standardisierter Bauelemente – ausgeführt in Wickelkondensatoren, Scheibenkondensatoren, Elektrolytkondensatoren u. a. – verwirklichen zu können, sind Parallelschaltungen, Reihenschaltungen oder gemischte Kondensatorschaltungen notwendig.

Parallelschaltung von Kondensatoren:

Bei der Parallelschaltung von n Kondensatoren liegen alle Kondensatoren an der gleichen Spannung U. Die Gesamtladung, die in den parallel geschalteten Kondensatoren gespeichert ist, ist gleich der Summe der Einzelladungen:

$$Q = Q_1 + Q_2 + Q_3 + \ldots + Q_n = \sum_{i=1}^{n} Q_i$$

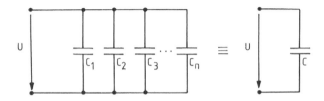

Die Gesamtkapazität C von n parallelgeschalteten Kondensatoren ist gleich der Summe der Einzelkapazitäten

$$C = C_1 + C_2 + C_3 + \ldots + C_n = \sum_{i=1}^{n} C_i$$

Außerdem verhalten sich bei Parallelschaltung von Kondensatoren die Ladungen wie die zugehörigen Kapazitäten:

$$\frac{Q_i}{Q} = \frac{C_i}{C} \qquad\qquad \frac{Q_i}{Q_j} = \frac{C_i}{C_j}$$

Reihenschaltung von Kondensatoren:

Werden n Kondensatoren in Reihe geschaltet, dann ist der Verschiebungsfluss $\Psi = Q$ aller Kondensatoren gleich, wie durch den Vorgang der Influenz (elektrischer Leiter innerhalb des elektrostatischen Feldes) erklärt werden kann:

$$Q_1 = Q_2 = Q_3 = Q_4 = \ldots = Q_n = Q$$

Die Gesamtspannung teilt sich in die Teilspannungen an den Kondensatoren auf:

$$U = U_1 + U_2 + U_3 + U_4 + \ldots + U_n = \sum_{i=1}^{n} U_i$$

Der reziproke Wert der Gesamtkapazität der in Reihe geschalteten Kondensatoren ist gleich der Summe der Kehrwerte der Einzelkapazitäten:

$$\frac{1}{C} = \frac{1}{C_1} + \frac{1}{C_2} + \frac{1}{C_3} + \frac{1}{C_4} + \ldots + \frac{1}{C_n} = \sum_{i=1}^{n} \frac{1}{C_i}$$

Die Spannungen verhalten sich bei Reihenschaltung von Kondensatoren reziprok zu den zugehörigen Kapazitäten:

$$\frac{U_i}{U} = \frac{C}{C_i} \qquad \frac{U_i}{U_j} = \frac{C_j}{C_i}$$

3.3 Das elektrostatische Feld

Elektrische Feldstärke, elektrisches Potential und elektrische Spannung

Die elektrische Spannung ist ein Maß für die Arbeit bzw. Energie, die für das Verschieben einer Ladung im elektrostatischen Feld aufgebracht oder gewonnen wird.

$$U_{12} = \frac{W_{12}}{Q} = \int_1^2 \vec{E} \cdot d\vec{l} \qquad \text{und} \qquad \oint_l \vec{E} \cdot d\vec{l} = 0$$

Bei praktischen Berechnungen ist es nicht sinnvoll, das Wegintegral mit einem beliebigen Integrationsweg l zu lösen:

die Energie W_{12} bzw. die elektrische Spannung U_{12} lässt sich am einfachsten ermitteln, wenn der Verschiebungsweg l bzw. Integrationsweg l nur längs einer Feldlinie und quer zu den Feldlinien gewählt wird.

Denn nur die Energieanteile dW bzw. Spannungsanteile dU längs einer Feldlinie verändern die Gesamtenergie W_{12} bzw. die Gesamtspannung U_{12}, die Anteile quer zu den Feldlinien sind Null.

Beispiele:

Lächenladung	Linienladung	Punktladung
Plattenkondensator	Zylinderkondensator	Kugelkondensator

$$U_{12} = E \cdot l_{12} \qquad U_{12} = \int_{r_1}^{r_2} E \cdot dr \qquad U_{12} = \int_{r_1}^{r_2} E \cdot dr$$

$$\text{mit} \quad E = \frac{Q}{\varepsilon \cdot A} \qquad \text{mit} \quad E = \frac{Q}{2\pi\varepsilon h} \cdot \frac{1}{r} \qquad \text{mit} \quad E = \frac{Q}{4\pi\varepsilon r^2}$$

$$U_{12} = \frac{Q \cdot l_{12}}{\varepsilon \cdot A} \qquad U_{12} = \frac{Q}{2\pi\varepsilon h} \ln\frac{r_2}{r_1} \qquad U_{12} = \varphi_1 - \varphi_2 = \frac{Q}{4\pi\varepsilon}\left(\frac{1}{r_1} - \frac{1}{r_2}\right)$$

$$\varphi = \int_P^\infty \vec{E} \cdot d\vec{r} = \frac{Q}{4\pi\varepsilon} \cdot \frac{1}{r}$$

Überlagerung von elektrischen Potentialen

Wirken mehrere Ladungen auf einen Raumpunkt, dann überlagern sich die einzelnen elektrischen Potentiale zu einem Gesamtpotential nach dem Überlagerungsprinzip:

$$\varphi = \sum_{i=1}^n \varphi_i \qquad\qquad \textbf{Beispiel:} \quad \text{Potentialfeld zweier Punktladungen}$$

$$\varphi = \frac{1}{4\pi\varepsilon}\left(\frac{Q_1}{r_1} + \frac{Q_2}{r_2}\right)$$

Allgemeine Formel für die Kapazität

$$C = \frac{\Psi}{U_{12}} = \frac{Q}{U_{12}} = \frac{\oint_A \vec{D} \cdot d\vec{A}}{\int_1^2 \vec{E} \cdot d\vec{l}}$$

Beispiele:

<u>Kapazität der zylindersymmetrischen Anordnung der Höhe h ohne Randstörungen</u>

$$\frac{1}{C} = \frac{U_{12}}{\Psi} = \frac{U_{12}}{Q} = \frac{\int_1^2 \vec{E} \cdot d\vec{l}}{\oint_A \vec{D} \cdot d\vec{A}}$$

Für die Ermittlung der Spannung U_{12} wird längs einer radialen Feldlinie integriert, wodurch sich mit $r_1 = r$ und $r_2 = r_a$ ergibt:

$$U_{12} = \frac{Q}{2\pi\varepsilon h} \ln\frac{r_a}{r_i}$$

$$\frac{1}{C} = \frac{U_{12}}{Q} = \frac{1}{2\pi\varepsilon h} \ln\frac{r_a}{r_i} \qquad \text{und} \qquad C = \varepsilon \frac{2\pi h}{\ln(r_a/r_i)}$$

<u>Kapazität einer Doppelleitung mit vorgegebener Länge h</u>

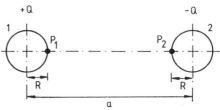

$$U_{12} = U'_{12} - U''_{21}$$

$$U'_{12} = \frac{Q}{2\pi\varepsilon_0 h} \ln\frac{a-R}{R}$$

$$U''_{21} = \frac{-Q}{2\pi\varepsilon_0 h} \ln\frac{a-R}{R} = -U''_{12}$$

$$U_{12} = U'_{12} + U''_{12}$$

$$U_{12} = \frac{Q}{\pi\varepsilon_0 h} \ln\frac{a-R}{R} \qquad\qquad C = \frac{Q}{U_{12}} = \pi\varepsilon_0 h \frac{1}{\frac{a-R}{R}}$$

3.3.4 Verschiebestrom – Strom im Kondensator (Band 1, S.197-200)

Konvektionsstrom

In den Zuleitungen zum Kondensator fließt ein zeitlich veränderlicher Strom in Form von bewegten Ladungen:

$$i = \frac{dq}{dt} = u_C \frac{dC}{du_C} \frac{du_C}{dt} + C \frac{du_C}{dt}$$

Ist die Kapazität C unabhängig von der anliegenden Spannung u_C, dann ist

$$i = C \frac{du_C}{dt} \quad \text{und} \quad u_C = \frac{1}{C} \int_0^t i \cdot dt + U_0 \quad \text{mit } U_0 \text{ Anfangsspannung}$$

Die Kondensatorspannung wird in Zählrichtung des Stroms i positiv gezählt.

Verschiebestrom

Das magnetische Feld wird im Kondensator so ausgebildet, als wäre der Stromfluss durch den nichtleitenden Kondensator nicht unterbrochen. Der zeitlichen Änderung der Ladung dq/dt entspricht die Änderung des Verschiebungsflusses $d\Psi/dt$ innerhalb des Nichtleiters des Kondensators:

$$i = \frac{d\psi}{dt}$$

Strom durch den Kondensator

Der Ladestrom in den Zuleitungen wird durch den Verschiebestrom im Nichtleiter des Kondensators fortgesetzt gedacht:

$$i = \frac{d\psi}{dt} = \frac{dq}{dt} \quad \text{mit} \quad \psi = q$$

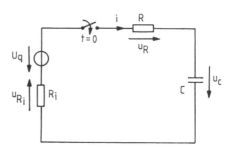

Aufladen eines Kondensators

Strom- und Spannungsverlauf beim Aufladen eines Kondensators

$$u_C = U_q \cdot (1 - e^{-t/\tau})$$

$$i = \frac{U_q}{R + R_i} \cdot e^{-t/\tau} \quad \text{mit } \tau = (R + R_i)\, C$$

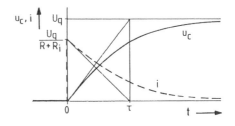

3.3.5 Energie und Kräfte des elektrostatischen Feldes (Band 1, S.201-205)

Gespeicherte Energie eines Kondensators

$$w_e = \frac{C \cdot u_C^2}{2} = \frac{q \cdot u_C}{2} = \frac{q^2}{2 \cdot C} \quad \text{mit } q = C \cdot u_C$$

Energiedichte

In Feldgrößen ausgedrückt ist die Energie eines homogenen Feldes bezogen auf das Feldvolumen die so genannte Energiedichte des elektrostatischen Feldes:

$$w_e' = \frac{W_e}{V} = \frac{\varepsilon \cdot E^2}{2} = \frac{D \cdot E}{2} = \frac{D^2}{2 \cdot \varepsilon}$$

Die Feldenergie ist im homogenen Feld gleichmäßig verteilt.

In inhomogenen Feldern ist der Energieanteil dW_e im Volumenelement dV unterschiedlich, d. h. die Energiedichte ist gleich dem Diffentialquotienten

$$w_e' = \frac{dW_e}{dV}$$

Die Energie lässt sich durch Integrieren der Energiedichte über das Volumen ermitteln:

$$W_e = \int_V w_e' \cdot dV$$

Im inhomogenen Feld konzentriert sich die Energie in den Feldbereichen mit hoher elektrischer Feldstärke.

Kraft auf die Elektroden eines Kondensators

$$F = -\frac{dW_e}{dl} = -\frac{dW_e}{dC} \cdot \frac{dC}{dl} = \frac{U_C^2}{2} \cdot \frac{dC}{dl} \quad \text{mit} \quad \frac{dW_e}{dC} = -\frac{Q^2}{2\,C^2}$$

Die Kraft ist so gerichtet, dass bei der dadurch veranlassten Bewegung der Elektrode die Energie verkleinert wird und dass die Kapazität bei der Bewegung der Elektrode in Richtung der wirkenden Kraft wächst.

Beispiel:
Kraft auf die Platten eines geladenen Plattenkondensators

$$F = \frac{U_C^2}{2} \cdot \frac{dC}{dl} = -\frac{\varepsilon \cdot A}{2 \cdot l^2} \cdot U_C^2$$

$$\text{mit} \quad C = \varepsilon \cdot \frac{A}{l} \quad \text{und} \quad \frac{dC}{dl} = -\varepsilon \cdot \frac{A}{l^2}$$

Für sinusförmige Wechselfelder geht in die Gleichung für die Kraft F der Effektivwert U_C der sinusförmigen Spannung ein.

3.3.6 Das Verhalten des elektrostatischen Feldes an der Grenze zwischen Stoffen verschiedener Dielektrizitätskonstanten (Band 1, S.206-210)

Querschichtung

$D_1 = D_2 \quad \dfrac{E_1}{E_2} = \dfrac{\varepsilon_2}{\varepsilon_1} = \dfrac{\varepsilon_{r2}}{\varepsilon_{r1}}$

Beispiel:
Feldstärken bei Querschichtung eines Plattenkondensators

$E_1 = \dfrac{U}{\varepsilon_{r1} \cdot \left(\dfrac{l_1}{\varepsilon_{r1}} + \dfrac{l_2}{\varepsilon_{r2}} \right)}$

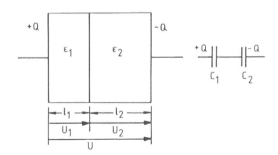

Längsschichtung

$E_1 = E_2 \quad \dfrac{D_1}{D_2} = \dfrac{\varepsilon_1}{\varepsilon_2} = \dfrac{\varepsilon_{r1}}{\varepsilon_{r2}}$

Beispiel:
Kapazität eines längsgeschichteten Plattenkondensators

$C = \dfrac{\varepsilon_1 A_1}{l} + \dfrac{\varepsilon_2 A_2}{l}$

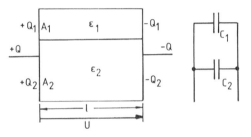

Ungleichartig zusammengesetzte Isolierstoffe

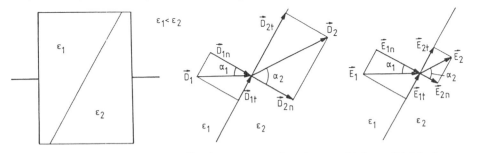

Brechungsgesetz für schräggeschichtetes Dielektrikum

$D_{1n} = D_{2n}$

$\dfrac{E_{1n}}{E_{2n}} = \dfrac{\varepsilon_2}{\varepsilon_1}$

$E_{1t} = E_{2t}$

$\dfrac{D_{1t}}{D_{2t}} = \dfrac{\varepsilon_1}{\varepsilon_2}$

$\dfrac{\tan \alpha_1}{\tan \alpha_2} = \dfrac{\varepsilon_1}{\varepsilon_2}$

3.4 Das magnetische Feld

3.4.1 Wesen des magnetischen Feldes (Band 1, S.214-215)

In der Umgebung bewegter elektrischer Ladungen sind Kraftwirkungen zu beobachten, die einem magnetischen Raumzustand – dem magnetischen Feld– zugeschrieben werden. Die Ausbildung des magnetischen Feldes ist also eine Erscheinung, die die Bewegung elektrischer Ladungen immer begleitet.

Bei Dauermagneten sind Molekular- und Elektronenströme Verursacher der magnetischen Erscheinungen.

Ursache des magnetischen Feldes ist der Konvektionsstrom.

Beim Aufladen und Entladen eines Kondensators ist ebenso ein magnetischer Raumzustand im Nichtleiter zu beobachten, obwohl keine Ladungen innerhalb des Nichtleiters bewegt werden.

Ursache des magnetischen Feldes ist also ebenso der angenommene Verschiebestrom.

3.4.2 Magnetischer Fluss und magnetische Flussdichte (Band 1, S.216-221)

Magnetischer Fluss

Das mit dem Konvektions- und Verschiebestrom verbundene magnetische Feld wird durch Feldlinien veranschaulicht, mit deren Hilfe die Stärke und die Richtung von zu erwartenden Kräften beschrieben werden können. Die Gesamtheit der Feldlinien wird analog zum Stromfluss im elektrischen Strömungsfeld magnetischer Fluss Φ genannt. Den Raum, der von diesem Fluss erfüllt wird, nennt man in Analogie zum elektrischen Stromkreis magnetischer Kreis.

Magnetische Flussdichte – magnetische Induktion

homogene magnetische Felder

$$B = \frac{\Phi}{A} \qquad\qquad \Phi = B \cdot A \cdot \cos\alpha = \vec{B} \cdot \vec{A}$$

inhomogene magnetische Felder

$$B = \lim_{\Delta A \to 0} \frac{\Delta \Phi}{\Delta A} = \frac{d\Phi}{dA} \qquad\qquad \Phi = \int d\Phi = \int_A \vec{B} \cdot d\vec{A}$$

$$\text{und} \qquad \Phi = \oint_A \vec{B} \cdot d\vec{A} = 0$$

3.4 Das magnetische Feld

Für grundlegende Berechnungen ist es nicht notwendig, magnetische Flüsse durch Flächen zu berechnen, die die Fläche nicht senkrecht durchströmen. Werden die Flächen senkrecht durchströmt, dann ist der Neigungswinkel α zwischen den Vektoren $\vec{B}$ und $\vec{dA}$ gleich Null und das Skalarprodukt $\vec{B} \cdot \vec{dA}$ wird gleich dem Produkt der Skalare $B \cdot dA$ mit $\cos \alpha = 1$.

Beispiel:
Berechnung des magnetischen Flusses in der Umgebung eines langen stromdurchflossenen Leiters in einem kreisförmigen Kupferring mit rechteckigem Querschnitt

Das magnetische Feld ist inhomogen, der magnetische Fluss wird aus

$$\Phi = \int_A \vec{B} \cdot \vec{dA}$$

berechnet. Da die Vektoren $\vec{B}$ und $\vec{dA}$ kollinear sind, geht das Skalarprodukt in das Produkt der Skalare über:

$$\Phi = \int_A B \cdot dA$$

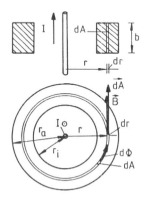

Die Induktion B nimmt mit wachsendem Radius r ab und ist längs des Leiters, also im gleichen Abstand vom Leiter konstant:

$$B = \frac{\mu_0 \cdot I}{2\pi} \cdot \frac{1}{r}$$

μ_0 ist die Permeabilität des Vakuums, also eine Materialgröße:

$$\mu_0 = 1{,}256 \cdot 10^{-6} \frac{Vs}{Am} = 0{,}4 \cdot \pi \cdot 10^{-6} \frac{Vs}{Am}$$

Bei praktischen Berechnungen verhält sich Kupfer magnetisch wie Vakuum.

In das Integral eingesetzt ergibt sich

$$\Phi = \int_A \frac{\mu_0 \cdot I}{2\pi} \cdot \frac{1}{r} \cdot dA \qquad \text{mit } dA = b \cdot dr$$

$$\Phi = \frac{\mu_0 \cdot I \cdot b}{2\pi} \cdot \int_{r_i}^{r_a} \frac{dr}{r} = \frac{\mu_0 \cdot I \cdot b}{2\pi} \ln|r| \Big|_{r_i}^{r_a}$$

$$\Phi = \frac{\mu_0 \cdot I \cdot b}{2\pi} \ln \frac{r_a}{r_i}$$

Einheit des magnetischen Flusses und der magnetischen Flussdichte

$[\Phi] = 1\,\text{Vs} = 1\,\text{Wb}$ 1 Weber

nicht mehr gebräuchlich: 1 Maxwell $1\,\text{M} = 10^{-8}\,\text{Wb}$

$[B] = \dfrac{1\,\text{Wb}}{\text{m}^2} = \dfrac{1\,\text{Vs}}{\text{m}^2} = 1\,\text{T}$ 1 Tesla

nicht mehr gebräuchlich: 1 Gauß $1\,\text{G} = 10^{-4}\,\dfrac{\text{Vs}}{\text{m}^2} = 10^{-8}\,\dfrac{\text{Vs}}{\text{cm}^2}$

Kontinuitätsgleichung des magnetischen Flusses

Die Summe der Teilflüsse, die eine Hüllfläche von außen durchsetzen, ist gleich der Summe der Teilflüsse, die durch diese Hüllfläche nach außen gerichtet sind:

$$\sum_{i=1}^{n} \Phi_{zu_i} \uparrow = \sum_{i=1}^{m} \Phi_{ab_i} \downarrow$$

Kraftfeld – magnetische Induktion

Die magnetische Kraft F ist der magnetischen Induktion B direkt proportional:

$$\vec{F} = Q \cdot (\vec{v} \times \vec{B})$$

mit $F = Q \cdot v \cdot B \cdot \sin\angle(\vec{v},\vec{B})$

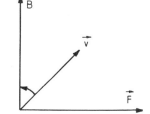

Q: bewegte Ladung des positiv definierten Stroms
$\vec{v}$: Geschwindigkeit der bewegten positiven Ladung
$\vec{B}$: magnetische Flussdichte, magnetische Induktion

Die Richtung der Kraft ergibt sich durch folgende Regel:

Der erste Faktor des Vektorprodukts $\vec{v}$ wird auf dem kürzesten Weg in den zweiten Faktor $\vec{B}$ gedreht. Die Drehrichtung zeigt in die Richtung der gekrümmten Finger der rechten Hand, und der Daumen zeigt dann in die Richtung des Vektorprodukts, also in Richtung der Kraft $\vec{F}$.

3.4.3 Durchflutung, magnetische Spannung und magnetische Feldstärke (magnetische Erregung), magnetischer Widerstand und Permeabilität

(Band 1, S.222-242)

Durchflutung

Der Konvektionsstrom und der Verschiebestrom sind vom magnetischen Fluss umwirbelt und können deshalb als Ursache des Magnetfeldes gedeutet werden. Der magnetische Raumzustand wird verstärkt, wenn mehrere Ströme oder der gleiche Strom mehrfach – wie bei einer Spule – die Umgebung beeinflussen. Die ein magnetisches Feld verursachenden Ströme, also die Stromsumme, wird Durchflutung (nicht mehr gebräuchlich: magnetische Urspannung, Magnetomotorische Kraft MMK) genannt:

$$\Theta = \sum_{i=1}^{n} I_i$$

Die Durchflutung ist gleich der Summe der Ströme, die die Fläche durchfluten, die von den geschlossenen Feldlinien gebildet werden.

> Für die Bestimmung der Durchflutung wird eine geschlossene Feldlinie ausgewählt, die als Umrandung einer Fläche angesehen wird. Sämtliche Ströme, die durch diese Fläche hindurchtreten, bilden vorzeichenbehaftet die Durchflutung.

Die Durchflutung wird deshalb auch „die mit dem Magnetfeld verkettete Stromsumme" genannt.

Einheit der Durchflutung

$$[\Theta] = 1\ A$$

Beispiele:

Feld eines langen stromdurchflossenen Stromfadens:

$$\Theta = I = 1\ A$$

Feld mehrerer Stromfäden verschiedener Stromrichtungen:

$$\Theta = \sum_{i=1}^{3} I_i = I_1 + I_2 + I_3$$

$$\Theta = -1\ A + 1\ A + 1\ A = 1\ A$$

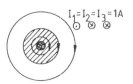

Feld einer Spule im Eisenkreis:

$$\Theta = I \cdot w$$

mit   w Windungszahl

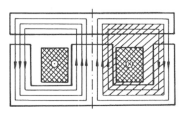

Magnetischer Widerstand und magnetischer Leitwert

„Ohmsches Gesetz des magnetischen Kreises" oder Hopkinsonsches Gesetz:

$$\Theta = R_m \cdot \Phi$$

Gestalt des magnetischen Kreises und die magnetischen Eigenschaften der Stoffe, in denen das Feld existiert, werden durch den magnetischen Widerstand R_m oder magnetischen Leitwert G_m erfasst.

homogene Felder

$$R_m = \frac{l}{\mu \cdot A} \quad \text{oder} \quad G_m = \frac{1}{R_m} = \frac{\mu \cdot A}{l}$$

$$[R_m] = 1\frac{A}{Vs} \quad\quad [G_m] = 1\frac{Vs}{A} = 1\ H\ (\text{Henry})$$

Bei praktischen Berechnungen ist es nur in Ausnahmefällen möglich, mit magnetischen Widerständen zu rechnen, weil nur wenige Felder homogen oder symmetrisch sind. Die in Ferromagnetika (Eisen, Nickel, Kobalt) vorkommenden Felder sind wohl homogen oder annähernd homogen, aber die Materialgröße – absolute bzw. relative Permeabilität – ist nicht konstant. Der wirksame magnetische Widerstand in Eisenkreisen ist also je nach Größe der Durchflutung von der variablen Permeabilität µ abhängig.

In Reihe und parallel geschaltete magnetische Widerstände werden wie elektrische Widerstände zusammengefasst:

$$R_m = \sum_{i=1}^{n} R_{mi} \quad\quad \frac{1}{R_m} = \sum_{i=1}^{n} \frac{1}{R_{mi}}$$

Permeabilität

Die absolute Permeabilität µ ist eine Materialgröße, die die magnetische „Durchlässigkeit" eines Stoffes charakterisiert, in dem das magnetische Feld ausgebildet ist.

Sie wird als μ_r-faches der Permeabilität μ_0 des Vakuums aufgefasst:

$$\mu = \mu_r \cdot \mu_0 \quad \text{mit} \quad \mu_0 = 1{,}256 \cdot 10^{-6}\ \frac{Vs}{Am} = 0{,}4 \cdot \pi \cdot 10^{-6}\ \frac{Vs}{Am}$$

Bei praktischen Berechnungen wird bei allen nichtferromagnetischen Stoffen mit $\mu_r = 1$ gerechnet.

Bei ferromagnetischen Stoffen ist μ_r variabel; nur bei grober Näherung kann mit einer konstanten relativen Permeabilität, also mit dem magnetischen Widerstand, gerechnet werden.

3.4 Das magnetische Feld

Magnetische Spannungen

Im magnetischen Feld muss unterschieden werden in die Verursacher-Spannung Θ, die Durchflutung, und in die magnetischen Spannungen V_i in magnetischen Widerständen infolge des magnetischen Flusses Φ.

In homogenen Feldern ist die Durchflutung Θ gleich der magnetischen Spannung V und in homogenen Teilfeldern ist die Durchflutung Θ gleich der Summe der magnetischen Spannungen V_i:

$$\Theta = V = R_m \cdot \Phi \qquad\qquad \Theta = \sum_{i=1}^{m} V_i = \Phi \cdot \sum_{i=1}^{m} R_{mi}$$

Durch die Durchflutung werden sämtliche Ströme vorzeichenbehaftet erfasst, z. B. auch von mehreren Spulen in einem Eisenkreis. Deshalb darf auf der linken Seite der Gleichung nur Θ und nicht $\Sigma \, \Theta_i$ geschrieben werden.

Beispiele:

Magnetisches Feld der Toroidspule
mit konstanter Permeabilität

$$\Phi = \frac{I \cdot w}{R_m} = \frac{\mu \cdot A \cdot I \cdot w}{l}$$

Magnetfeld eines Eisenkreises
mit konstanter Permeabilität und zwei Luftspalten

$$\Phi = \frac{I \cdot w}{R_{mFe} + R_{mL}} = \frac{I \cdot w}{\dfrac{l_{Fe}}{\mu_0 \mu_r A_{Fe}} + \dfrac{l_L}{\mu_0 A_L}}$$

Magnetische Feldstärke – magnetische Erregung

homogene Felder

$$H = \frac{\Theta}{l} = \frac{1}{\mu} \cdot \frac{\Phi}{A} = \frac{1}{\mu} \cdot B$$

inhomogene Felder

$$H = \frac{dV}{dl} = \frac{1}{\mu} \cdot \frac{d\Phi}{dA} = \frac{1}{\mu} \cdot B$$

$$\vec{H} = \frac{\vec{B}}{\mu} \qquad \text{oder} \qquad \vec{B} = \mu \cdot \vec{H}$$

Bei nichtferromagnetischen Stoffen ist die Permeabilität μ praktisch gleich der Induktionskonstanten μ_0 mit $\mu_r = 1$, so dass sich durch die direkte Proportionalität die magnetische Induktion B aus der magnetischen Feldstärke H errechnen lässt.

Da bei ferromagnetischen Stoffen die Permeabilität μ von der magnetischen Feldstärke H abhängig ist und dieser nichtlineare Zusammenhang nicht analytisch fassbar ist, muss zunächst das magnetische Feld durch die materialunabhängige magnetische Feldstärke H berechnet werden und anschließend die materialabhängige magnetische Induktion B aus der nichtlinearen Kurve, der *Magnetisierungskurve*,

$$B = f(H)$$

abgelesen werden.

Durchflutungssatz für homogene Felder:

$$\Theta = V = H \cdot l$$

Beispiel:
Magnetfeld einer stromdurchflossenen Spule

Die magnetische Feldstärke außerhalb der Spule H_a ist vernachlässigbar klein.

$$\Theta = V_i$$

$$I \cdot w = H_i \cdot l \qquad H_i = \frac{I \cdot w}{l} \qquad B_i = \mu_0 \cdot \frac{I \cdot w}{l}$$

Durchflutungssatz für magnetische Kreise mit m homogenen Teilfeldern:

$$\Theta = \sum_{i=1}^{m} V_i = \sum_{i=1}^{m} H_i \cdot l_i$$

Beispiel:
Magnetfeld eines Eisenkreises mit zwei Luftspalten

$$\Theta = H_{Fe} \cdot l_{Fe} + H_L \cdot l_L$$

allgemeiner Durchflutungssatz für magnetische Felder

$$\Theta = \oint_l dV = \oint_l \vec{H} \cdot d\vec{l} = \oint_l H \cdot dl$$

Bei praktischen Berechnungen wird grundsätzlich längs einer Feldlinie integriert, wodurch das Skalarprodukt gleich dem Produkt der Skalare ist.

Beispiele:

Magnetfeld außerhalb eines langen stromdurchflossenen Leiters:

$$\Theta = \oint_l H_a \cdot dl$$

$$I = H_a \cdot \oint_l dl = H_a \cdot 2\pi \cdot r$$

$$H_a = \frac{I}{2\pi \cdot r}$$

$$B_a = \frac{\mu_0}{2\mu} \cdot I \cdot \frac{1}{r}$$

3.4 Das magnetische Feld

Magnetfeld innerhalb eines langen stromdurchflossenen Leiters:

$$\Theta = \oint_l H_i \cdot dl$$

$$I_i = H_i \cdot \oint_l dl = H_i \cdot 2\pi r$$

mit $\quad S = \dfrac{I_i}{r^2 \cdot \pi} = \dfrac{I}{R^2 \cdot \pi}$

$$I_i = \dfrac{I}{R^2 \cdot \pi} r^2 \pi = H_i \cdot 2\pi r$$

$$H_i = \dfrac{I}{2\pi \cdot R^2} \cdot r \qquad B_i = \dfrac{\mu_0}{2\pi} \cdot \dfrac{I}{R^2} \cdot r$$

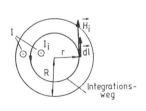

Verlauf von B = f (r) eines langen stromdurchflossenen Leiters:

$$B_{max} = \dfrac{\mu_0 \cdot I}{2\pi \cdot R}$$

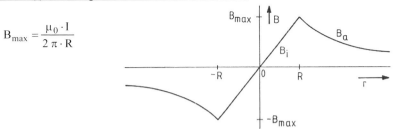

Magnetfeld eines langen, stromdurchflossenen Rohres:

innerhalb des Rohres

$\quad H_1 = 0$

im Rohr

$$H_2 = \dfrac{r^2 - r_i^2}{r_a^2 - r_i^2} \cdot \dfrac{I}{2\pi r} = \dfrac{I}{2\pi (r_a^2 - r_i^2)} \cdot \left(r - \dfrac{r_i^2}{r} \right)$$

Näherung:

$$H_2 = \dfrac{I}{2\pi \cdot r_m \cdot d} \cdot (r - r_i)$$

mit $\quad r_m = \dfrac{r_a + r_i}{2} \quad$ mittlerer Radius

außerhalb des Rohres

$$H_3 = \dfrac{I}{2\pi r}$$

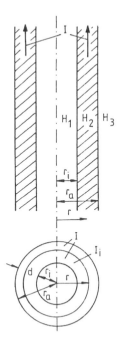

Permeabilität und Hysteresekurve

Die Permeabilität μ_r ist bei ferromagnetischen Stoffen von der magnetischen Feldstärke abhängig:

$$\mu_r = f(H),$$

der Zusammenhang zwischen der magnetischen Induktion $\vec{B}$ und der magnetischen Feldstärke $\vec{H}$ ist nichtlinear und nicht eindeutig.

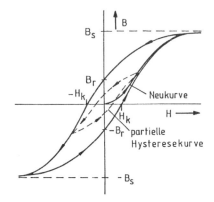

Dabei bedeuten

H_k Koerzitivfeldstärke

B_r Restinduktion, Remanenz

B_s Sättigungsinduktion

Für *geschlossene magnetische Kreise* mit weichmagnetischen Werkstoffen wird die messtechnisch ermittelte Magnetisierungskurve (vom Hersteller geliefert) durch eine nichtlineare eindeutige Kurve angenähert. Die B- und H-Werte werden dann aus der Kurve entnommen.

In Ausnahmefällen kann die BH-Kurve durch eine Gerade angenähert werden, d. h. es wird eine konstante Permeabilität angenommen. Nur dann kann mit magnetischen Widerständen gerechnet werden.

Beispiel für die Berechnung mit der BH-Kurve:

Eine Toroid- oder Kreisringspule mit einer Windungszahl w = 60 und einem mittleren Durchmesser D = 80mm enthält einen Eisenkern aus Stahlguss, dessen mittlere Magnetisierungskurve für die einseitige Magnetisierung gegeben ist. Sie wird einmal von einem Strom $I_1 = 0{,}6A$ und zum anderen von dem dreifachen Strom $I_2 = 1{,}8A$ durchflossen.

$$\Theta = V = H \cdot l \qquad H = \frac{I \cdot w}{D \cdot \pi}$$

$$H_1 = 143 \frac{A}{m} \qquad H_2 = 430 \frac{A}{m}$$

Toroidspule ohne Eisenkern:

$$B_{01} = \mu_0 \cdot H_1 = 0{,}18 \text{ mT} \qquad B_{02} = 0{,}54 \text{ mT}$$

Toroidspule aus Stahlguss:

$$B_1 = 0{,}6T \quad \text{und} \quad B_2 = 1{,}2T$$

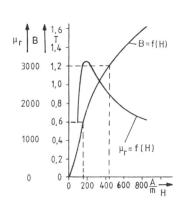

3.4.4 Das Verhalten des magnetischen Feldes an der Grenze zwischen Stoffen verschiedener Permeabilitäten (Band 1, S.242-245)

Querschichtung

$B_1 = B_2$

$\dfrac{H_1}{H_2} = \dfrac{\mu_2}{\mu_1} = \dfrac{\mu_{r2}}{\mu_{r1}}$

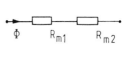

Längsschichtung

$H_1 = H_2$

$\dfrac{B_1}{B_2} = \dfrac{\mu_1}{\mu_2} = \dfrac{\mu_{r1}}{\mu_{r2}}$

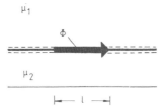
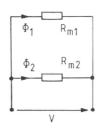

Ungleichartig zusammengesetzte Magnetmaterialien

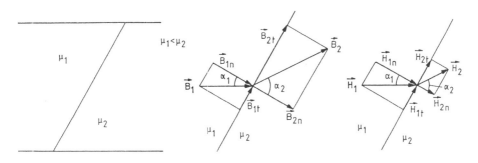

Brechungsgesetz für schräg geschichtete Magnetmaterialien

$B_{1n} = B_{2n}$

$\dfrac{H_{1n}}{H_{2n}} = \dfrac{\mu_2}{\mu_1}$

$H_{1t} = H_{2t}$

$\dfrac{B_{1t}}{B_{2t}} = \dfrac{\mu_1}{\mu_2}$

$\dfrac{\tan \alpha_1}{\tan \alpha_2} = \dfrac{\mu_1}{\mu_2}$

3.4.5 Berechnung magnetischer Kreise

3.4.5.1 Berechnung geschlossener magnetischer Kreise (Band 1, S.246-275)

Streufluss, Nutzfluss und Streufaktor

$$\Phi = \Phi_N + \Phi_S$$

$$\sigma = \frac{\Phi_S}{\Phi} = \frac{\Phi_S}{\Phi_N + \Phi_S}$$

$$\Phi_N = \Phi_L = (1 - \sigma) \cdot \Phi$$

Bei praktischen Berechnungen wird eine Streuung von 5 % bis 20 % je nach Anordnung und Luftspaltlänge angenommen.

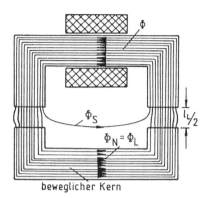

Ausweitung der Feldlinien am Luftspalt

$$\frac{A_L}{A_K} = 1{,}03 \ldots 1{,}10$$

mit
Luftspaltfläche A_L
Kernfläche A_K

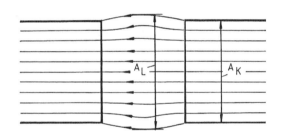

Eisenfüllfaktor

$$f_{Fe} = \frac{A_{Fe}}{A_K} \quad \text{z.B.} \quad f_{Fe} = 0{,}85$$

mit
Eisenfläche A_{Fe}
Kernfläche A_K

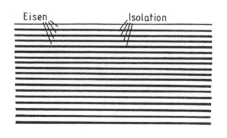

Eisenfüllfaktor

3.4 Das magnetische Feld

Aufgabenstellung 1:

Gegeben: magnetische Induktion B oder der magnetische Fluss Φ an einer Stelle des Magnetkreises, insbesondere die Luftspaltinduktion B_L
Magnetisierungskurven B = f(H) der Magnetmaterialien des magnetischen Kreises
Gestalt und Abmessungen des magnetischen Kreises

Gesucht: erforderliche Durchflutung Θ

1. Ansatz für die Durchflutung nach dem Durchflutungssatz für homogene Teilfelder:

$$\Theta = \sum_{i=1}^{m} V_i = \sum_{i=1}^{m} H_i \cdot l_i$$

2. Berechnung der magnetischen Feldstärke (magnetische Erregung) im Luftspalt H_L aus der gegebenen Luftspaltinduktion B_L:

$$H_L = \frac{B_L}{\mu_0}$$

3. Ermittlung der magnetischen Feldstärken (magnetische Erregung) in den homogenen Teilfeldern aus Eisen mit

$$B = B_L \cdot \frac{A_L}{A_{Fe}} \cdot \frac{1}{1-\sigma} = B_L \cdot \frac{\frac{A_L}{A_K}}{\frac{A_{Fe}}{A_K}} \cdot \frac{1}{1-\sigma} \qquad \text{und} \qquad B_N = B_L \cdot \frac{A_L}{A_{Fe}} = B_L \cdot \frac{\frac{A_L}{A_K}}{\frac{A_{Fe}}{A_K}}$$

und mit Hilfe der Magnetisierungskurven B = f(H):

Ablesen der magnetischen Feldstärken H aus den magnetischen Induktionen B

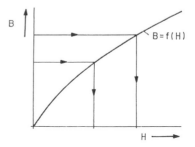

4. Berechnung der mittleren Feldlinienlängen im Eisen des magnetischen Kreises.

5. Berechnung der magnetischen Spannungen V_i in den Eisenabschnitten und im Luftspalt und Berechnung der Durchflutung Θ.

Ist die magnetische Induktion in einem Eisenabschnitt oder der magnetische Fluss gegeben, dann muss der Lösungsweg entsprechend geändert werden, wobei die Gleichungen unter 3. umgestellt werden.

Ergänzungen zu der Aufgabenstellung 1:
Zu 1. Ansatz für die Durchflutung
Zu 4. Berechnung der mittleren Feldlinienlängen im Eisen

Beispiel 1:

Wegen der Streuung ist der magnetische Fluss im Eisenabschnitt 2 kleiner als im Eisenabschnitt 1:

$$\Theta = H_L \cdot 2 \cdot \frac{l_L}{2} + H_{Fe1} \cdot l_{Fe1} + H_{Fe2} \cdot l_{Fe2}$$

Die mittleren Feldlängen sind gegeben:

$l_{Fe1} = 60$ cm und $l_{Fe2} = 50$ cm

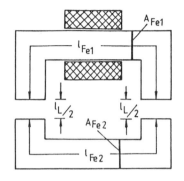

Beispiel 2: M65-Stahlgussblech

Die Ermittlung der Durchflutung ist genau genug, wenn angenommen wird, dass im Eisen der magnetische Gesamtfluss bis an den Luftspalt heran auftritt, und im Luftspalt der um den Streufluss verminderte Gesamtfluss vorhanden ist.

$$\Theta = H_L \cdot l_L + H_{Fe} \cdot l_{Fe}$$

$$l_{Fe} = 2a - 2c + b - c - \frac{f}{2} - l_L = 154 \text{ mm}$$

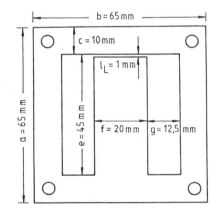

Beispiel 3: EI-84-Blech

Die magnetischen Feldstärken (magnetische Erregung) im E-Kern und I-Kern sind unterschiedlich, weil der magnetische Fluss im I-Kern wegen der Streuung kleiner ist als im E-Kern.

$$\Theta = H_L \cdot l_L + H_E \cdot l_E + H_I \cdot l_I$$

$l_I = g + 2c = 42$ mm

$l_E = 2e + g + 2c = 126$ mm

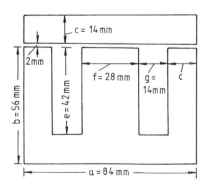

3.4 Das magnetische Feld

Aufgabenstellung 2:

Gegeben: Durchflutung Θ
Magnetisierungskurven B = f(H) der Magnetmaterialien des magnetischen Kreises

Gestalt und Abmessungen des magnetischen Kreises

Gesucht: magnetische Induktion B oder der magnetische Fluss Φ

Sind im magnetischen Kreis zwei Voraussetzungen erfüllt, dann ist die Berechnung des magnetischen Flusses oder der magnetischen Induktionen bei gegebener Durchflutung einfach möglich:

1. Der magnetische Kreis besteht aus einem homogenen Magnetmaterial mit konstantem Querschnitt, so dass der Durchflutungssatz

$$\Theta = H \cdot l \qquad \text{oder} \qquad H = \frac{\Theta}{l}$$

nur die magnetische Feldstärke (magnetische Erregung) H als unbekannte Größe enthält, die über die Magnetisierungskennlinie zur magnetischen Induktion B und über die Fläche zum magnetischen Fluss Φ führt.

2. Der magnetische Kreis besteht nur aus zwei Abschnitten oder lässt sich in zwei Abschnitte zusammenfassen, in denen jeweils ein homogener Feldverlauf angenommen werden kann. In den meisten Anwendungsfällen handelt es sich dann um einen Eisenkreis mit Luftspalt, für den der Durchflutungssatz für homogene Teilfelder

$$\Theta = H_{Fe} \cdot l_{Fe} + H_L \cdot l_L = H_{Fe} \cdot l_{Fe} + \frac{B_L}{\mu_0} \cdot l_L$$

zwei Unbekannte enthält, so dass die Gleichung analytisch nicht lösbar ist; die Permeabilität des Eisens ist nicht konstant.

Lösung:
Überlagerung der Kennlinien
des aktiven Zweipols

$$\frac{V_{Fe}}{V_0} + \frac{\Phi}{\Phi_0} = 1$$

und des passiven Zweipols

$$\Phi = \frac{1}{R_{mFe}} \cdot V_{Fe}$$

(umgerechnete Magnetisierungskurve, indem im Schnittpunkt die Größen Φ und V_{Fe} abgelesen werden)

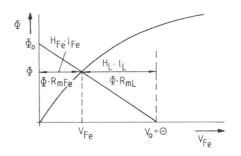

Rechenverfahren:

Zunächst werden die Koordinaten der gegebenen Magnetisierungskurve $B_{Fe} = f(H_{Fe})$ bei Berücksichtigung der Eisenfläche A_{Fe} und der mittleren Feldlinienlänge l_{Fe} im Eisen in den Ordinatenwert $\Phi = B_{Fe} \cdot A_{Fe}$ und Abszissenwert $V_{Fe} = H_{Fe} \cdot l_{Fe}$ umgerechnet, so dass die Magnetisierungskurve in die Funktion $\Phi = f(V_{Fe})$ übergeht.

Dann wird der Achsenabschnitt $\Phi_0 = \Theta/R_{mL}$ errechnet und an der Ordinate eingetragen.

Mit dem Abszissenabschnitt Θ bildet er die Gerade, die den Schnittpunkt mit der Funktion $\Phi = f(V_{Fe})$ ergibt.

Nun kann der magnetische Fluss Φ abgelesen werden und mit den Flächen die magnetischen Induktionen im Eisen und im Luftspalt errechnet werden. Außerdem kann die magnetische Spannung V_{Fe} im Schnittpunkt abgelesen werden, wodurch sich mit der Eisenweglänge l_{Fe} die magnetische Feldstärke H_{Fe} ergibt. Die Feldstärke im Luftspalt H_L wird aus B_L oder aus dem ablesbaren V_L errechnet.

Beispiel:

Für einen UI-Kern 30 aus Dynamoblech III mit einem Gesamtluftspalt $l_L = 0{,}3$ mm soll die Kennlinie des magnetischen Kreises $\Phi = f(\Theta)$ entwickelt werden:

Zunächst ist die Kennlinie des passiven Zweipols $\Phi = f(V_{Fe})$ anzugeben, indem die gegebene Magnetisierungskennlinie verwendet wird. Die Schichtdicke beträgt 20 mm.

Dann ist für die Durchflutungen Θ = 100A, 200A, 300A und 400A die Kennlinie des aktiven Zweipols einzutragen und die gesuchte Kennlinie zu ermitteln.

für $B_{Fe} = 1T$: $\Phi = 1Vs/m^2 \cdot 200 \cdot 10^{-6}m^2 = 200\mu Vs$
für $H_{Fe} = 1\,000A/m$: $V_{Fe} = 1\,000A/m \cdot 120 \cdot 10^{-3}m = 120A$

Θ in A	100	200	300	400
Φ_0 in µVs	84	167	251	335

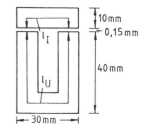

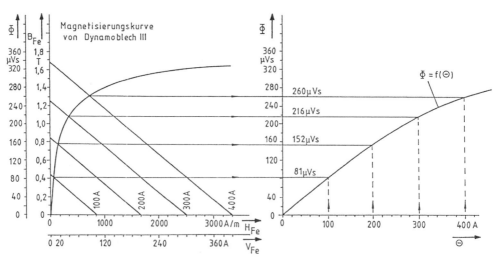

Magnetisierungskennlinie von Dynamoblech III, $\Phi = f(V_{Fe})$ und $\Phi = f(\Theta)$

3.4 Das magnetische Feld

Die Kennlinienüberlagerung kann aber auch mit der ungeänderten Magnetisierungskennlinie vorgenommen werden, die gleich der Kennlinie des passiven Zweipols ist. Für die Kennlinie des aktiven Zweipols müssen nur die Achsenabschnitte umgerechnet werden:

Rechenverfahren:

In die Magnetisierungskennlinie des Magnetmaterials wird die Achsenabschnittsgerade mit den Abschnitten

$$B_0 = \frac{\mu_0 \cdot \Theta}{l_L} \quad \text{und} \quad H_0 = \frac{\Theta}{l_{Fe}},$$

die so genannte „Luftspaltgerade", eingezeichnet. Zunächst müssen also B_0 und H_0 errechnet werden. Aus dem Schnittpunkt lassen sich $B_L = B_{Fe}$ und H_{Fe} ablesen.

Die magnetische Feldstärke (magnetische Erregung) im Luftspalt H_L kann aus B_L mit μ_0 berechnet werden oder aus der Kennlinie mit dem Abschnitt $H_L \cdot (l_L/l_{Fe})$ ermittelt werden, indem der abgelesene Wert mit l_{Fe}/l_L multipliziert wird.

Ist zusätzlich eine Streuung σ zu berücksichtigen, dann muss der Achsenabschnitt B_0 auf $B_0/(1-\sigma)$ erhöht werden. Anschließend wird genauso verfahren wie oben beschrieben.

Beispiel:

Eine Toroid- oder Kreisringspule mit einer Windungszahl w = 1 500, durch die ein Strom von 2A fließt, enthält einen Eisenkern aus Stahlguss (mittlerer Durchmesser d_m = 95,5 cm, Querschnittsfläche 100 cm²) mit einem Luftspalt mit der Luftspaltlänge l_L = 3 mm.

$$B_0 = \frac{\mu_0 \cdot \Theta}{l_L} = \frac{1{,}256 \cdot 10^{-6} \frac{Vs}{Am} \cdot 3000\,A}{3 \cdot 10^{-3}\,m} = 1{,}256\,T$$

$$H_0 = \frac{\Theta}{l_{Fe}} = \frac{I \cdot w}{d_m \cdot \pi} = \frac{2\,A \cdot 1500}{0{,}955\,m \cdot \pi} = 1000 \frac{A}{m}$$

abgelesen aus der BH-Kurve:

$$B_L = B_{Fe} = 0{,}93\,T \quad \text{und} \quad H_{Fe} = 260 \frac{A}{m}$$

Streuung von 20%:

$$B_0^* = \frac{B_0}{1-\sigma} = \frac{1{,}256\,T}{0{,}8} = 1{,}57\,T$$

abgelesen aus der BH-Kurve:

$$B_{Fe}^* = 1{,}04\,T \quad \text{und} \quad H_{Fe}^* = 340 \frac{A}{m}$$

$$B_L^* = (1-\sigma) \cdot B_{Fe}^* = 0{,}8 \cdot 1{,}04\,T = 0{,}832\,T$$

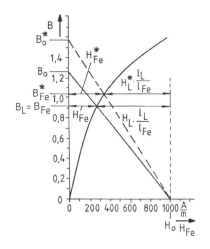

3.4.5.2 Berechnung des nichteisengeschlossenen magnetischen Kreises einer Doppelleitung und mehrerer paralleler Leiter (Band 1, S.276-278)

Die magnetische Feldstärke (magnetische Erregung) in einem Punkt P in der Umgebung der stromdurchflossenen Leiter ergibt sich durch vektorielle Addition der Teilfeldstärken, die sich nach der Gleichung der magnetischen Feldstärke außerhalb eines Leiters berechnen lassen.

Beispiel:

Die magnetische Feldstärke (magnetische Erregung) $\vec{H}$ in einem Punkt, der von den Mittelpunkten von zwei stromdurchflossenen Leitern r_1 und r_2 entfernt ist, ist gleich der Vektorsumme

$$\vec{H} = \vec{H}_1 + \vec{H}_2$$

mit

$$H_1 = \frac{I_1}{2 \pi r_1}$$

und

$$H_2 = \frac{I_2}{2 \pi r_2}$$

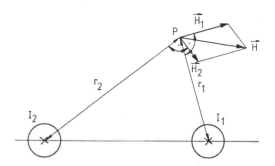

Magnetische Feldstärke der Doppelleitung bei verschiedener Stromrichtung:

$$H = \frac{I}{2 \pi} \cdot \frac{d}{x^2 - \left(\frac{d}{2}\right)^2}$$

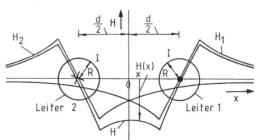

Magnetische Feldstärke der Doppelleitung bei gleicher Stromrichtung:

$$H = \frac{I}{2 \pi} \cdot \frac{2x}{x^2 - \left(\frac{d}{2}\right)^2}$$

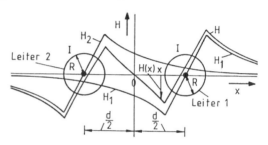

3.4.5.3 Berechnung magnetischer Kreise mit Dauermagneten (Band 1, S.279-287)

$\Theta = 0 = H_L \cdot l_L + H_{Fe} \cdot l_{Fe} + H_M \cdot l_M$

mit $V_{Fe} = H_{Fe} \cdot l_{Fe}$ vernachlässigt

$\Phi_L = \Phi_M$

oder $B_L \cdot A_L = B_M \cdot A_M$

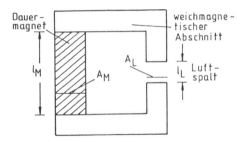

Berechnung eines Dauermagnetkreises

Der Entmagnetisierungskennlinie wird eine Nullpunktsgerade überlagert:

$B_M = -\mu_0 \cdot \dfrac{l_M}{l_L} \cdot \dfrac{A_L}{A_M} \cdot H_M = \dfrac{\mu_0}{N} \cdot H_M$

mit

$N = \dfrac{l_L}{l_M} \cdot \dfrac{A_M}{A_L}$

Entmagnetisierungsfaktor

$B_L = \dfrac{A_M}{A_L} \cdot B_{MP}$

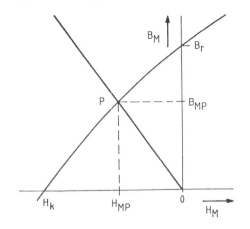

Die Luftspaltinduktion lässt sich auch angenähert berechnen, wenn die Entmagnetisierungskennlinie durch eine Achsenabschnittsgerade mit den Achsenabschnitten B_r und H_k ersetzt wird und diese mit der Nullpunktsgeraden überlagert wird.

$B_{MP} = \dfrac{H_k}{\dfrac{H_k}{B_r} + \dfrac{1}{\mu_0} \cdot \dfrac{l_L}{l_M} \dfrac{A_M}{A_L}}$

$B_L = \dfrac{B_r}{\dfrac{A_L}{A_M} + \dfrac{B_r}{\mu_0 \cdot H_k} \cdot \dfrac{l_L}{l_M}}$

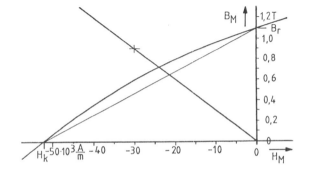

Optimierung des Dauermagnetkreises

$$V_M = -\frac{B_L^2 \cdot V_L}{\mu_0} \cdot \frac{1}{B_M \cdot H_M}$$

mit dem Maximum $(B_M \cdot H_M)_{max}$

Im Maximum wird eine Waagerechte auf die Entmagnetisierungskurve gezogen, wodurch sich der optimale Arbeitspunkt P_{opt} ergibt:

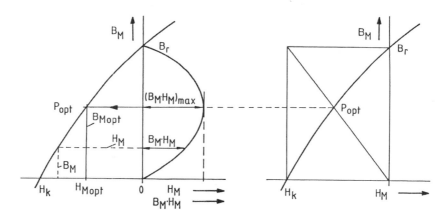

Die Diagonale des Rechtecks, das mit der Remanenz B_r und der Koerzitivfeldstärke H_k gebildet werden kann, schneidet genügend genau die Entmagnetisierungskennlinie im optimalen Arbeitspunkt.

$$B_{Lopt} = \sqrt{-\mu_0 \frac{V_M}{A_L \cdot l_L} \cdot (B_M \cdot H_M)_{max}} = \sqrt{-\mu_0 \frac{V_M}{A_L \cdot l_L} \cdot B_{M\,opt} \cdot H_{M\,opt}}$$

$$A_M = \frac{A_L}{B_{M\,opt}} \cdot B_{L\,opt} \quad \text{und} \quad l_M = \frac{V_M}{l_M}$$

oder

$$l_M = -\frac{H_{L\,opt} \cdot l_L}{H_{M\,opt}} = -\frac{l_L \cdot B_{L\,opt}}{\mu_0 \cdot H_{M\,opt}} \quad \text{und} \quad A_M = \frac{V_M}{l_M}$$

Dauermagnetkreis mit Streuung

$$\Theta = 0 = H_L \cdot l_L + H_M \cdot l_M \qquad B_L \cdot A_L = (1-\sigma) \cdot B_M \cdot A_M$$

$$B_{Lopt} = \sqrt{-(1-\sigma) \cdot \mu_0 \cdot \frac{V_M}{V_L} \cdot (B_M \cdot H_M)_{max}}$$

3.4.6 Elektromagnetische Spannungserzeugung – das Induktionsgesetz

3.4.6.1 Bewegte Leiter in einem zeitlich konstanten Magnetfeld – Bewegungsinduktion
(Band 1, S.288-299)

Kraftwirkung auf elektrische Ladungen im Magnetfeld

$$\vec{F}_{mag} = Q \cdot (\vec{v} \times \vec{B})$$

mit $\quad F_{mag} = Q \cdot v \cdot B \cdot \sin \alpha$

Der erste Faktor $\vec{v}$ wird auf dem kürzesten Weg in den zweiten Faktor $\vec{B}$ gedreht. Die Drehrichtung zeigt in die Richtung der gekrümmten Finger der rechten Hand, und der Daumen zeigt dann in die Richtung in Richtung der magnetischen Kraft $\vec{F}_{mag}$.

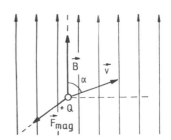

Bewegter Leiter im Magnetfeld

Wird ein Leiter im Magnetfeld bewegt, dann bewegt sich das positive Ionengerüst des Metalls und mit ihm die freien und gebundenen Elektronen. Auf die bewegten positiven und negativen Ladungen wirken magnetische Kräfte, so dass die Ladungsschwerpunkte längs des Leiters getrennt werden:

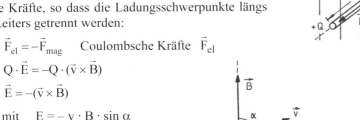

$\vec{F}_{el} = -\vec{F}_{mag} \quad$ Coulombsche Kräfte $\vec{F}_{el}$

$Q \cdot \vec{E} = -Q \cdot (\vec{v} \times \vec{B})$

$\vec{E} = -(\vec{v} \times \vec{B})$

mit $\quad E = -v \cdot B \cdot \sin \alpha$

$u_q = E \cdot l$

$u_q = -v \cdot B \cdot l \cdot \sin \alpha$

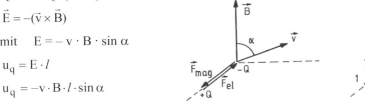
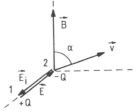

Befindet sich der Leiter im Magnetfeld nicht senkrecht zur v, B-Ebene, sondern bildet mit der Normalen $\vec{N}$ der v, B-Ebene einen Winkel β, dann ist die induzierte Spannung entsprechend kleiner:

$$u_q = -v \cdot B \cdot l \cdot \sin \alpha \cdot \cos \beta$$

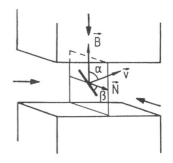

Bewegte Leiterschleife im Magnetfeld

Wird der Teil der Leiterschleife, der sich im magnetischen Feld befindet, mit einer Geschwindigkeit $\vec{v}$ bewegt, dann wird eine Spannung u_q induziert:

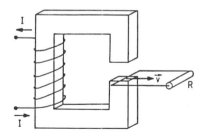

$$u_q = -v \cdot B \cdot l$$

mit $\quad \sin \alpha = \sin 90° = 1$

und $\quad \cos \beta = \cos 0° = 1$

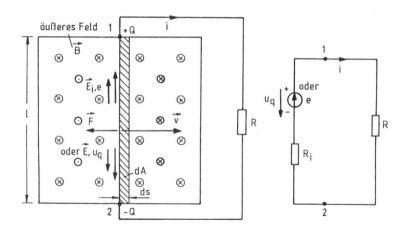

Die Spannung u_q treibt einen Strom i in der angegebenen Richtung durch den Widerstand R.

Dieser Strom bewirkt ein magnetisches Feld, das das äußere Feld innerhalb der Leiterschleife vergrößert und außerhalb der Leiterschleife schwächt, wie mit der „Rechte-Hand-Regel" nachgewiesen werden kann. Durch die Bewegung des Leiters wird der durch die Leiterschleife umfasste magnetische Fluss vermindert.

Das magnetische Feld des Stroms i versucht, diese Flussverminderung aufzuheben.

Auf die beweglichen Ladungsträger des Stroms i im Magnetfeld wirken magnetische Kräfte, die insgesamt so gerichtet sind, dass sie die Bewegung des Leiters zu hemmen versuchen. Die Gesamtkraft kann mit Hilfe des Vektorprodukts $\vec{F} = Q \cdot (\vec{v} \times \vec{B})$ nachgewiesen werden, indem der Geschwindigkeitsvektor $\vec{v}$ in Richtung des Stroms zu legen ist.

3.4 Das magnetische Feld

Wird der Leiter in der angegebenen Richtung mit der Geschwindigkeit $\vec{v}$ bewegt, dann wird die durch die Leiterschleife umfasste Fläche kleiner, d. h. die Flächenänderung ist negativ:

$$\frac{dA}{dt} = -\frac{l \cdot ds}{dt} = -l \cdot v$$

Damit lässt sich die induzierte Spannung auch durch die zeitliche Änderung des von der Leiterschleife umfassten magnetischen Flusses errechnen:

$$u_q = -v \cdot B \cdot l = B \cdot \frac{dA}{dt}$$

mit $\quad d\Phi = B \cdot dA$

$$u_q = \frac{d\Phi}{dt}$$

Wird die Leiterschleife in umgekehrter Richtung mit der Geschwindigkeit $\vec{v}$ verschoben, dann wird die elektrische Feldstärke $\vec{E}$ und damit die induzierte Spannung u_q nach dem Vektorprodukt $\mp(\vec{v} \times \vec{B})$ umgekehrt gerichtet:

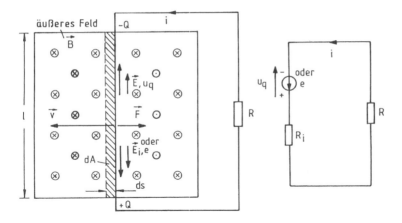

Bewegte Spule im Magnetfeld

Wird in einem zeitlich konstanten Magnetfeld eine Spule mit der Windungszahl w mit der Geschwindigkeit $\vec{v}$ bewegt, dann werden in w parallelen, eng beieinander liegenden Leitern einer Spulenseite w gleiche Spannungen induziert, die insgesamt

$$u_q = -w \cdot v \cdot B \cdot l \cdot \sin\alpha \cdot \cos\beta$$

$$u_q = w \cdot \frac{d\Phi}{dt}$$

betragen.

Beispiel 1:

Verschieben einer rechteckigen Spule in ein homogenes, zeitlich konstantes Magnetfeld

Beim Eintauchen der einen Seite der Spule und wenn die andere Seite der Spule aus dem Luftspalt geführt wird, wird in jedem der w Leiterstücke der Länge b eine rechteckförmige Impulsspannung in der Zeit

$$t = \frac{a \cdot \cos \gamma}{v}$$

induziert:

$$u_q = -w \cdot v \cdot B \cdot b$$

mit $\alpha = 90°$ und $\beta = 0°$

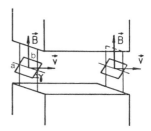

Beim Verschieben einer Spule innerhalb eines homogenen, zeitlich konstanten Magnetfeldes entsteht an den Spulenklemmen keine Spannung, weil sich die induzierten Spannungen kompensieren.

Beispiel 2:

Drehen einer rechteckigen Spule mit einer konstanten Winkelgeschwindigkeit in einem homogenen, zeitlich konstanten Magnetfeld

Beide Spannungen sind so gerichtet, dass sie sich zu einer Gesamtspannung addieren:

$$u_q = u_{qo} + u_{qu} = -2 \cdot w \cdot v \cdot B \cdot b \cdot \sin \alpha$$

mit $\cos \beta = 1$

Bei konstanter Winkelgeschwindigkeit ω beträgt die Bahngeschwindigkeit

$$v = \frac{a \cdot \pi}{T}$$

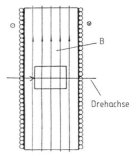

mit $a \cdot \pi$: Umfang des Kreises

$T = 1/f$: Periodendauer,

f: Frequenz

Mit der Kreisfrequenz

$$\omega = \frac{\alpha}{t} = \frac{2\pi}{T} = 2 \cdot \pi \cdot f \qquad \text{ergibt sich} \qquad T = \frac{2\pi}{\omega}$$

und damit für die Bahngeschwindigkeit

$$v = \frac{a \cdot \pi \cdot \omega}{2\pi} = \frac{a}{2} \cdot \omega$$

Die induzierte Gesamtspannung in der Spule ist sinusförmig

$$u_q = -2 \cdot w \cdot \frac{a}{2} \cdot \omega \cdot B \cdot b \cdot \sin \alpha \qquad \text{mit} \qquad A = a \cdot b \qquad \text{Spulenfläche}$$

$$u_q = -w \cdot A \cdot \omega \cdot B \cdot \sin \omega t \qquad \text{und} \qquad \alpha = \omega t$$

Durch Drehen einer Spule im zeitlich konstanten Magnetfeld sind zwei Spulenseiten an der Spannungsinduktion beteiligt. Deshalb werden elektrische Spannungen vorwiegend in rotierenden Generatoren erzeugt.

3.4.6.2 Zeitlich veränderliches Magnetfeld und ruhende Leiter – Ruheinduktion
(Band 1, S.300-304)

Eine in der Elektrotechnik wichtige Anwendung der Ruheinduktion ist der *Transformator*.

Befindet sich in einem Magnetfeld, dessen feldbeschreibende Größen B und H sich zeitlich ändern, eine oder mehrere ruhende Leiterschleifen, dann werden in ihnen Spannungen induziert, die in Analogie zur Bewegungsinduktion behandelt werden können.

In der gezeichneten Magnetanordnung ist der Strom i_{sp} in der Spule zeitlich veränderlich. Damit verändert sich der damit verbundene magnetische Fluss Φ und die magnetische Induktion B im Luftspalt.

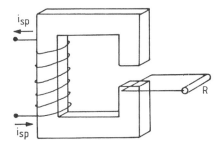

Bei Verringerung des Stroms nimmt auch der von der Leiterschleife umfasste magnetische Fluss Φ ab, wodurch in der Leiterschleife Ladungen verschoben werden. Die durch die Flussverkleinerung induzierte Spannung

$$u_q = \frac{d\Phi}{dt}$$

treibt durch die Leiterschleife einen Strom i, der so gerichtet ist, dass der durch ihn verursachte magnetische Fluss der äußeren Flussverringerung entgegenwirkt.

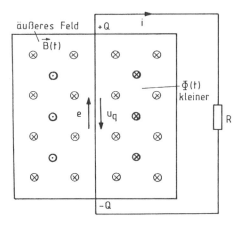

Wird umgekehrt der Strom i_{sp} in der Spule vergrößert, dann nimmt auch der von der Leiterschleife umfasste magnetische Fluss Φ zu. Die in der Leiterschleife induzierte Spannung

$$u_q = \frac{d\Phi}{dt}$$

ist umgekehrt gerichtet und treibt einen Strom i durch die Leiterschleife in umgekehrter Richtung. Der mit dem Strom verbundene magnetische Fluss versucht die Flussvergrößerung aufzuheben.

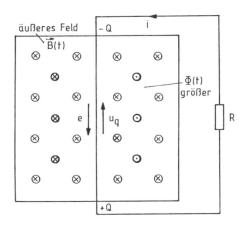

Die „Rechte-Hand-Regel" gibt die Richtung der induzierten Quellspannung u_q an, indem die *Vergrößerung* des magnetischen Flusses zugrunde gelegt wird:

Der Daumen der rechten Hand zeigt in die Richtung des sich zeitlich vergrößernden magnetischen Flusses Φ, der von der Leiterschleife umfasst wird. Dann geben die gekrümmten Finger die Richtung der induzierten Spannung u_q an.

Diese Regel lässt sich analog für die durch die Flussänderung gedeutete Bewegungsinduktion anwenden.

Die induzierte Spannung entsteht nur in einer geschlossenen Leiterschleife, die den zeitlich veränderlichen magnetischen Fluss umfasst. Deshalb wird die induzierte Spannung *Umlaufspannung* genannt.

3.4 Das magnetische Feld

Induktionsfluss oder mit den Leitern *verketteter Fluss*

$$u_q = \sum_{i=1}^{n} \frac{d\Phi_i}{dt} = \frac{d}{dt}\left(\sum_{i=1}^{n} \Phi_i\right) = \frac{d\Psi}{dt} \quad \text{mit} \quad \Psi = \sum_{i=1}^{n} \Phi_i$$

In praktischen Anordnungen, z.B. im Transformator, wird der magnetische Fluss, der sich zeitlich ändert, durch eine Spule umfasst. Der für die induzierten Umlaufspannungen bestimmende Induktionsfluss ist dann

$$u_q = w \cdot \frac{d\Phi}{dt} = \frac{d(w \cdot \Phi)}{dt} = \frac{d\Psi}{dt} \quad \text{mit} \quad \Psi = w \cdot \Phi$$

Beispiel:
Neben einem langen stromdurchflossenen Leiter befindet sich eine rechteckige Spule mit der Windungszahl w. Die in der Spule induzierte Spannung ist zu bestimmen, wenn der Leiter von einem sinusförmigen Strom $i = \hat{i} \cdot \sin\omega t$ durchflossen wird.

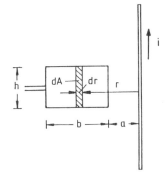

$$u_q = w \cdot \frac{d\Phi}{dt}$$

$$\Phi = \int_A B \cdot dA$$

$$B(r) = \frac{\mu_0}{2\pi} \cdot i \cdot \frac{1}{r} \quad \text{und} \quad dA = h \cdot dr$$

$$\Phi = \frac{\mu_0 \cdot i \cdot h}{2\pi} \int_a^{a+b} \frac{dr}{r} = \frac{\mu_0 \cdot i \cdot h}{2\pi} \cdot \ln\frac{a+b}{a} = \frac{\mu_0 \cdot i \cdot h}{2\pi} \cdot \ln\left(1+\frac{b}{a}\right)$$

$$u_q = w \cdot \frac{d\Phi}{dt} = w \cdot \frac{\mu_0 \cdot h}{2\pi} \cdot \ln\left(1+\frac{b}{a}\right) \cdot \frac{di}{dt} = w \cdot \frac{\mu_0 \cdot h}{2\pi} \cdot \ln\left(1+\frac{b}{a}\right) \cdot \omega \cdot \hat{i} \cdot \cos\omega t$$

Überlagerung beider Induktionserscheinungen

Die Vorgänge der Bewegungsinduktion und Ruheinduktion können sich überlagern. Beide Erscheinungen lassen sich mathematisch in einer Formel (*allgemeines Induktionsgesetz*) zusammenfassen

$$u_q = -w \cdot \oint_l \left(\vec{v} \times \vec{B}\right) \cdot d\vec{l} + w \cdot \frac{d}{dt} \int_A \vec{B} \cdot d\vec{A},$$

wobei der erste Term die Bewegungsinduktion und der zweite Term die Ruheinduktion erfasst.

3.4.7 Selbstinduktion und Gegeninduktion

3.4.7.1 Die Selbstinduktion (Band 1, S.305-318)

Induktivität

$$L = \frac{\Psi}{I} = \frac{w \cdot \Phi}{I} \quad \text{mit} \quad [L] = 1\frac{Vs}{A} = 1\,H \ (\text{Henry})$$

bei homogenen Feldern

$$L = w^2 \cdot G_m = \frac{w^2}{R_m}$$

Ist das Magnetfeld inhomogen, aber symmetrisch, dann lässt sich der magnetische Leitwert oder der magnetische Widerstand und damit die Induktivität durch „Homogenität im Kleinen" ermitteln.

Beispiel 1:
Induktivität einer Zylinderspule ohne Eisenkern oder mit Eisenkern und konstanter Permeabilität μ

Der magnetische Widerstand und damit die magnetische Spannung außerhalb der Spule wird vernachlässigt.

$$L = \mu \cdot \frac{\pi}{4} \cdot w^2 \cdot \frac{D^2}{l}$$

mit

$$R_m = \frac{l}{\mu \cdot A}$$

und

$$A = \frac{\pi \cdot D^2}{4}$$

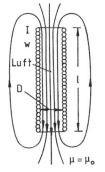
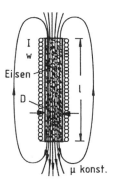

Bei praktischen Berechnungen der Induktivität einer Zylinderspule mit Eisenkern kann der Anteil des magnetischen Widerstandes außerhalb der Spule nicht vernachlässigt werden.

Beispiel 2:
Induktivität einer Toroidspule (Kreisringspule) ohne Eisenkern oder mit Eisenkern und konstanter Permeabilität μ

exakt: inhomogen

$$L = \frac{\mu \cdot w^2 \cdot h}{\pi} \cdot \frac{1}{2} \cdot \ln\frac{r_a}{r_i}$$

angenähert: homogen

$$L = \frac{\mu \cdot w^2 \cdot h}{\pi} \cdot \frac{r_a - r_i}{r_a + r_i}$$

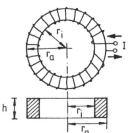

3.4 Das magnetische Feld

Beispiel 3:
Induktivität eines unverzweigten magnetischen Kreises aus Eisen mit konstanter Permeabilität µ

$$L = \frac{w^2 \cdot \mu_0 \cdot \mu_r \cdot A}{l_{Fe}}$$

mit

$$R_{mFe} = \frac{l_{Fe}}{\mu_0 \cdot \mu_r \cdot A}$$

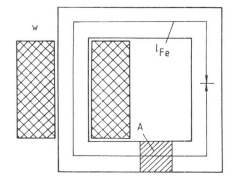

Beispiel 4:
Induktivität eines unverzweigten magnetischen Kreises aus Eisen mit konstanter Permeabilität und einem Luftspalt

$$L = \frac{w^2 \cdot \mu_0 \cdot \mu_r \cdot A}{l_{Fe} + \mu_r \cdot l_L}$$

mit

$$R_m = \frac{l_{Fe}}{\mu_0 \cdot \mu_r \cdot A} + \frac{l_L}{\mu_0 \cdot A} \cdot \frac{\mu_r}{\mu_r}$$

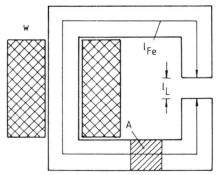

Beispiel 5:
Induktivität eines konzentrischen Kabels ohne Berücksichtigung der Permeabilität des Innenleiters und des Mantels

$$L = G_m = \int_i^a dG_m$$

mit

$$dG_m = \mu_0 \cdot \frac{l \cdot dr}{2 \cdot \pi \cdot r}$$

$$L = \frac{\mu_0 \cdot l}{2 \cdot \pi} \cdot \ln \frac{r_a}{r_i}$$

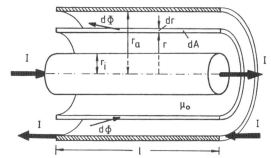

Induktivität bei veränderlicher Permeabilität

bei Annahme eines homogenen Feldes

$$L(I) = \frac{\Psi}{I} = \frac{w \cdot \Phi}{I} = \frac{w^2 \cdot A}{l_m} \cdot \frac{B}{H} = \frac{w^2 \cdot A}{l_m} \cdot \mu(H)$$

differentielle Induktivität

$$L_d = \frac{w^2 \cdot A}{l_m} \cdot \frac{dB}{dH} = \frac{w^2 \cdot A}{l_m} \cdot \mu_u$$

differentielle, umkehrbare oder
reversible Permeabilität μ_u

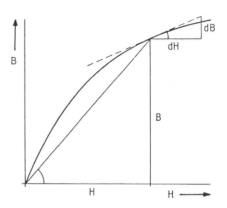

Selbstinduktion

Fließt durch eine Spule ein zeitlich veränderlicher Strom, dann sind der magnetische Fluss Φ und der w-mal umschlossene Fluss, der Induktionsfluss Ψ, auch zeitlich veränderlich. Dadurch wird längs jeden Umlaufs um den magnetischen Fluss eine Umlaufspannung induziert, die aufgrund der Flussverkleinerung und Flussvergrößerung eine Spannung u_i ergibt, die zu einer Spannung an der Induktivität zusammengefasst werden:

$$u = w \cdot \frac{d\Phi}{dt} = \frac{d\Psi}{dt} = \frac{d(L \cdot i)}{dt} = L \cdot \frac{di}{dt} + i \cdot \frac{dL}{di} \cdot \frac{di}{dt}$$

$$u = \left(L + i \cdot \frac{dL}{di}\right) \cdot \frac{di}{dt} = L_d \cdot \frac{di}{dt}$$

Ist die Induktivität L vom Strom i unabhängig, ist also die Permeabilität μ konstant, dann ist die Induktivität L konstant und die wirksame Induktivität ist *stationär*.

Die differentielle Induktivität L_d geht in die stationäre Induktivität L über, wenn die Induktivität vom Strom unabhängig ist:

$$u = L \cdot \frac{di}{dt}$$

Spannung und Strom der Induktivität

$$u = u_R + u_L = R \cdot i + L \frac{di}{dt}$$

$$\text{mit} \quad u_L = \frac{d\Psi}{dt} = L \cdot \frac{di}{dt}$$

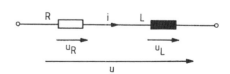

Ersatzschaltbild einer verlustbehafteten Spule

3.4.7.2 Die Gegeninduktion (Band 1, S.319-336)

Gegeninduktivität

$$M_{12} = \frac{\Psi_{12}}{I_1} = \frac{w_2 \cdot \Phi_{12}}{I_1} \qquad\qquad M_{21} = \frac{\Psi_{21}}{I_2} = \frac{w_1 \cdot \Phi_{21}}{I_2}$$

mit $\quad \Phi_{12} = k_1 \cdot \Phi_1 \qquad\qquad\qquad$ mit $\quad \Phi_{21} = k_2 \cdot \Phi_2$

und $\quad 0 \leq k_1 \leq 1 \qquad\qquad\qquad$ und $\quad 0 \leq k_2 \leq 1$

$M_{12} = k_1 \cdot G_{m1} \cdot w_1 \cdot w_2 \qquad\qquad M_{21} = k_2 \cdot G_{m2} \cdot w_1 \cdot w_2$

Permeabilität μ konstant

$M_{12} = M_{21} = M$

$$[M] = 1\frac{Vs}{A} = 1\,H \quad (Henry)$$

mit $\quad k_1 \cdot G_{m1} = k_2 \cdot G_{m2}$

Beispiel 1:

Gegeninduktivitäten eines Toroidkerns mit zwei übereinander liegenden Spulen

$$M_{12} = \frac{\Psi_{12}}{I_1} = \frac{w_2 \cdot \Phi_{12}}{I_1} = \frac{w_2}{I_1} \cdot \Phi_1$$

$$\Phi_1 = \frac{\mu \cdot I_1 \cdot w_1 \cdot h}{2\pi} \cdot \ln\frac{r_a}{r_i}$$

$$M_{21} = \frac{\Psi_{21}}{I_2} = \frac{w_1 \cdot \Phi_{21}}{I_2} = \frac{w_1}{I_2} \cdot \Phi_2$$

$$\Phi_2 = \frac{\mu \cdot I_2 \cdot w_2 \cdot h}{2\pi} \cdot \ln\frac{r_a}{r_i}$$

$$M_{12} = M_{21} = \frac{\mu \cdot w_1 \cdot w_2 \cdot h}{2\pi} \cdot \ln\frac{r_a}{r_i} = M$$

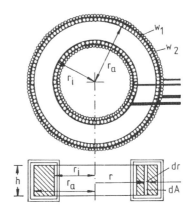

Beispiel 2:
Gegeninduktivitäten eines Eisenkreises mit konstanter Permeabilität μ

$$M_{12} = k_1 \cdot \frac{w_1 \cdot w_2}{R_{m1}}$$

$$k_1 = \frac{3}{4} \qquad R_{m1} = \frac{15}{4} \cdot \frac{l}{\mu \cdot A}$$

$$M_{12} = \frac{w_1 \cdot w_2 \cdot \mu \cdot A}{5 \cdot l}$$

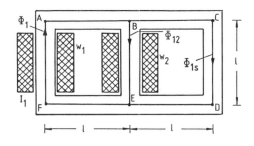

$$M_{21} = k_2 \cdot \frac{w_1 \cdot w_2}{R_{m2}}$$

$$k_2 = \frac{1}{2} \qquad R_{m2} = \frac{5}{2} \cdot \frac{l}{\mu \cdot A}$$

$$M_{21} = \frac{w_1 \cdot w_2 \cdot \mu \cdot A}{5 \cdot l}$$

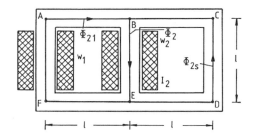

Beispiel 3:
Gegeninduktivitäten eines Eisenkreises mit drei gekoppelten Spulen

$$M_{12} = \frac{w_1 \cdot w_2 \cdot \mu \cdot A}{5 \cdot l} = M_{21}$$

$$M_{23} = \frac{w_2 \cdot w_3 \cdot \mu \cdot A}{5 \cdot l} = M_{32}$$

$$M_{31} = \frac{w_1 \cdot w_3 \cdot \mu \cdot A}{15 \cdot l} = M_{13}$$

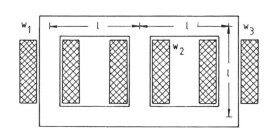

3.4 Das magnetische Feld

Gegeninduktion

Fließt durch eine der beiden Spulen ein zeitlich veränderlicher Strom, dann wird in dieser Spule aufgrund der Selbstinduktion eine Spannung induziert und in der anderen Spule aufgrund der Gegeninduktion ebenfalls eine Spannung induziert.

Sind beide Spulen gleichzeitig durch zeitlich veränderliche Ströme durchflossen, dann werden in beiden Spulen jeweils zwei Spannungen induziert, und zwar infolge der Selbstinduktion und der Gegeninduktion.

vom Strom i_1
in der Spule 2 induzierte Spannung:

$$u_{M2} = \frac{d\Psi_{12}}{dt} = M_{12} \cdot \frac{di_1}{dt}$$

mit

$$\Psi_{12} = w_2 \cdot \Phi_{12} = M_{12} \cdot i_1$$

vom Strom i_2
in der Spule 1 induzierte Spannung:

$$u_{M1} = \frac{d\Psi_{21}}{dt} = M_{21} \cdot \frac{di_2}{dt}$$

mit

$$\Psi_{21} = w_1 \cdot \Phi_{21} = M_{21} \cdot i_2$$

Mit Hilfe der „Rechte-Hand-Regel" lassen sich die Richtungen der induzierten Spannungen bestimmen.

Beispiel:
Dreieckförmig veränderliche Ströme i_1 und i_2:

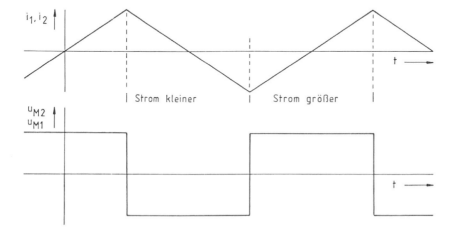

In Ersatzschaltungen werden gekoppelte Spulen durch einen beidseitig gerichteten Pfeil gekennzeichnet, der die gekoppelten Spulen verbindet. Die Spulenenden werden jeweils mit einem Punkt versehen.

Handelt es sich um eine gleichsinnige Wicklungsanordnung, dann befinden sich beide Punkte an den gleichen Enden der Spulen (beide Punkte oben oder unten).

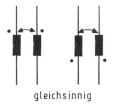

gleichsinnig

Bei einer gegensinnigen Wicklungsanordnung wird ein Punkt an das eine Ende und der andere Punkt an das andere Ende gezeichnet (ein Punkt unten, ein Punkt oben).

gegensinnig

Die Vorzeichen der beiden gegeninduzierten Spannungen u_{M1} und u_{M2} richten sich nur nach den Richtungen der Ströme, nachdem die Spulenenden mit Punkten gekennzeichnet sind:

Fließen beide Spulenströme in die beiden je mit einem Punkt gekennzeichneten Enden der Spulen oder in die beiden nicht gekennzeichneten Enden der Spulen, dann haben die beiden gegeninduzierten Spannungen in den Maschengleichungen das gleiche Vorzeichen wie die selbstinduzierten Spannungen.

Fließt der eine Spulenstrom in ein gekennzeichnetes Ende der Spule und der andere Spulenstrom in ein nicht gekennzeichnetes Ende der Spule, dann haben die beiden gegeninduzierten Spannungen in den Maschengleichungen umgekehrte Vorzeichen wie die selbstinduzierten Spannungen.

Fließen durch beide Spulen gleichzeitig zeitlich veränderliche Ströme, dann entstehen in beiden Spulen jeweils drei Spannungen:

	infolge ohmscher Verluste	infolge der Selbstinduktion	infolge der Gegeninduktion
Spule 1	$u_{R1} = R_1 \cdot i_1$	$u_{L1} = \dfrac{d\Psi_1}{dt} = w_1 \dfrac{d\Phi_1}{dt}$ $u_{L1} = L_1 \dfrac{di_1}{dt}$	$u_{M1} = \dfrac{d\Psi_{21}}{dt} = w_1 \dfrac{d\Phi_{21}}{dt}$ $u_{M1} = M_{21} \dfrac{di_2}{dt}$
Spule 2	$u_{R2} = R_2 \cdot i_2$	$u_{L2} = \dfrac{d\Psi_2}{dt} = w_2 \dfrac{d\Phi_2}{dt}$ $u_{L2} = L_2 \dfrac{di_2}{dt}$	$u_{M2} = \dfrac{d\Psi_{12}}{dt} = w_2 \dfrac{d\Phi_{12}}{dt}$ $u_{M2} = M_{12} \dfrac{di_1}{dt}$

3.4 Das magnetische Feld 77

Gleichsinnige Kopplung

Bei gleichsinniger Kopplung zweier Spulen, d. h. mit gleichsinnigem Wickelsinn und mit gleichen Einströmungen, wirken die Spannungen u_{R1}, u_{L1} und u_{M1} und u_{R2}, u_{L2} und u_{M2} in gleicher Richtung wie die entsprechenden Ströme i_1 und i_2. Die Maschengleichungen gelten für Augenblickswerte der Spannungen:

$$u_1 = u_{R1} + u_{L1} + u_{M1}$$

$$u_2 = u_{R2} + u_{L2} + u_{M2}$$

oder

$$u_1 = R_1 \cdot i_1 + L_1 \frac{di_1}{dt} + M_{21} \frac{di_2}{dt}$$

$$u_2 = R_2 \cdot i_2 + L_2 \frac{di_2}{dt} + M_{12} \frac{di_1}{dt}$$

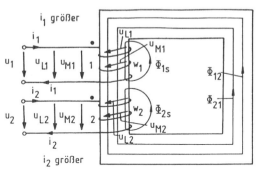

Ersatzschaltung

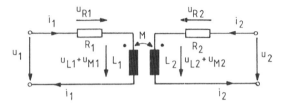

Gegensinnige Kopplung

Bei gegensinniger Kopplung zweier Spulen, d. h. mit gegensinnigem Wickelsinn und mit gleichen Einströmungen, wirken die Spannungen u_{R1} und u_{L1} und u_{R2} und u_{L2} in gleicher Richtung wie die entsprechenden Ströme i_1 und i_2 und die Spannungen u_{M1} und u_{M2} in entgegengesetzter Richtung wie die Strömung i_1 und i_2:

$$u_1 = u_{R1} + u_{L1} - u_{M1}$$

$$u_2 = u_{R2} + u_{L2} - u_{M2}$$

oder

$$u_1 = R_1 \cdot i_1 + L_1 \frac{di_1}{dt} - M_{21} \frac{di_2}{dt}$$

$$u_2 = R_2 \cdot i_2 + L_2 \frac{di_2}{dt} - M_{12} \frac{di_1}{dt}$$

Ersatzschaltung

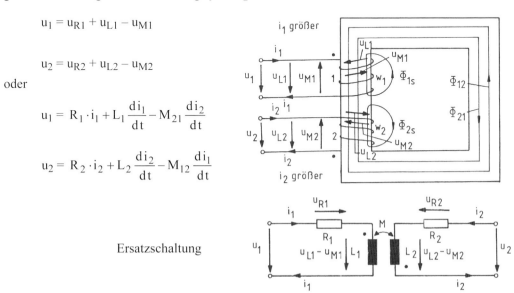

Zusammenschalten gekoppelter Spulen

1. Reihenschaltung von gekoppelten verlustlosen Spulen mit $M_{12} = M_{21} = M$:

Reihenschaltung:	Gegen-Reihenschaltung
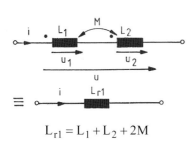	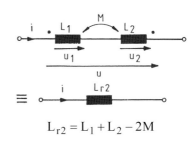
$L_{r1} = L_1 + L_2 + 2M$	$L_{r2} = L_1 + L_2 - 2M$

werden die ohmschen Verluste der Spulen berücksichtigt: $R = R_1 + R_2$

Beispiel:

Zusammenschalten gekoppelter Spulen im Variometer

Mit Hilfe eines Variometers können Induktivitäten zwischen einem Minimalwert und einem Maximalwert variiert werden. Die Anordnung besteht aus zwei gleichen Spulen mit gleichen Induktivitäten, die in Reihe geschaltet sind. Die eine Spule ist feststehend (obere Spule) und die andere Spule ist von 0° bis 180° drehbar (untere Spule).

$L_{r1} = L_{max} = L_1 + L_2 + 2\,M$

$L_{r2} = L_{min} = L_1 + L_2 - 2\,M$

Reihenschaltung von n Spulen ohne Kopplung

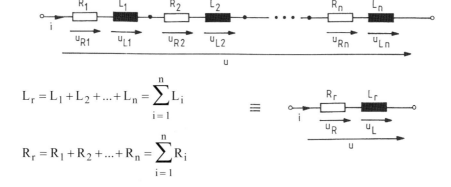

$$L_r = L_1 + L_2 + \ldots + L_n = \sum_{i=1}^{n} L_i$$

$$R_r = R_1 + R_2 + \ldots + R_n = \sum_{i=1}^{n} R_i$$

3.4 Das magnetische Feld

2. Parallelschaltung gekoppelter verlustloser Spulen mit $M_{12} = M_{21} = M$:

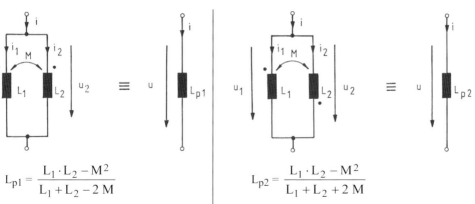

$$L_{p1} = \frac{L_1 \cdot L_2 - M^2}{L_1 + L_2 - 2M} \qquad\qquad L_{p2} = \frac{L_1 \cdot L_2 - M^2}{L_1 + L_2 + 2M}$$

Parallelschaltung von n verlustlosen Spulen ohne Kopplung:

$$\frac{1}{L_p} = \frac{1}{L_1} + \frac{1}{L_2} + \ldots + \frac{1}{L_n} = \sum_{i=1}^{n} \frac{1}{L_i}$$

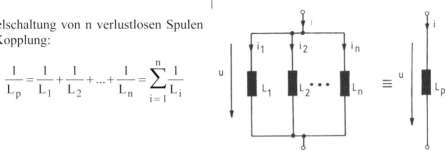

Netzberechnung für Netze mit gekoppelten Spulen

Knotenpunktsatz für Ströme:

$$\sum_{i=1}^{l} i_i(t) = 0$$

Maschensatz für Spannungen:

$$\sum_{i=1}^{l} u_i(t) = 0$$

Beispiel:
<u>Netzberechnung mit Hilfe der Kirchoffschen Sätze</u>

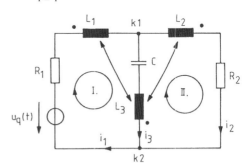

k1:
$$i_1 = i_2 + i_3$$

Masche I:
$$u_q = R_1 \cdot i_1 + L_1 \frac{di_1}{dt} - M_{31}\frac{di_3}{dt} + \frac{1}{C}\int i_3 \cdot dt + L_3 \frac{di_3}{dt} - M_{13}\frac{di_1}{dt} + M_{23}\frac{di_2}{dt}$$

Masche II:
$$0 = L_2 \frac{di_2}{dt} + M_{32}\frac{di_3}{dt} + R_2 \cdot i_2 - L_3 \frac{di_3}{dt} + M_{13}\frac{di_1}{dt} - M_{23}\frac{di_2}{dt} - \frac{1}{C}\int i_3 \cdot dt$$

Transformator mit gleichsinnigem Wickelsinn und ohmscher Belastung

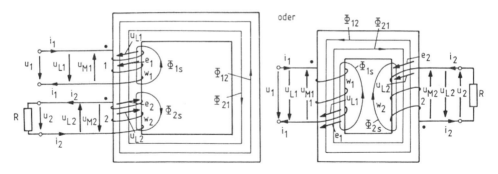

$$u_1 = R_1 \cdot i_1 + L_1 \frac{di_1}{dt} - M_{21} \frac{di_2}{dt}$$

$$u_2 = -R_2 \cdot i_2 - L_2 \frac{di_2}{dt} + M_{12} \frac{di_1}{dt}$$

$$u_2 = R \cdot i_2$$

Ersatzschaltung:

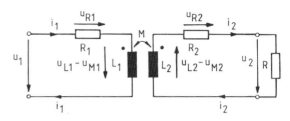

Transformator mit gegensinnigem Wickelsinn und ohmscher Belastung

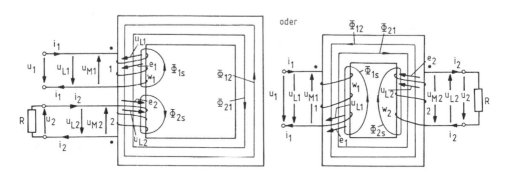

$$u_1 = R_1 \cdot i_1 + L_1 \frac{di_1}{dt} - M_{21} \frac{di_2}{dt}$$

$$u_2 = -R_2 \cdot i_2 - L_2 \frac{di_2}{dt} + M_{12} \frac{di_1}{dt}$$

$$u_2 = R \cdot i_2$$

Ersatzschaltung:

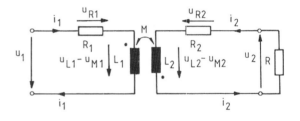

3.4.7.3 Haupt- und Streuinduktivitäten, Kopplungs- und Streufaktoren
(Band 1, S.337-342)

$\Phi_1 = \Phi_{12} + \Phi_{1s}$ $\qquad\qquad\qquad$ $\Phi_2 = \Phi_{21} + \Phi_{2s}$

primärer Fluss Φ_1 $\qquad\qquad\qquad\qquad$ *sekundärer Fluss* Φ_2

primärer Hauptfluss $\Phi_{12} = k_1 \cdot \Phi_1$ $\qquad\quad$ *sekundärer Hauptfluss* $\Phi_{21} = k_2 \cdot \Phi_2$

primärer Streufluss $\Phi_{1s} = \sigma_1 \cdot \Phi_1$ $\qquad\quad$ *sekundäre Streufluss* $\Phi_{2s} = \sigma_2 \cdot \Phi_2$

$\qquad$ *Koppelfaktor* k_1 mit $0 \le k_1 \le 1$ $\qquad\qquad$ *Koppelfaktor* k_2 mit $0 \le k_2 \le 1$

$\qquad$ *Streufaktor* σ_1 mit $0 \le \sigma_1 \le 1$ $\qquad\qquad$ *Streufaktor* σ_2 mit $0 \le \sigma_2 \le 1$

$\qquad$ und $\quad k_1 + \sigma_1 = 1$ $\qquad\qquad\qquad\quad$ und $\quad k_2 + \sigma_2 = 1$

$L_1 = L_{1h} + L_{1s} = M_{12}\dfrac{w_1}{w_2} + L_{1s}$ $\qquad$ $L_2 = L_{2h} + L_{2s} = M_{21}\dfrac{w_2}{w_1} + L_{2s}$

primäre Induktivität L_1 $\qquad\qquad\qquad\quad$ *sekundäre Induktivität* L_2

primären Hauptinduktivität $\qquad\qquad\qquad$ *sekundären Hauptinduktivität*

$L_{1h} = \dfrac{\Phi_{12} \cdot w_1}{i_1} = M_{12}\dfrac{w_1}{w_2}$ $\qquad\qquad$ $L_{2h} = \dfrac{\Phi_{21} \cdot w_2}{i_2} = M_{21}\dfrac{w_2}{w_1}$

primäre Streuinduktivität $\qquad\qquad\qquad\quad$ *sekundäre Streuinduktivität*

$L_{1s} = \dfrac{\Phi_{1s} \cdot w_1}{i_1} = \sigma_1 \cdot L_1$ $\qquad\qquad$ $L_{2s} = \dfrac{\Phi_{2s} \cdot w_2}{i_2} = \sigma_2 \cdot L_2$

Kopplungsfaktoren oder Kopplungsgrad

$$k = \sqrt{k_1 \cdot k_2} = \sqrt{\dfrac{M_{12} \cdot M_{21}}{L_1 \cdot L_2}} \qquad 0 \le k \le 1$$

bei konstanter Permeabilität μ ist $M_{12} = M_{21} = M$

$$k = \sqrt{k_1 \cdot k_2} = \dfrac{M}{\sqrt{L_1 \cdot L_2}}$$

bei *fester Kopplung* mit $k_1 = 1$, $k_2 = 1$ und $k = 1$

$$M = \sqrt{L_1 \cdot L_2}$$

Streufaktoren

$$\sigma = \sigma_1 + \sigma_2 - \sigma_1 \cdot \sigma_2 \qquad \text{mit} \qquad k^2 = 1 - \sigma$$

Da das Produkt $\sigma_1 \cdot \sigma_2$ gegenüber σ_1 und σ_2 sehr klein ist, kann es für praktische Fälle vernachlässigt werden: $\sigma \approx \sigma_1 + \sigma_2$.

3.4.8 Magnetische Energie und magnetische Kräfte (Band 1, S.343-362)

Magnetische Energie

$$w_m = \frac{L \cdot i^2}{2} = \frac{\Psi \cdot i}{2} = \frac{\Psi^2}{2 \cdot L}$$

bei konstanter Permeabilität µ, d. h. L unabhängig von i

Magnetische Energie im magnetischen Feld induktiv gekoppelter Stromkreise

$$w_m = \frac{L_1 \cdot i_1^2}{2} + M \cdot i_1 \cdot i_2 + \frac{L_2 \cdot i_2^2}{2}$$

bei konstanter Permeabilität µ, $M_{12} = M_{21} = M$

Magnetische Energie und Energiedichte im magnetischen Feld ferromagnetischer Stoffe

homogene Felder:

Linearer Verlauf B = f (H):

$$w'_m = \frac{W_m}{V} = \frac{\mu \cdot H^2}{2} = \frac{B \cdot H}{2} = \frac{B^2}{2 \cdot \mu}$$

bei konstanter Permeabilität µ

Nichtlinearer Verlauf: von B = f(H)

Nichtlinearer, nichteindeutiger Verlauf von B = f(H): Hysteresekurve

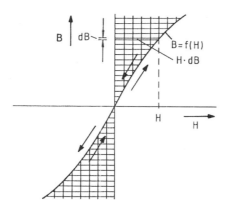
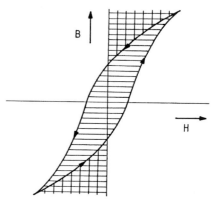

$$w'_m = \frac{W_m}{V} = \int_0^B H \cdot dB \quad \text{und} \quad W_m = V \cdot \int_0^B H \cdot dB \quad \text{mit} \quad V = l \cdot A$$

inhomogene Felder:

$$w'_m = \frac{dW_m}{dV} \quad \text{und} \quad W_m = \int_V w'_m \cdot dV$$

3.4 Das magnetische Feld

Kräfte auf Trennflächen, Anziehungskraft von Magneten

$$F = -\frac{B^2 \cdot A}{2 \cdot \mu_0}$$

$$F = \frac{i^2}{2} \cdot \frac{dL}{dx}$$

Die Kraft im Magnetkreis ist so gerichtet, dass bei gegebenem Strom i der magnetische Fluss Φ und die Induktivität L möglichst groß werden.

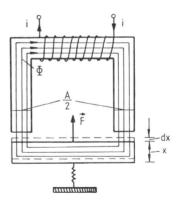

Kraft auf stromdurchflossenen Leiter im Magnetfeld

$$\vec{F} = Q \cdot (\vec{v} \times \vec{B})$$

mit

$$\vec{v} = \frac{\vec{l}}{t} \quad \text{und} \quad Q = I \cdot t$$

$$\vec{F} = I \cdot (\vec{l} \times \vec{B})$$

mit

$$F = I \cdot l \cdot B \cdot \sin \angle (\vec{l}, \vec{B})$$

(Der Längenvektor $\vec{l}$ liegt in Richtung der Geschwindigkeit $\vec{v}$ und des Stroms I.)

Kräfte zwischen parallelen stromdurchflossenen Leitern

$$F = I_2 \cdot l \cdot B_{12} = I_1 \cdot l \cdot B_{21}$$

mit

$$B_{12} = \frac{\mu_0 \cdot I_1}{2 \cdot \pi \cdot a} \quad \text{und} \quad B_{21} = \frac{\mu_0 \cdot I_2}{2 \cdot \pi \cdot a}$$

$$F = I_2 \cdot l \cdot \frac{\mu_0 \cdot I_1}{2 \cdot \pi \cdot a} = I_1 \cdot l \cdot \frac{\mu_0 \cdot I_2}{2 \cdot \pi \cdot a}$$

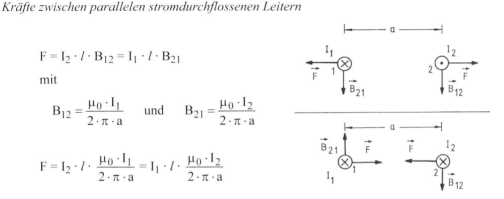

4 Wechselstromtechnik

4.1 Wechselgrößen und sinusförmige Wechselgrößen (Band 2, S.1-4)

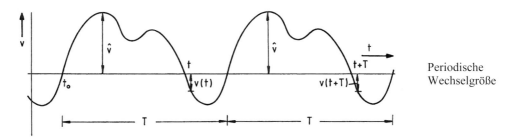

Periodische Wechselgröße

Dabei bedeuten

T: Periodendauer oder kurz *Periode* des Wechselvorgangs, das ist die kürzeste Zeit zwischen zwei Wiederholungen des Vorgangs mit $[T] = 1s$

$f = 1/T$: Frequenz des Wechselvorgangs, das ist die Anzahl der Wiederholungen pro Zeit, also der Kehrwert der Periodendauer mit $[f] = 1s^{-1} = 1 Hz$ (Hertz)

t_0: Nullzeit, das ist die Zeit vom Nullpunkt des Koordinatensystems zum ersten Nulldurchgang der Wechselgröße

$\hat{v} = V_m$: Maximal- oder Größtwert, das ist der höchste Wert, den die Wechselgröße $v(t)$ annehmen kann.

Periodische Wechselgrößen genügen also der Bedingung:

$$v(t) = v(t + k \cdot T) \qquad \text{mit} \qquad k = 0, \pm 1, \pm 2, \ldots$$

In der Elektrotechnik wird der Begriff „Wechselgröße" enger gefasst als in der Physik, indem unter einer Wechselgröße eine physikalische Größe verstanden wird, die periodisch ist und deren arithmetischer Mittelwert Null ist:

$$\frac{1}{T} \int_0^T v(t) \cdot dt = 0$$

Eindeutiger jedoch ist es, wenn die Wechselgröße näher bezeichnet wird, z.B. sinusförmige Wechselgröße oder nichtsinusförmige periodische Wechselgröße:

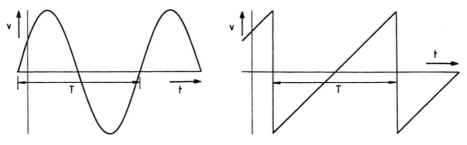

Sinusförmige und nichtsinusförmige periodische Wechselgröße

4.1 Wechselgrößen und sinusförmige Wechselgrößen

Grundsätzlich wird eine sinusförmige Wechselgröße

$$v(t) = \hat{v} \cdot \sin(\omega t + \varphi_v)$$

durch drei Größen bestimmt:
  durch den Maximalwert oder die Amplitude $\hat{v}$,
  die Kreisfrequenz $\omega = 2\pi f = 2\pi/T$
  und den Anfangsphasenwinkel φ_v, der von dem willkürlichen Beginn der
  Zeitzählung bei $t = 0$ abhängt.

Eine sinusförmige Wechselgröße lässt sich sowohl in Abhängigkeit von der Zeit t als auch vom Winkel $\alpha = \omega t$ darstellen:

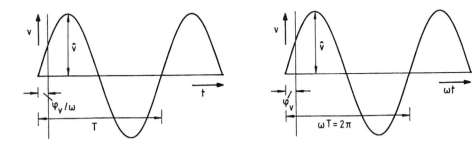

Bei der Darstellung der Sinusgröße in Abhängigkeit von ωt lautet die Bedingungsgleichung für die Periodizität entsprechend:

$$v(\omega t) = v(\omega t + k \cdot 2\pi) \quad \text{mit} \quad k = 0, \pm 1, \pm 2, \ldots$$

Mittelwerte sinusförmiger Wechselgrößen

Arithmetischer Mittelwert während einer Halbperiode:

$$V_a = \frac{2}{T} \int_0^{T/2} v(t) \cdot dt = \frac{2}{2\pi} \int_0^{\pi} v(\omega t) \cdot d(\omega t) = \frac{2}{\pi} \hat{v} = 0{,}637 \cdot \hat{v}$$

Gleichrichtwert:

$$\overline{|v|} = \frac{1}{T} \int_0^T |v(t)| \cdot dt = \frac{1}{2\pi} \int_0^{2\pi} |v(\omega t)| \cdot d(\omega t) = 2 \cdot \frac{1}{2\pi} \int_0^{\pi} v(\omega t) \cdot d(\omega t) = V_a$$

Quadratischer Mittelwert oder Effektivwert:

$$V = \sqrt{\frac{1}{T} \int_0^T [v(t)]^2 \cdot dt} = \sqrt{\frac{1}{2\pi} \int_0^{2\pi} [v(\omega t)]^2 \cdot d(\omega t)} = \frac{\hat{v}}{\sqrt{2}} = 0{,}707 \cdot \hat{v}$$

Für sinusförmige Wechselgrößen haben Form- und Scheitelfaktor folgende Werte:

$$\text{Formfaktor} = \frac{V}{V_a} = \frac{\frac{\hat{v}}{\sqrt{2}}}{\frac{2}{\pi}\hat{v}} = \frac{\pi}{2\sqrt{2}} = 1{,}11 \qquad \text{Scheitelfaktor} = \frac{\hat{v}}{V} = \sqrt{2} = 1{,}414$$

4.2 Berechnung von sinusförmigen Wechselgrößen mit Hilfe der komplexen Rechnung (Band 2, S.5-27)

Transformation ins Komplexe

Jede sinusförmige Wechselgröße v(t) wird in eine entsprechende komplexe Zeitfunktion $\underline{v}(t)$ eineindeutig abgebildet:

Zeitbereich (Originalbereich)

$v(t) = \hat{v} \cdot \sin(\omega t + \varphi_v)$

mit $\hat{v}$: Amplitude

und φ_v: Anfangsphasenwinkel

$\rightarrow$

komplexer Bereich (Bildbereich)

$v(t) = \hat{v} \cdot \cos(\omega t + \varphi_v)$
$\quad + j \cdot \hat{v} \cdot \sin(\omega t + \varphi_v)$

$\underline{v}(t) = \hat{v} \cdot e^{j(\omega t + \varphi_v)}$

$\underline{v}(t) = \hat{v} \cdot e^{j\varphi_v} \cdot e^{j\omega t}$

$\underline{v}(t) = \sqrt{2} \cdot V \cdot e^{j\varphi_v} \cdot e^{j\omega t}$

$\underline{v}(t) = \underline{\hat{v}} \cdot e^{j\omega t} = \sqrt{2} \cdot \underline{V} \cdot e^{j\omega t}$

mit $\underline{\hat{v}} = \hat{v} \cdot e^{j\varphi_v}$

    als komplexe Amplitude

    ($\hat{v}$: Amplitude,

    φ_v: Anfangsphasenwinkel)

und $\underline{V} = V \cdot e^{j\varphi_v}$ als komplexer

    Effektivwert

    (V: Effektivwert,

    φ_v : Anfangsphasenwinkel)

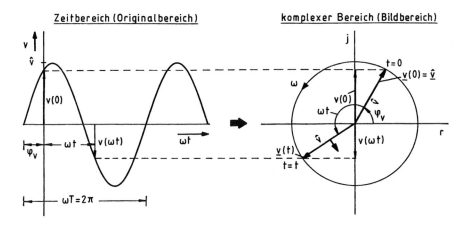

Transformation einer sinusförmigen Zeitfunktion in einen rotierenden Zeiger

4.2 Berechnung von sinusförmigen Wechselgrößen

Die Differentiation der komplexen Zeitfunktion bedeutet eine Multiplikation mit jω, die Integration eine Division durch jω:

$$\frac{d\underline{v}(t)}{dt} = j \cdot \omega \cdot \underline{v}(t) \qquad \frac{d^2\underline{v}(t)}{dt^2} = -\omega^2 \cdot \underline{v}(t) \qquad \int \underline{v}(t) \cdot dt = \frac{1}{j\omega}\underline{v}(t)$$

Verfahren 2 (Band 2, S.8-12)

Transformation der Differentialgleichung ins Komplexe
Dadurch lassen sich die mit Hilfe des Maschensatzes und der Knotenpunktregel aufgestellten Differentialgleichungen in algebraische Gleichungen überführen.

Lösung der algebraischen Gleichung
Die algebraischen Gleichungen können nun einfach nach der transformierten gesuchten Größe aufgelöst werden.

Rücktransformation in den Zeitbereich
1. Der komplexe Nenner in algebraischer Form wird in die Exponentialform umgeformt:

   $$x + jy = r \cdot e^{j\varphi} \qquad \text{mit } r = \sqrt{x^2 + y^2}$$
   $$\text{und } \varphi = \arctan\frac{y}{x}$$

2. Der $e^{j\varphi}$-Anteil des Nenners wird mit $e^{-j\varphi}$ in den Zähler gebracht und mit dem e-Anteil der abgebildeten Sinusgröße im Zähler zusammengefasst.
3. Der gesamte e-Anteil des Zählers wird nach der Eulerschen Formel

   $$e^{j\varphi} = \cos\varphi + j \cdot \sin\varphi$$

   in die trigonometrische Form überführt.
4. Die Rücktransformation der komplexen Zeitfunktion in die gesuchte sinusförmige Zeitfunktion kann nun vorgenommen werden, indem nur der Imaginärteil berücksichtigt wird.

   $$v(t) = \text{Im}\{\underline{v}(t)\}$$

   Beispiel:

   $$\hat{u} \cdot \sin(\omega t + \varphi_u) = R \cdot i(t) + L\frac{di(t)}{dt}$$

   $$\hat{u} \cdot e^{j(\omega t + \varphi_u)} = R \cdot \underline{i}(t) + j\omega L \cdot \underline{i}(t)$$

   $$\underline{i}(t) = \frac{\hat{u} \cdot e^{j(\omega t + \varphi_u)}}{R + j\omega L} = \frac{\hat{u} \cdot e^{j(\omega t + \varphi_u)}}{\sqrt{R^2 + (\omega L)^2} \cdot e^{j \cdot \arctan(\omega L/R)}}$$

   $$\underline{i}(t) = \frac{\hat{u}}{\sqrt{R^2 + (\omega L)^2}} \cdot e^{j(\omega t + \varphi_u - \arctan \omega L/R)}$$

   $$i(t) = \text{Im}\{\underline{i}(t)\} = \frac{\hat{u}}{\sqrt{R^2 + (\omega L)^2}} \cdot \sin\left(\omega t + \varphi_u - \arctan\frac{\omega L}{R}\right)$$

Überlagerung zweier sinusförmiger Wechselgrößen bzw. zweier Zeiger

im Zeitbereich:
$$v_r = v_1 + v_2 = \hat{v}_r \cdot \sin(\omega t + \varphi_{vr}) = \hat{v}_1 \cdot \sin(\omega t + \varphi_{v1}) + \hat{v}_2 \cdot \sin(\omega t + \varphi_{v2})$$

im komplexen Bereich:
$$\underline{\hat{v}}_r = \underline{\hat{v}}_1 + \underline{\hat{v}}_2 = \hat{v}_r \cdot e^{j \cdot (\omega t + \varphi_{vr})} = \hat{v}_1 \cdot e^{j \cdot (\omega t + \varphi_{v1})} + \hat{v}_2 \cdot e^{j \cdot (\omega t + \varphi_{v2})}$$

ergibt mit $\varphi_v = \varphi_{v2} - \varphi_{v1}$

$$\hat{v}_r = \sqrt{\hat{v}_1^2 + \hat{v}_2^2 + 2 \cdot \hat{v}_1 \cdot \hat{v}_2 \cdot \cos \varphi_v} \qquad \varphi_{vr} = \arctan \frac{\hat{v}_1 \cdot \sin \varphi_{v1} + \hat{v}_2 \cdot \sin \varphi_{v2}}{\hat{v}_1 \cdot \cos \varphi_{v1} + \hat{v}_2 \cdot \cos \varphi_{v2}}$$

Vereinfachte Zeigerbilder   **Verfahren 4**   (Band 2, S.17-18)

In der Praxis werden die abgebildeten Sinusgrößen grundsätzlich zum Zeitpunkt t = 0, also als „ruhende Zeiger" gezeichnet.

Weil Effektivwerte in weiteren Berechnungen, z.B. Leistungsberechnungen, benötigt werden, berücksichtigt man in Zeigerbildern nicht die komplexen Amplituden, sondern die komplexen Effektivwerte. Das bedeutet gegenüber den komplexen Amplituden eine Maßstabsänderung mit $\sqrt{2}$.

Die reellen und imaginären Achsen werden bei vereinfachten Zeigerbildern weggelassen, weil für die Beurteilung der sinusförmigen Wechselgrößen einer Schaltung nur die Effektivwerte und die gegenseitige Phasenverschiebung wichtig sind. Die Anfangsphasenwinkel hängen von der willkürlichen Festlegung des Zeitpunktes t = 0 ab, d. h. auch die Lage des Achsenkreuzes der komplexen Ebene zu den Zeigern bedeutet die Festlegung des gleichen Zeitpunktes t = 0.

Ein Zeigerbild wird grundsätzlich von innen nach außen entwickelt, so dass immer nur die Zeiger von einem oder zwei Schaltelementen, also von einfachen Zweipolen, gezeichnet werden. Sind ein Strom oder eine Spannung in einem Zweig innerhalb der Schaltung nicht gegeben, sondern die Gesamtspannung oder der Gesamtstrom, dann wird trotzdem von diesen Größen ausgegangen, indem ein Zahlenwert vorgegeben wird; nachträglich lässt sich dieser dann proportional korrigieren. Die weiteren Zeiger ergeben sich dann durch Multiplikation oder Division mit einfachen Operatoren. Resultierende Zeiger lassen sich dann durch geometrische Addition ermitteln, so dass sich schließlich die Gesamtspannung und der Gesamtstrom der Schaltung ergeben.

Im vereinfachten Zeigerbild können also mit einfachen geometrischen Beziehungen die Effektivwerte und Phasenverschiebungen ermittelt und ablesen werden, so dass sie bei der Behandlung der verschiedensten Wechselstromschaltungen unverzichtbar sind.

zum Beispiel: Reihenschaltung eines ohmschen Widerstandes und einer Induktivität

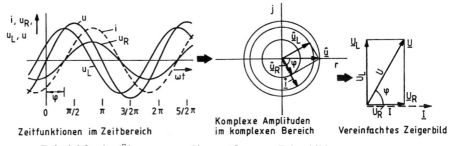

Beispiel für den Übergang von Sinusgrößen zum Zeigerbild

4.2 Berechnung von sinusförmigen Wechselgrößen

Komplexe Operatoren

		ohmscher Widerstand	induktiver Widerstand	kapazitiver Widerstand
Zeitbereich (Originalbereich)		$u = R \cdot i$ $i = \dfrac{u}{R} = G \cdot u$	$u = L \dfrac{di}{dt}$ $u = M \dfrac{di}{dt}$ $i = \dfrac{1}{L} \int u \cdot dt$ $i = \dfrac{1}{M} \int u \cdot dt$	$u = \dfrac{1}{C} \int i \cdot dt$ $i = C \dfrac{du}{dt}$
komplexer Bereich (Bildbereich)	komplexe Zeitfunktionen	$\underline{u} = R \cdot \underline{i}$ $\underline{i} = \dfrac{\underline{u}}{R} = G \cdot \underline{u}$	$\underline{u} = j\omega L \cdot \underline{i}$ $\underline{u} = j\omega M \cdot \underline{i}$ $\underline{i} = \dfrac{\underline{u}}{j\omega L}$ $\underline{i} = \dfrac{\underline{u}}{j\omega M}$	$\underline{u} = \dfrac{\underline{i}}{j\omega C}$ $\underline{i} = j\omega C \cdot \underline{u}$
	komplexe Amplituden	$\underline{\hat{u}} = R \cdot \underline{\hat{i}}$ $\underline{\hat{i}} = \dfrac{\underline{\hat{u}}}{R} = G \cdot \underline{\hat{u}}$	$\underline{\hat{u}} = j\omega L \cdot \underline{\hat{i}}$ $\underline{\hat{u}} = j\omega M \cdot \underline{\hat{i}}$ $\underline{\hat{i}} = \dfrac{\underline{\hat{u}}}{j\omega L}$ $\underline{\hat{i}} = \dfrac{\underline{\hat{u}}}{j\omega M}$	$\underline{\hat{u}} = \dfrac{\underline{\hat{i}}}{j\omega C}$ $\underline{\hat{i}} = j\omega C \cdot \underline{\hat{u}}$
	komplexe Effektivwerte	$\underline{U} = R \cdot \underline{I}$ $\underline{I} = \dfrac{\underline{U}}{R} = G \cdot \underline{U}$	$\underline{U} = j\omega L \cdot \underline{I}$ $\underline{U} = j\omega M \cdot \underline{I}$ $\underline{I} = \dfrac{\underline{U}}{j\omega L}$ $\underline{I} = \dfrac{\underline{U}}{j\omega M}$	$\underline{U} = \dfrac{\underline{I}}{j\omega C}$ $\underline{I} = j\omega C \cdot \underline{U}$

Für ohmsche Widerstände sind die Operatoren reell:

    Widerstand R   Leitwert G

für induktive Widerstände sind die Operatoren positiv und negativ imaginär:

    Widerstand $j\omega L$ bzw. $j\omega M$ Leitwert $\dfrac{1}{j\omega L} = -j\dfrac{1}{\omega L}$ bzw. $\dfrac{1}{j\omega M} = -j\dfrac{1}{\omega M}$

für kapazitive Widerstände sind die Operatoren negativ und positiv imaginär:

    Widerstand $\dfrac{1}{j\omega C} = -j\dfrac{1}{\omega C}$ Leitwert $j\omega C$

Maschensatz und Knotenpunktsatz der Wechselstromtechnik

Die Summe der Augenblickswerte der Spannungen (Quellspannungen und Spannungsabfälle an den Wechselstromwiderständen) in einer Masche ist Null:	In einem Knotenpunkt eines verzweigten Wechselstromkreises ist die Summe aller vorzeichenbehafteten Augenblickswerte der Ströme gleich Null:
$$\sum_{i=1}^{l} u_i(t) = 0$$	$$\sum_{i=1}^{l} i_i(t) = 0$$

Maschen- und Knotenpunktgleichungen in komplexen Effektivwerten:

$$\sum_{i=1}^{l} \underline{U}_i = 0 \qquad\qquad \sum_{i=1}^{l} \underline{I}_i = 0$$

Symbolische Methode **Verfahren 3** (Band 2, S.21-22)

Alle sinusförmigen Zeitfunktionen werden in entsprechende komplexe Effektivwerte überführt.

Ohmsche Widerstände R bleiben im Schaltbild unverändert, da der Operator zwischen den komplexen Effektivwerten von Strom und Spannung R ist.

Induktivitäten L und Gegeninduktivitäten M werden wie induktive Widerstände mit den imaginären Operatoren jωL und jωM behandelt. Die Operatoren ersetzen im Schaltbild L und M.

Kapazitäten C werden als kapazitive Widerstände mit dem Operator 1/jωC berücksichtigt, weil der komplexe Effektivwert des Stroms durch Multiplikation mit dem Operator 1/jωC in den komplexen Effektivwert der Spannung überführt wird. Anstelle von C wird im Schaltbild 1/jωC geschrieben.

Nachdem die Operatoren im Schaltbild eingetragen sind, werden die Netzberechnungshilfen (Spannungs- und Stromteilerregel, S. 6 und 8 bzw. S. 96) und die Netzberechnungsverfahren im Abschnitt 2.3, S. 16-22 angewendet, wodurch sich die algebraischen Gleichungen in komplexen Effektivwerten ergeben, die dann gelöst werden.

Die Lösungen in komplexen Effektivwerten müssen in Lösungen in komplexen Zeitfunktionen überführt werden, indem sie mit $\sqrt{2} \cdot e^{j\omega t}$ multipliziert werden. Die Rücktransformation der komplexen Zeitfunktion in die sinusförmige Zeitfunktion ist bereits beschrieben worden.

zum Beispiel: Reihenschaltung eines ohmschen Widerstandes und einer Induktivität

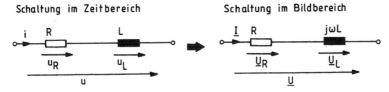

Beispiel für den Übergang einer Wechselstromschaltung in eine Schaltung mit komplexen Effektivwerten und komplexen Operatoren

$$\underline{U} = \underline{U}_R + \underline{U}_L = R \cdot \underline{I} + j\omega L \cdot \underline{I} \qquad \underline{I} = \frac{\underline{U}}{R + j\omega L} \qquad \underline{i}(t) = \frac{\underline{u}}{R + j\omega L} = \frac{\hat{u} \cdot e^{j(\omega t + \varphi_u)}}{R + j\omega L}$$

4.3 Wechselstromwiderstände und Wechselstromleitwerte
(Band 2, S.28-63)

Ohmscher Widerstand

$$i(t) = \hat{i} \cdot \sin(\omega t + \varphi_i)$$

$$u(t) = R \cdot i(t) = R \cdot \hat{i} \cdot \sin(\omega t + \varphi_i)$$

$$u(t) = \hat{u} \cdot \sin(\omega t + \varphi_u)$$

$$\underline{u} = R \cdot \underline{i} \qquad \underline{U} = R \cdot \underline{I}$$

$$R = \frac{\hat{u}}{\hat{i}} = \frac{U}{I} \qquad \varphi = \varphi_u - \varphi_i = 0$$

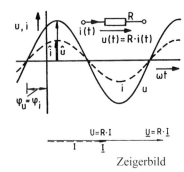

Zeigerbild

Induktiver Widerstand

$$i(t) = \hat{i} \cdot \sin(\omega t + \varphi_i)$$

$$u(t) = L \cdot \frac{di(t)}{dt} = \omega L \cdot \hat{i} \cdot \cos(\omega t + \varphi_i)$$

$$u(t) = \omega L \cdot \hat{i} \cdot \sin\left(\omega t + \varphi_i + \frac{\pi}{2}\right)$$

$$u(t) = \hat{u} \cdot \sin(\omega t + \varphi_u)$$

$$\underline{u} = j\omega L \cdot \underline{i} \qquad \underline{U} = j\omega L \cdot \underline{I}$$

$$X_L = \omega L = \frac{\hat{u}}{\hat{i}} = \frac{U}{I} \qquad \varphi = \varphi_u - \varphi_i = \frac{\pi}{2}$$

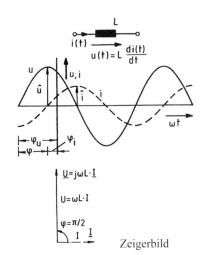

Zeigerbild

Kapazitiver Widerstand

$$u(t) = \hat{u} \cdot \sin(\omega t + \varphi_u)$$

$$i(t) = C \cdot \frac{du(t)}{dt} = \omega \cdot C \cdot \hat{u} \cdot \cos(\omega t + \varphi_u)$$

$$i(t) = \omega \cdot C \cdot \hat{u} \cdot \sin\left(\omega t + \varphi_u + \frac{\pi}{2}\right)$$

$$i(t) = \hat{i} \cdot \sin(\omega t + \varphi_i)$$

$$\underline{i} = j\omega C \cdot \underline{u} \qquad \underline{I} = j\omega C \cdot \underline{U}$$

$$-X_C = \frac{1}{\omega C} = \frac{\hat{u}}{\hat{i}} = \frac{U}{I} \qquad \varphi = \varphi_u - \varphi_i = -\frac{\pi}{2}$$

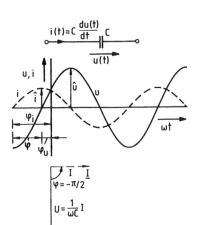

Zeigerbild

Komplexer Widerstand

$$\underline{Z} = \frac{u(t)}{i(t)} = \frac{\hat{u}}{\hat{i}} = \frac{\underline{U}}{\underline{I}} = \frac{U}{I} e^{j(\varphi_u - \varphi_i)}$$

$$\underline{Z} = Z \cdot e^{j\varphi} = Z \cdot \cos\varphi + j \cdot Z \cdot \sin\varphi = R + j \cdot X$$

Betrag von $\underline{Z}$:
Scheinwiderstand oder *Impedanz*

$$|\underline{Z}| = Z = \frac{\hat{u}}{\hat{i}} = \frac{U}{I} = \sqrt{R^2 + X^2}$$

Phasenverschiebung
zwischen Spannung und Strom:

$$\varphi = \varphi_u - \varphi_i = \text{arc}\underline{Z} = \arctan\frac{X}{R}$$

Realteil von $\underline{Z}$:
Wirkwiderstand oder *Resistanz*
$R = \text{Re}\{\underline{Z}\} = Z \cdot \cos\varphi$

Imaginärteil von $\underline{Z}$:
Blindwiderstand oder *Reaktanz*
$X = \text{Im}\{\underline{Z}\} = Z \cdot \sin\varphi$

Komplexer Widerstand der Reihenschaltung von Wechselstromwiderständen

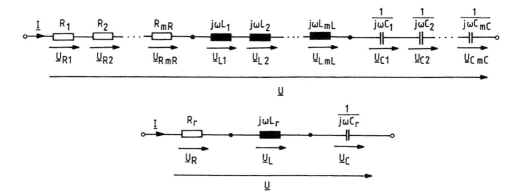

$$\underline{U} = \sum_{i=1}^{m} \underline{U}_i = \sum_{i=1}^{m_R} \underline{U}_{Ri} + \sum_{i=1}^{m_L} \underline{U}_{Li} + \sum_{i=1}^{m_C} \underline{U}_{Ci} = \sum_{i=1}^{m_R} R_i \cdot \underline{I} + \sum_{i=1}^{m_L} j\omega L_i \cdot \underline{I} + \sum_{i=1}^{m_C} \frac{1}{j\omega C_i} \cdot \underline{I}$$

$$\underline{U} = \left(\sum_{i=1}^{m_R} R_i + \sum_{i=1}^{m_L} j\omega L_i + \sum_{i=1}^{m_C} \frac{1}{j\omega C_i} \right) \cdot \underline{I} = \left(R_r + j\omega L_r + \frac{1}{j\omega C_r} \right) \cdot \underline{I}$$

$$R_r = \sum_{i=1}^{m_R} R_i \qquad j\omega L_r = \sum_{i=1}^{m_L} j\omega L_i \qquad \frac{1}{j\omega C_r} = \sum_{i=1}^{m_C} \frac{1}{j\omega C_i}$$

$$L_r = \sum_{i=1}^{m_L} L_i \qquad \frac{1}{C_r} = \sum_{i=1}^{m_C} \frac{1}{C_i}$$

4.3 Wechselstromwiderstände und Wechselstromleitwerte

$$\underline{U} = \left[R_r + j \cdot \left(\omega L_r - \frac{1}{\omega C_r}\right)\right] \cdot \underline{I}$$

$$\underline{U} = \left[R_r + j \cdot (X_L + X_C)\right] \cdot \underline{I} = \left[R_r + j \cdot X_r\right] \cdot \underline{I} = \underline{Z}_r \cdot \underline{I}$$

mit $\quad \underline{Z}_r = R_r + j \cdot X_r = R_r + j \cdot (X_L + X_C) = R_r + j \cdot \left(\omega L_r - \frac{1}{\omega C_r}\right)$

und $\quad X_r = X_L + X_C \qquad X_L = \omega L_r \qquad X_C = -\dfrac{1}{\omega C_r}$

Die ohmschen Anteile eines komplexen Widerstandes $\underline{Z}_r$ finden sich also grundsätzlich im Realteil, die induktiven Anteile im positiven Imaginärteil und die kapazitiven Anteile im negativen Imaginärteil.

Der komplexe Effektivwert der Gesamtspannung $\underline{U}$ teilt sich in drei Teilspannungen auf:

$$\underline{U} = \underline{U}_R + \underline{U}_X = \underline{U}_R + \underline{U}_L + \underline{U}_C = R_r \cdot \underline{I} + j\omega L_r \cdot \underline{I} + \frac{1}{j\omega C_r} \cdot \underline{I}$$

mit $\quad \underline{U}_R = R_r \cdot \underline{I} \qquad\qquad\qquad\qquad\qquad$ auch „Wirkspannung" $\underline{U}_w$

und $\quad \underline{U}_X = \underline{U}_L + \underline{U}_C = j(X_L + X_C) \cdot \underline{I} = jX_r \cdot \underline{I} \qquad$ auch „Blindspannung" $\underline{U}_b$

$$\underline{Z}_r = Z_r \cdot e^{j\varphi_r} = Z_r \cdot \cos\varphi + j \cdot Z_r \cdot \sin\varphi = \frac{U}{I} \cdot \cos\varphi + j \cdot \frac{U}{I} \cdot \sin\varphi$$

$$\underline{Z}_r \cdot \underline{I} = \underline{U} = U \cdot \cos\varphi + j \cdot U \cdot \sin\varphi,$$

$$U_R = U \cdot \cos\varphi \qquad U_X = U \cdot \sin\varphi \qquad U = \sqrt{U_R^2 + U_X^2}$$

Zeigerbilder der Ströme und Spannungen und komplexen Widerstände

Komplexer Leitwert

$$\underline{Y} = \frac{1}{\underline{Z}} = \frac{\underline{i}(t)}{\underline{u}(t)} = \frac{\hat{\underline{i}}}{\hat{\underline{u}}} = \frac{\underline{I}}{\underline{U}} = \frac{I}{U} e^{-j(\varphi_u - \varphi_i)}$$

$$\underline{Y} = Y \cdot e^{-j\varphi} = Y \cdot \cos\varphi - j \cdot Y \cdot \sin\varphi = G + j \cdot B$$

Betrag von $\underline{Y}$:
Scheinleitwert oder *Admittanz*

$$|\underline{Y}| = Y = \frac{1}{Z} = \frac{\hat{i}}{\hat{u}} = \frac{I}{U} = \sqrt{G^2 + B^2}$$

Phasenverschiebung zwischen Spannung und Strom:

$$\varphi = \varphi_u - \varphi_i = -\arctan\frac{B}{G}$$

Realteil von $\underline{Y}$:
Wirkleitwert oder *Konduktanz*

$$G = \text{Re}\{\underline{Y}\} = Y \cdot \cos\varphi$$

Imaginärteil von $\underline{Y}$:
Blindleitwert oder *Suszeptanz*

$$B = \text{Im}\{\underline{Y}\} = -Y \cdot \sin\varphi$$

Komplexer Leitwert der Parallelschaltung von Wechselstromwiderständen

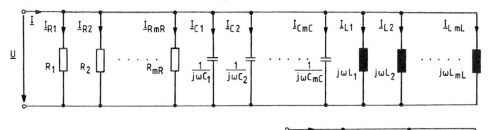

$$\underline{I} = \sum_{i=1}^{m}\underline{I}_i = \sum_{i=1}^{m_R}\underline{I}_{Ri} + \sum_{i=1}^{m_C}\underline{I}_{Ci} + \sum_{i=1}^{m_L}\underline{I}_{Li}$$

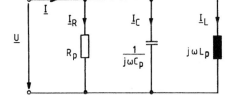

$$\underline{I} = \sum_{i=1}^{m_R}\frac{1}{R_i}\underline{U} + \sum_{i=1}^{m_C}j\omega C_i \underline{U} + \sum_{i=1}^{m_L}\frac{1}{j\omega L_i}\underline{U}$$

$$\underline{I} = \left(\sum_{i=1}^{m_R}\frac{1}{R_i} + \sum_{i=1}^{m_C}j\omega C_i + \sum_{i=1}^{m_L}\frac{1}{j\omega L_i}\right) \cdot \underline{U} = \left(\frac{1}{R_p} + j\omega C_p + \frac{1}{j\omega L_p}\right) \cdot \underline{U}$$

$$\frac{1}{R_p} = \sum_{i=1}^{m_R}\frac{1}{R_i} \qquad j\omega C_p = \sum_{i=1}^{m_C}j\omega C_i \qquad \frac{1}{j\omega L_p} = \sum_{i=1}^{m_L}\frac{1}{j\omega L_i}$$

$$C_p = \sum_{i=1}^{m_C}C_i \qquad \frac{1}{L_p} = \sum_{i=1}^{m_L}\frac{1}{L_i}$$

4.3 Wechselstromwiderstände und Wechselstromleitwerte

$$\underline{I} = \left[\frac{1}{R_p} + j \cdot \left(\omega C_p - \frac{1}{\omega L_p}\right)\right] \cdot \underline{U}$$

$$\underline{I} = \left[\frac{1}{R_p} + j \cdot (B_C + B_L)\right] \cdot \underline{U} = [G_p + j \cdot B_p] \cdot \underline{U} = \underline{Y}_p \cdot \underline{U}$$

mit $\underline{Y}_p = \frac{1}{R_p} + j \cdot B_p = \frac{1}{R_p} + j \cdot (B_C + B_L) = \frac{1}{R_p} + j \cdot \left(\omega C_p - \frac{1}{\omega L_p}\right)$

und $B_p = B_C + B_L \qquad B_C = \omega C_p \qquad B_L = -\frac{1}{\omega L_p} \qquad G_p = \frac{1}{R_p}$

Die ohmschen Anteile eines komplexen Leitwertes $\underline{Y}_p$ finden sich also grundsätzlich im Realteil, die kapazitiven Anteile im positiven Imaginärteil und die induktiven Anteile im negativen Imaginärteil.

Der komplexe Effektivwert des Gesamtstroms $\underline{I}$ teilt sich also in drei Teilströme auf:

$$\underline{I} = \underline{I}_R + \underline{I}_B = \underline{I}_R + \underline{I}_C + \underline{I}_L = \frac{1}{R_p}\underline{U} + j\omega C_p \cdot \underline{U} + \frac{1}{j\omega L_p} \cdot \underline{U}$$

mit $\underline{I}_R = \frac{1}{R_p}\underline{U} = G_p \cdot \underline{U}$ auch „Wirkstrom" $\underline{I}_W$

und $\underline{I}_B = \underline{I}_C + \underline{I}_L = j \cdot (B_C + B_L) \cdot \underline{U} = j \cdot B_p \cdot \underline{U}$ auch „Blindstrom" $\underline{I}_b$

$$\underline{Y}_p = Y_p \cdot e^{-j\varphi} = Y_p \cdot \cos\varphi - j \cdot Y_p \cdot \sin\varphi = \frac{I}{U}\cos\varphi - j \cdot \frac{I}{U} \cdot \sin\varphi$$

$$\underline{Y}_p \cdot U = \underline{I} = I \cdot \cos\varphi + j \cdot I \cdot \sin(-\varphi)$$

$$I_R = I \cdot \cos\varphi \qquad I_B = I \cdot \sin(-\varphi) = -I \cdot \sin\varphi \qquad I = \sqrt{I_R^2 + I_B^2}$$

Zeigerbilder der Spannungen und Ströme und komplexen Leitwerte von Wechselstromleitwerten

Spannungsteilerregel

Für zwei in Reihe geschaltete Wechselstromwiderstände gilt die Spannungsteilerregel analog wie in der Gleichstromtechnik nur im komplexen Bereich:

> Die komplexen Zeitfunktionen oder die komplexen Effektivwerte der Spannungen über zwei vom gleichen sinusförmigen Strom durchflossenen Widerstände verhalten sich wie die zugehörigen komplexen Widerstände.

$$\frac{\underline{U}_1}{\underline{U}_2} = \frac{\underline{Z}_1}{\underline{Z}_2}$$

$$\frac{\underline{U}_1}{\underline{U}} = \frac{\underline{Z}_1}{\underline{Z}_1 + \underline{Z}_2} \qquad \frac{\underline{U}_2}{\underline{U}} = \frac{\underline{Z}_2}{\underline{Z}_1 + \underline{Z}_2}$$

Stromteilerregel

Für zwei parallel geschaltete Wechselstromwiderstände gilt die Stromteilerregel analog wie in der Gleichstromtechnik nur im komplexen Bereich:

> Die komplexen Zeitfunktionen oder die komplexen Effektivwerte der Ströme durch zwei parallel geschaltete Wechselstromwiderstände, an denen die gleiche sinusförmige Spannung anliegt, verhalten sich wie die zugehörigen komplexen Leitwerte und sind umgekehrt proportional zu den komplexen Widerständen.

> Die komplexe Zeitfunktion oder der komplexe Effektivwert des Teilstroms verhält sich zur komplexen Zeitfunktion oder zum komplexen Effektivwert des Gesamtstroms wie der komplexe Widerstand, der nicht vom Teilstrom durchflossen ist, zum komplexen Ringwiderstand.

$$\frac{\underline{I}_1}{\underline{I}_2} = \frac{\underline{Y}_1}{\underline{Y}_2} = \frac{\underline{Z}_2}{\underline{Z}_1}$$

$$\frac{\underline{I}_1}{\underline{I}} = \frac{\underline{Z}_2}{\underline{Z}_1 + \underline{Z}_2} \qquad \frac{\underline{I}_2}{\underline{I}} = \frac{\underline{Z}_1}{\underline{Z}_1 + \underline{Z}_2}$$

4.3 Wechselstromwiderstände und Wechselstromleitwerte

Dreieck-Stern-Transformation:

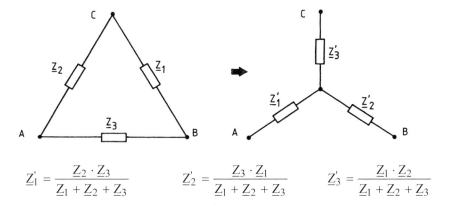

$$\underline{Z}_1' = \frac{\underline{Z}_2 \cdot \underline{Z}_3}{\underline{Z}_1 + \underline{Z}_2 + \underline{Z}_3} \qquad \underline{Z}_2' = \frac{\underline{Z}_3 \cdot \underline{Z}_1}{\underline{Z}_1 + \underline{Z}_2 + \underline{Z}_3} \qquad \underline{Z}_3' = \frac{\underline{Z}_1 \cdot \underline{Z}_2}{\underline{Z}_1 + \underline{Z}_2 + \underline{Z}_3}$$

Merkregel:

$$\text{Sternwiderstand} = \frac{\text{Produkt der beiden Dreieckwiderstände}}{\text{Summe aller Dreieckwiderstände}}$$

Stern-Dreieck-Transformation:

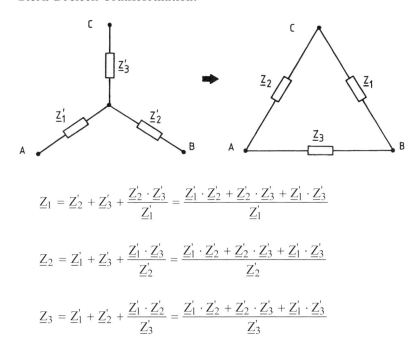

$$\underline{Z}_1 = \underline{Z}_2' + \underline{Z}_3' + \frac{\underline{Z}_2' \cdot \underline{Z}_3'}{\underline{Z}_1'} = \frac{\underline{Z}_1' \cdot \underline{Z}_2' + \underline{Z}_2' \cdot \underline{Z}_3' + \underline{Z}_1' \cdot \underline{Z}_3'}{\underline{Z}_1'}$$

$$\underline{Z}_2 = \underline{Z}_1' + \underline{Z}_3' + \frac{\underline{Z}_1' \cdot \underline{Z}_3'}{\underline{Z}_2'} = \frac{\underline{Z}_1' \cdot \underline{Z}_2' + \underline{Z}_2' \cdot \underline{Z}_3' + \underline{Z}_1' \cdot \underline{Z}_3'}{\underline{Z}_2'}$$

$$\underline{Z}_3 = \underline{Z}_1' + \underline{Z}_2' + \frac{\underline{Z}_1' \cdot \underline{Z}_2'}{\underline{Z}_3'} = \frac{\underline{Z}_1' \cdot \underline{Z}_2' + \underline{Z}_2' \cdot \underline{Z}_3' + \underline{Z}_1' \cdot \underline{Z}_3'}{\underline{Z}_3'}$$

Parallel geschaltete Reihenschaltungen – äquivalente Schaltungen

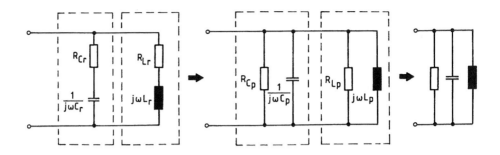

$$\underline{Y}_{Cp} = \frac{R_{Cr}}{R_{Cr}^2 + \frac{1}{\omega^2 C_r^2}} + j \cdot \frac{\frac{1}{\omega C_r}}{R_{Cr}^2 + \frac{1}{\omega^2 C_r^2}} = \frac{1}{R_{Cp}} + j\omega C_p$$

mit $\quad R_{Cp} = \dfrac{R_{Cr}^2 + \frac{1}{\omega^2 C_r^2}}{R_{Cr}} \quad$ und $\quad C_p = \dfrac{\frac{1}{\omega^2 C_r}}{R_{Cr}^2 + \frac{1}{\omega^2 C_r^2}}$

$$\underline{Y}_{Lp} = \frac{R_{Lr}}{R_{Lr}^2 + \omega^2 L_r^2} - j \cdot \frac{\omega L_r}{R_{Lr}^2 + \omega^2 L_r^2} = \frac{1}{R_{Lp}} - j \cdot \frac{1}{\omega L_p}$$

mit $\quad R_{Lp} = \dfrac{R_{Lr}^2 + \omega^2 L_r^2}{R_{Lr}} \quad$ und $\quad L_p = \dfrac{R_{Lr}^2 + \omega^2 L_r^2}{\omega^2 L_r}$

$$\underline{Y}_p = \underline{Y}_{Cp} + \underline{Y}_{Lp} = \left(\frac{1}{R_{Cp}} + \frac{1}{R_{Lp}} \right) + j \cdot \left(\omega C_p - \frac{1}{\omega L_p} \right)$$

$$\underline{Y}_p = \left(\frac{R_{Cr}}{R_{Cr}^2 + \frac{1}{\omega^2 C_r^2}} + \frac{R_{Lr}}{R_{Lr}^2 + \omega^2 L_r^2} \right) + j \cdot \left(\frac{\frac{1}{\omega C_r}}{R_{Cr}^2 + \frac{1}{\omega^2 C_r^2}} - \frac{\omega L_r}{R_{Lr}^2 + \omega^2 L_r^2} \right)$$

4.3 Wechselstromwiderstände und Wechselstromleitwerte

In Reihe geschaltete Parallelschaltungen – äquivalente Schaltungen

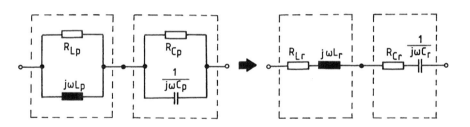

$$\underline{Z}_{Lr} = \frac{\frac{1}{R_{Lp}}}{\frac{1}{R_{Lp}^2} + \frac{1}{\omega^2 L_p^2}} + j \cdot \frac{\frac{1}{\omega L_p}}{\frac{1}{R_{Lp}^2} + \frac{1}{\omega^2 L_p^2}} = R_{Lr} + j\omega L_r$$

mit $\quad R_{Lr} = \dfrac{\frac{1}{R_{Lp}}}{\frac{1}{R_{Lp}^2} + \frac{1}{\omega^2 L_p^2}} \quad$ und $\quad L_r = \dfrac{\frac{1}{\omega^2 L_p}}{\frac{1}{R_{Lp}^2} + \frac{1}{\omega^2 L_p^2}}$

$$\underline{Z}_{Cr} = \frac{\frac{1}{R_{Cp}}}{\frac{1}{R_{Cp}^2} + \omega^2 C_p^2} - j \cdot \frac{\omega C_p}{\frac{1}{R_{Cp}^2} + \omega^2 C_p^2} = R_{Cr} - j\frac{1}{\omega C_r}$$

mit $\quad R_{Cr} = \dfrac{\frac{1}{R_{Cp}}}{\frac{1}{R_{Cp}^2} + \omega^2 C_p^2} \quad$ und $\quad C_r = \dfrac{\frac{1}{R_{Cp}^2} + \omega^2 C_p^2}{\omega^2 C_p}$

$$\underline{Z}_r = \underline{Z}_{Lr} + \underline{Z}_{Cr} = (R_{Lr} + R_{Cr}) + j \cdot \left(\omega L_r - \frac{1}{\omega C_r}\right)$$

$$\underline{Z}_r = \left(\frac{\frac{1}{R_{Lp}}}{\frac{1}{R_{Lp}^2} + \frac{1}{\omega^2 L_p^2}} + \frac{\frac{1}{R_{Cp}}}{\frac{1}{R_{Cp}^2} + \omega^2 C_p^2}\right) + j \cdot \left(\frac{\frac{1}{\omega L_p}}{\frac{1}{R_{Lp}^2} + \frac{1}{\omega^2 L_p^2}} - \frac{\omega C_p}{\frac{1}{R_{Cp}^2} + \omega^2 C_p^2}\right)$$

Komplexer Leitwert einer Reihenschaltung von Wechselstromwiderständen:

$$\underline{Y}_p = \frac{1}{\underline{Z}_r} = G_p + jB_p = \frac{R_r}{R_r^2 + X_r^2} + j \cdot \frac{-X_r}{R_r^2 + X_r^2}$$

mit $\quad G_p = \dfrac{R_r}{R_r^2 + X_r^2} = \dfrac{R_r}{Z_r^2} = R_r \cdot Y_r^2 \quad$ und $\quad B_p = -\dfrac{X_r}{R_r^2 + X_r^2} = -\dfrac{X_r}{Z_r^2} = -X_r \cdot Y_r^2$

Beispiel:

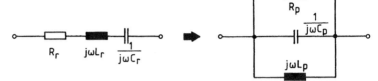

$$\underline{Y}_p = \frac{1}{R_p} + j \cdot \left(\omega C_p - \frac{1}{\omega L_p} \right)$$

$$R_p = \frac{R_r^2 + \left(\omega L_r - \dfrac{1}{\omega C_r} \right)^2}{R_r} \qquad C_p = \frac{\dfrac{1}{\omega^2 C_r}}{R_r^2 + \left(\omega L_r - \dfrac{1}{\omega C_r} \right)^2} \qquad L_p = \frac{R_r^2 + \left(\omega L_r - \dfrac{1}{\omega C_r} \right)^2}{\omega^2 L_r}$$

Komplexer Widerstand einer Parallelschaltung von Wechselstromwiderständen:

$$\underline{Z}_r = \frac{1}{\underline{Y}_p} = R_r + jX_r = \frac{G_p}{G_p^2 + B_p^2} - j \cdot \frac{B_p}{G_p^2 + B_p^2}$$

mit $\quad R_r = \dfrac{G_p}{G_p^2 + B_p^2} = \dfrac{G_p}{Y_p^2} = G_p \cdot Z_p^2 \quad$ und $\quad X_r = \dfrac{-B_p}{G_p^2 + B_p^2} = \dfrac{-B_p}{Y_p^2} = -B_p \cdot Z_p^2$

Beispiel:

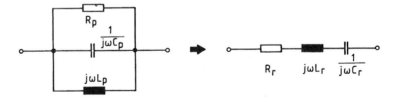

$$\underline{Z}_r = R_r + j \cdot \left(\omega L_r - \frac{1}{\omega C_r} \right)$$

$$R_r = \frac{\dfrac{1}{R_p}}{\dfrac{1}{R_p^2} + \left(\omega C_p - \dfrac{1}{\omega L_p} \right)^2} \qquad L_r = \frac{\dfrac{1}{\omega^2 L_p}}{\dfrac{1}{R_p^2} + \left(\omega C_p - \dfrac{1}{\omega L_p} \right)^2} \qquad C_r = \frac{\dfrac{1}{R_p^2} + \left(\omega C_p - \dfrac{1}{\omega L_p} \right)^2}{\omega^2 C_p}$$

4.4 Praktische Berechnung von Wechselstromnetzen
(Band 2, S.23-27 und S.64-93)

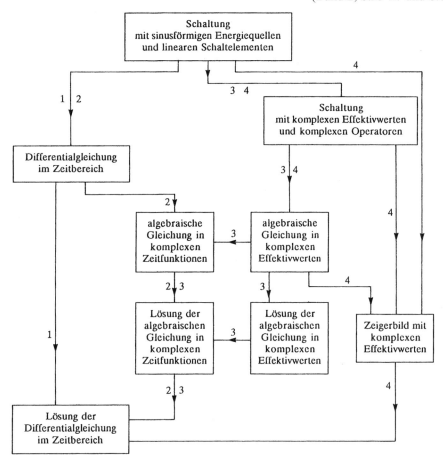

Das Verfahren 1, die Lösung der Differentialgleichung im Zeitbereich, ist wohl prinzipiell einfach, aber rechnerisch zu aufwendig und findet deshalb in der Praxis keine Anwendung.

Die Lösung der Differentialgleichung mit Hilfe von komplexen Zeitfunktionen, also das Verfahren 2, wird dann bevorzugt, wenn die Differentialgleichung aus anderen Gründen aufgestellt werden muss.

Die meist gewählten Verfahren für die Behandlung von Wechselstromnetzen sind das Verfahren 3 „die Lösungsmethode mit Widerstandsoperatoren" und das Verfahren 4 „die grafische Lösung mit Hilfe von Zeigerbildern". Beide Verfahren gehen von der Schaltung mit komplexen Operatoren und komplexen Effektivwerten aus. Die Rechenhilfen (Spannungsteilerregel und Stromteilerregel, siehe Abschnitt 4.3, S. 96) und die fünf Netzberechnungsverfahren der Gleichstromtechnik (siehe Abschnitt 2.3, S. 16-22) führen ohne Differentialgleichungen zu Lösungen im Bildbereich, die dann auf die beschriebene Weise rücktransformiert werden können (siehe Abschnitt 4.2, S. 87). Die Zeigerdarstellung ist die grafische Beschreibung des Rechenverfahrens.

4.5 Die Reihenschaltung und Parallelschaltung von ohmschen Widerständen, Induktivitäten und Kapazitäten

4.5.1 Die Reihenschaltung von Wechselstromwiderständen – die Reihen- oder Spannungsresonanz (Band 2, S.94-106)

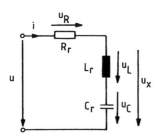
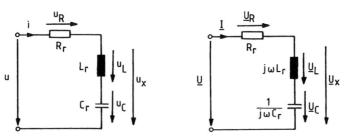

Reihenschwingkreis mit
$u = \hat{u} \cdot \sin(\omega t + \varphi_u)$

Schaltbild des
Reihenschwingkreises im Bildbereich

$$\underline{I} = \frac{\underline{U}}{R_r + j \cdot \left(\omega L_r - \frac{1}{\omega C_r}\right)} = \frac{\underline{U}}{R_r + j \cdot (X_L + X_C)} = \frac{\underline{U}}{R_r + j \cdot X_r} = \frac{\underline{U}}{\underline{Z}_r} = \frac{\underline{U}}{Z_r \cdot e^{j\varphi_r}}$$

mit $\quad Z_r = |\underline{Z}_r| = \sqrt{R_r^2 + X_r^2} = \sqrt{R_r^2 + (X_L + X_C)^2} = \sqrt{R_r^2 + \left(\omega L_r - \frac{1}{\omega C_r}\right)^2}$

und $\quad \varphi_r = \arc \underline{Z}_r = \arctan \frac{X_r}{R_r} = \arctan \frac{X_L + X_C}{R_r} = \arctan \frac{\omega L_r - \frac{1}{\omega C_r}}{R_r}$

$$\underline{i} = \frac{\underline{u}}{R_r + j \cdot \left(\omega L_r - \frac{1}{\omega C_r}\right)} = \frac{\hat{u} \cdot e^{j(\omega t + \varphi_u)}}{\sqrt{R_r^2 + \left(\omega L_r - \frac{1}{\omega C_r}\right)^2} \cdot e^{j \cdot \arctan(\omega L_r - 1/\omega C_r)/R_r}}$$

$$i = \frac{\hat{u}}{\sqrt{R_r^2 + \left(\omega L_r - \frac{1}{\omega C_r}\right)^2}} \cdot \sin\left(\omega t + \varphi_u - \arctan \frac{\omega L_r - \frac{1}{\omega C_r}}{R_r}\right)$$

4.5 Die Reihenschaltung und Parallelschaltung von R, L und C

Reihenresonanz, Spannungsresonanz

$$\underline{Z}_r = Z_r = R_r$$

$$\text{mit } X_r = X_L + X_C = \omega L_r - \frac{1}{\omega C_r} = 0$$

Resonanzbedingung: Resonanzkreisfrequenz: Resonanzfrequenz:

$$\omega L_r = \frac{1}{\omega C_r} \qquad \omega_0 = \frac{1}{\sqrt{L_r C_r}} \qquad f_0 = \frac{1}{2\pi \cdot \sqrt{L_r C_r}}$$

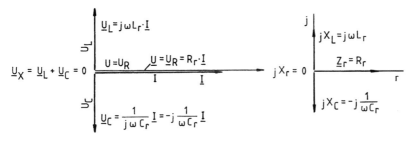

Zeigerbild des Reihenschwingkreises bei $X_r = 0$

Induktiver und kapazitiver Widerstand bei Resonanz - Kennwiderstand

$$X_L = -X_C = X_{kr} = \sqrt{\frac{L_r}{C_r}} \qquad \text{mit} \qquad [X_{kr}] = 1\,\Omega$$

Frequenzabhängigkeit der Blindwiderstände

mit $\quad \omega = x \cdot \omega_0 \quad$ und $\quad 0 \leq x < \infty$

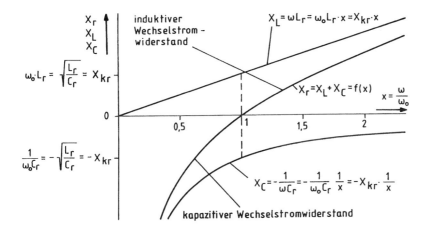

relative Verstimmung v_r

$$X_r = X_{kr} \cdot \left(x - \frac{1}{x}\right) = X_{kr} \cdot v_r \quad \text{mit} \quad v_r = x - \frac{1}{x} = \frac{\omega}{\omega_0} - \frac{\omega_0}{\omega} = \frac{f}{f_0} - \frac{f_0}{f}$$

z.B. $\omega = 2\omega_0 \quad v_r = 1\frac{1}{2} = 1{,}50$ \quad\quad z.B. $\omega = \frac{1}{2}\omega_0 \quad v_r = -1\frac{1}{2} = -1{,}50$

$\omega = 3\omega_0 \quad v_r = 2\frac{2}{3} = 2{,}67$ \quad\quad\quad\quad $\omega = \frac{1}{3}\omega_0 \quad v_r = -2\frac{2}{3} = -2{,}67$

$\omega = 4\omega_0 \quad v_r = 3\frac{3}{4} = 3{,}75$ \quad\quad\quad\quad $\omega = \frac{1}{4}\omega_0 \quad v_r = -3\frac{3}{4} = -3{,}75$

$\omega = 5\omega_0 \quad v_r = 4\frac{4}{5} = 4{,}80$ \quad\quad\quad\quad $\omega = \frac{1}{5}\omega_0 \quad v_r = -4\frac{4}{5} = -4{,}80$

normierte Verstimmung V_r

$$\frac{Z_r}{R_r} = \frac{R_r + j \cdot X_r}{R_r} = 1 + j \cdot \frac{X_r}{R_r} = 1 + j \cdot \frac{X_{kr}}{R_r} \cdot v_r = 1 + j \cdot Q_r \cdot v_r = 1 + j \cdot V_r$$

mit $Q_r = \dfrac{X_{kr}}{R_r} = \dfrac{\sqrt{\dfrac{L_r}{C_r}}}{R_r}$ \quad als Kreisgüte, Gütefaktor oder Resonanzschärfe des Kreises

und $V_r = Q_r \cdot v_r = Q_r \cdot \left(x - \dfrac{1}{x}\right) = Q_r \cdot \left(\dfrac{f}{f_0} - \dfrac{f_0}{f}\right)$ \quad als normierte Verstimmung

Bandbreite

Die Bandbreite eines Reihen-Resonanzkreises ist gleich der Differenz der Grenzfrequenzen f_{g2} und f_{g1}:

$\Delta f = f_{g2} - f_{g1}$

mit \quad\quad\quad\quad und

$V_{r2} = Q_r \cdot v_{g2} = +1$ \quad\quad $\dfrac{|Z_{r1}|}{R_r} = \dfrac{|Z_{r2}|}{R_r} = \sqrt{2}$
$V_{r1} = Q_r \cdot v_{g1} = -1$

und

$f_0^2 = f_{g1} \cdot f_{g2}$

Die Kreisgüte Q_r und die Bandbreite Δf sind also umgekehrt proportional: \quad $Q_r = \dfrac{1}{|v_{rg}|} = \dfrac{f_0}{\Delta f} = \dfrac{\omega_0}{\Delta \omega}$

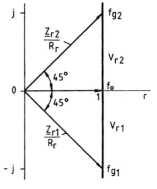

4.5 Die Reihenschaltung und Parallelschaltung von R, L und C

Frequenzabhängigkeit des Stroms – Strom-Resonanzkurven

$$I = \frac{U}{\sqrt{R_r^2 + X_{kr}^2 \cdot \left(x - \frac{1}{x}\right)^2}} = \frac{U}{R_r \cdot \sqrt{1 + Q_r^2 \cdot v_r^2}}$$

$$\frac{I}{U/R_r} = \frac{1}{\sqrt{1 + Q_r^2 \cdot \left(x - \frac{1}{x}\right)^2}} = \frac{1}{\sqrt{1 + Q_r^2 \cdot v_r^2}} = \frac{1}{\sqrt{1 + V_r^2}}$$

Der Strom hat sein Maximum bei Resonanz, also bei $x = 1$ und beträgt $I_{max} = \frac{U}{R_r}$.

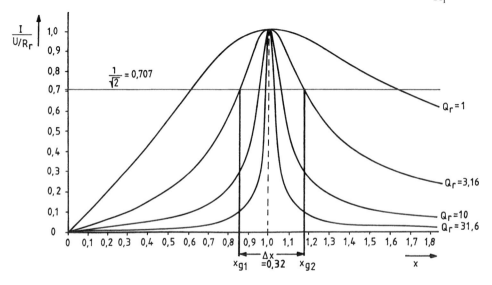

Bei 45°-Verstimmung ist $V_r = \pm 1$ und

$$\frac{I}{U/R_r} = \frac{1}{\sqrt{2}} = 0{,}707$$

Die Bandbreite Δf ist mit $\Delta\omega = 2\pi \cdot \Delta f$

$$\Delta x = \frac{\Delta\omega}{\omega_0} = \frac{\omega_{g2} - \omega_{g1}}{\omega_0} = x_{g2} - x_{g1}$$

und die Kreisgüte

$$Q_r = \frac{f_0}{\Delta f} = \frac{\omega_0}{\Delta\omega} = \frac{1}{\Delta x}$$

Frequenzabhängigkeit der Spannungen

$$U_L = \frac{x \cdot U}{\sqrt{\frac{1}{Q_r^2} + \left(x - \frac{1}{x}\right)^2}} = \frac{x \cdot U}{\sqrt{\frac{1}{Q_r^2} + v_r^2}}$$

$$U_C = \frac{U}{x \cdot \sqrt{\frac{1}{Q_r^2} + \left(x - \frac{1}{x}\right)^2}} = \frac{U}{x \cdot \sqrt{\frac{1}{Q_r^2} + v_r^2}}$$

Die Maxima der induktiven und der kapazitiven Spannung liegen bei

$$x_L = \frac{\omega_{U_{L\max}}}{\omega_0} = \frac{1}{\sqrt{1 - \frac{1}{2Q_r^2}}} > 1 \quad \text{und} \quad x_C = \frac{\omega_{U_{C\max}}}{\omega_0} = \sqrt{1 - \frac{1}{2Q_r^2}} < 1$$

und sind gleich:

$$\frac{U_{L\max}}{U} = \frac{U_{C\max}}{U} = \frac{1}{\sqrt{\frac{1}{Q_r^2} \cdot \left(1 - \frac{1}{4Q_r^2}\right)}} = \frac{Q_r}{\sqrt{1 - \frac{1}{4Q_r^2}}}$$

Frequenzabhängigkeit der Phasenverschiebung

$$\varphi_r = \arctan Q_r \left(x - \frac{1}{x}\right)$$

Beispiel: Resonanzkurven I(x), U_L(x), U_C(x) und φ_r(x) bei der Güte Q_r=2: (linearer Maßstab)

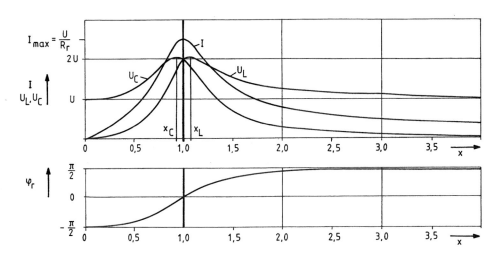

4.5.2 Die Parallelschaltung von Wechselstromwiderständen – die Parallel- oder Stromresonanz (Band 2, S.107-120)

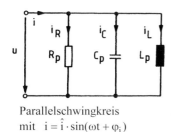

Parallelschwingkreis
mit $i = \hat{i} \cdot \sin(\omega t + \varphi_i)$

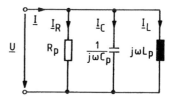

Schaltbild des Parallelschwingkreises im Bildbereich

$$\underline{U} = \frac{\underline{I}}{G_p + j \cdot \left(\omega C_p - \dfrac{1}{\omega L_p}\right)} = \frac{\underline{I}}{G_p + j \cdot (B_C + B_L)} = \frac{\underline{I}}{G_p + j \cdot B_p} = \frac{\underline{I}}{\underline{Y}_p} = \frac{\underline{I}}{Y_p \cdot e^{j\,\varphi_p}}$$

mit $\quad Y_p = |\underline{Y}_p| = \sqrt{G_p^2 + B_p^2} = \sqrt{G_p^2 + (B_C + B_L)^2} = \sqrt{G_p^2 + \left(\omega C_p - \dfrac{1}{\omega L_p}\right)^2}$

und $\quad \varphi_p = \operatorname{arc} \underline{Y}_p = \arctan \dfrac{B_p}{G_p} = \arctan \dfrac{B_C + B_L}{G_p} = \arctan \dfrac{\omega C_p - \dfrac{1}{\omega L_p}}{G_p}$

$$\underline{u} = \frac{\underline{i}}{\dfrac{1}{R_p} + j \cdot \left(\omega C_p - \dfrac{1}{\omega L_p}\right)} = \frac{\hat{i} \cdot e^{j(\omega t + \varphi_i)}}{\sqrt{\dfrac{1}{R_p^2} + \left(\omega C_p - \dfrac{1}{\omega L_p}\right)^2} \cdot e^{j \cdot \arctan R_p \cdot (\omega C_p - 1/\omega L_p)}}$$

$$u = \frac{\hat{i}}{\sqrt{\dfrac{1}{R_r^2} + \left(\omega C_p - \dfrac{1}{\omega L_p}\right)^2}} \cdot \sin\left[\omega t + \varphi_i - \arctan R_p \left(\omega C_p - \dfrac{1}{\omega L_p}\right)\right]$$

Parallelresonanz, Stromresonanz

$$\underline{Y}_p = Y_p = G_p = \frac{1}{R_p} \qquad \text{mit} \qquad B_p = B_C + B_L = \omega C_p - \frac{1}{\omega L_p} = 0$$

Resonanzbedingung: Resonanzkreisfrequenz: Resonanzfrequenz:

$$\omega C_p = \frac{1}{\omega L_p} \qquad \omega_0 = \frac{1}{\sqrt{C_p L_p}} \qquad f_0 = \frac{1}{2\pi \cdot \sqrt{C_p L_p}}$$

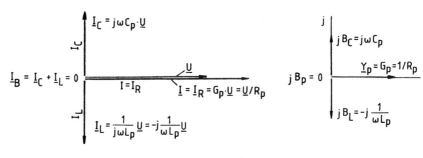

Zeigerbild des Parallelschwingkreises bei $B_p = 0$

Kapazitiver und induktiver Leitwert bei Resonanz - Kennleitwert

$$B_C = -B_L = B_{kp} = \sqrt{\frac{C_p}{L_p}} \qquad \text{mit} \qquad [B_{kp}] = 1\Omega^{-1} = 1S$$

Frequenzabhängigkeit der Blindleitwerte

mit $\omega = x \cdot \omega_0$ und $0 \leq x < \infty$

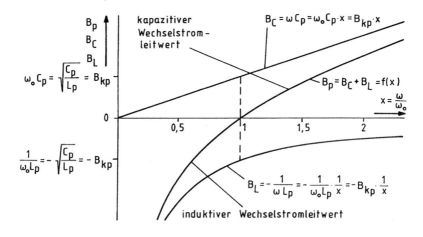

4.5 Die Reihenschaltung und Parallelschaltung von R, L und C

relative Verstimmung v_p

$$B_p = B_{kp} \cdot \left(x - \frac{1}{x}\right) = B_{kp} \cdot v_p \quad \text{mit} \quad v_p = x - \frac{1}{x} = \frac{\omega}{\omega_0} - \frac{\omega_0}{\omega} = \frac{f}{f_0} - \frac{f_0}{f}$$

z.B. $\omega = 2\omega_0 \quad v_p = 1\frac{1}{2} = 1{,}50$ z.B. $\omega = \frac{1}{2}\omega_0 \quad v_p = -1\frac{1}{2} = -1{,}50$

$\omega = 3\omega_0 \quad v_p = 2\frac{2}{3} = 2{,}67$ $\omega = \frac{1}{3}\omega_0 \quad v_p = -2\frac{2}{3} = -2{,}67$

$\omega = 4\omega_0 \quad v_p = 3\frac{3}{4} = 3{,}75$ $\omega = \frac{1}{4}\omega_0 \quad v_p = -3\frac{3}{4} = -3{,}75$

$\omega = 5\omega_0 \quad v_p = 4\frac{4}{5} = 4{,}80$ $\omega = \frac{1}{5}\omega_0 \quad v_p = -4\frac{4}{5} = -4{,}80$

normierte Verstimmung

$$\frac{\underline{Y}_p}{G_p} = \frac{G_p + j \cdot B_p}{G_p} = 1 + j \cdot \frac{B_p}{G_p} = 1 + j \cdot \frac{B_{kp}}{G_p} \cdot v_p = 1 + j \cdot Q_p \cdot v_p = 1 + j \cdot V_p$$

mit $\quad Q_p = \dfrac{B_{kp}}{G_p} = \dfrac{\sqrt{\dfrac{C_p}{L_p}}}{G_p} \quad$ als Kreisgüte, Gütefaktor oder Resonanzschärfe des Kreises

und $\quad V_p = Q_p \cdot v_p = Q_p \cdot \left(x - \dfrac{1}{x}\right) = Q_p \cdot \left(\dfrac{f}{f_0} - \dfrac{f_0}{f}\right) \quad$ als normierte Verstimmung

Bandbreite

Die Bandbreite eines Parallel-Resonanzkreises ist gleich der Differenz der Grenzfrequenzen f_{g2} und f_{g1}:

$\Delta f = f_{g2} - f_{g1}$

mit   und

$V_{p2} = Q_p \cdot v_{g2} = +1$ $\dfrac{|\underline{Y}_{p1}|}{G_p} = \dfrac{|\underline{Y}_{p2}|}{G_p} = \sqrt{2}$
$V_{p1} = Q_p \cdot v_{g1} = -1$

und

$f_0^2 = f_{g1} \cdot f_{g2}$

Je größer die Kreisgüte Q_p ist, umso kleiner ist die Bandbreite Δf:
$\quad Q_p = \dfrac{1}{|v_{pg}|} = \dfrac{f_0}{\Delta f} = \dfrac{\omega_0}{\Delta \omega}$

Frequenzabhängigkeit der Spannung und der Ströme

$$U = \frac{I}{\sqrt{G_p^2 + B_{kp}^2 \cdot \left(x - \frac{1}{x}\right)^2}} = \frac{I}{\sqrt{G_p^2 + B_{kp}^2 \cdot v_p^2}}$$

$$I_C = \frac{x \cdot I}{\sqrt{\frac{1}{Q_p^2} + \left(x - \frac{1}{x}\right)^2}} = \frac{x \cdot I}{\sqrt{\frac{1}{Q_p^2} + v_p^2}}$$

$$I_L = \frac{I}{x \cdot \sqrt{\frac{1}{Q_p^2} + \left(x - \frac{1}{x}\right)^2}} = \frac{I}{x \cdot \sqrt{\frac{1}{Q_p^2} + v_p^2}}$$

Die Resonanzkurven für U, I_C und I_L des Parallelschwingkreises entsprechen den Resonanzkurven für I, U_L und U_C des Reihenschwingkreises.

Parallelschaltung verlustbehafteter Blindwiderstände

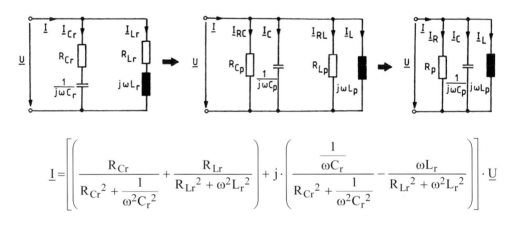

$$\underline{I} = \left[\left(\frac{R_{Cr}}{R_{Cr}^2 + \frac{1}{\omega^2 C_r^2}} + \frac{R_{Lr}}{R_{Lr}^2 + \omega^2 L_r^2}\right) + j \cdot \left(\frac{\frac{1}{\omega C_r}}{R_{Cr}^2 + \frac{1}{\omega^2 C_r^2}} - \frac{\omega L_r}{R_{Lr}^2 + \omega^2 L_r^2}\right)\right] \cdot \underline{U}$$

Parallelresonanz oder *Stromresonanz*

Resonanzbedingung: \qquad Resonanzkreisfrequenz:

$$\frac{\omega L_r}{R_{Lr}^2 + \omega^2 L_r^2} = \frac{\frac{1}{\omega C_r}}{R_{Cr}^2 + \frac{1}{\omega^2 C_r^2}} \qquad \omega_0 = \frac{1}{\sqrt{L_r C_r}} \cdot \sqrt{\frac{R_{Lr}^2 - \frac{L_r}{C_r}}{R_{Cr}^2 - \frac{L_r}{C_r}}}$$

4.5 Die Reihenschaltung und Parallelschaltung von R, L und C

Praktischer Parallel-Resonanzkreis
   mit $R_{Cr} = 0$:

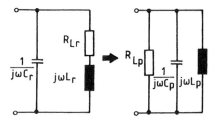

komplexer Leitwert:

$$\underline{Y}_p = \frac{R_{Lr}}{R_{Lr}^2 + \omega^2 L_r^2} + j \cdot \left(\omega C_r - \frac{\omega L_r}{R_{Lr}^2 + \omega^2 L_r^2}\right) = \frac{1}{R_{Lp}} + j \cdot \left(\omega C_p - \frac{1}{\omega L_p}\right)$$

Resonanzkreisfrequenz:

$$\omega_0 = \frac{1}{\sqrt{L_r C_r}} \cdot \sqrt{1 - \frac{R_{Lr}^2 \cdot C_r}{L_r}} = \sqrt{\frac{1}{L_r C_r} - \left(\frac{R_{Lr}}{L_r}\right)^2}$$

Güte:

$$Q_p = \frac{B_{kp}}{G_p} = R_{Lp} \cdot \omega_0 C_p = \sqrt{\frac{L_r}{R_{Lr}^2 C_r} - 1}$$

   mit $G_p = \dfrac{1}{R_p} = \dfrac{1}{R_{Lp}}$ und $B_{kp} = \omega_0 C_p$

komplexer Widerstand:

$$\underline{Z} = \frac{(R_{Lr} + j\omega L_r) \cdot \dfrac{1}{j\omega C_r}}{R_{Lr} + j\omega L_r + \dfrac{1}{j\omega C_r}}$$

$$\underline{Z} = \frac{R_{Lr}}{(1 - \omega^2 L_r C_r)^2 + (\omega R_{Lr} C_r)^2} + j\omega \cdot \frac{L_r(1 - \omega^2 L_r C_r) - R_{Lr}^2 C_r}{(1 - \omega^2 L_r C_r)^2 + (\omega R_{Lr} C_r)^2}$$

4.6 Spezielle Schaltungen der Wechselstromtechnik

4.6.1 Schaltungen für eine Phasenverschiebung von 90° zwischen Strom und Spannung (Band 2, S.123-126)

Hummelschaltung

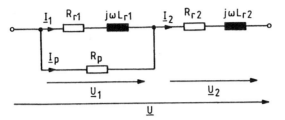

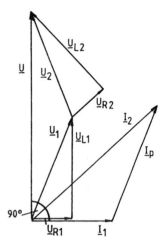

Zwischen dem Spulenstrom i_1 und der anliegenden Spannung u besteht die Phasenverschiebung von 90°, wenn

$$R_p = \frac{\omega^2 \cdot L_{r1} \cdot L_{r2} - R_{r1} \cdot R_{r2}}{R_{r1} + R_{r2}}$$

Polekschaltung

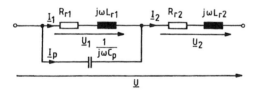

$$C_p = \frac{R_{r1} + R_{r2}}{\omega^2 (L_{r1} \cdot R_{r2} + L_{r2} \cdot R_{r1})}$$

Brückenschaltung für eine 90°-Phasenverschiebung

Zwischen dem Spulenstrom i_1 und der anliegenden Spannung u wird eine Phasenverschiebung von 90° erreicht, wenn folgende Bedingung erfüllt wird:

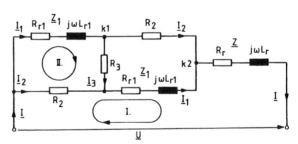

$$R_{r1} + R_r + \frac{(R_2 + R_r) \cdot (R_{r1} + R_3) - \omega^2 L_r L_{r1}}{R_2 + R_3} = 0$$

4.6.2 Schaltung zur automatischen Konstanthaltung des Wechselstroms – die Boucherot-Schaltung (Band 2, S.126-127)

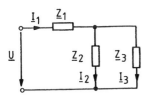

$$\underline{I}_3 = \frac{\underline{Z}_2 \cdot \underline{U}}{\underline{Z}_1 \underline{Z}_2 + \underline{Z}_3 \cdot (\underline{Z}_1 + \underline{Z}_2)}$$

Soll $\underline{I}_3$ unabhängig vom komplexen Widerstand $\underline{Z}_3$ sein, dann muss $\underline{Z}_3 \cdot (\underline{Z}_1 + \underline{Z}_2)$ Null sein,

d. h. $\underline{Z}_1 + \underline{Z}_2 = 0$:

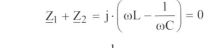

Realisierung:

$$\underline{Z}_1 + \underline{Z}_2 = j \cdot \left(-\frac{1}{\omega C} + \omega L\right) = 0 \qquad \underline{Z}_1 + \underline{Z}_2 = j \cdot \left(\omega L - \frac{1}{\omega C}\right) = 0$$

$$\text{mit } \frac{1}{\omega C} = \omega L \qquad\qquad\qquad \text{mit } \omega L = \frac{1}{\omega C}$$

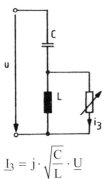

$$\underline{I}_3 = j \cdot \sqrt{\frac{C}{L}} \cdot \underline{U} \qquad\qquad \underline{I}_3 = -j \cdot \sqrt{\frac{C}{L}} \cdot \underline{U}$$

4.6.3 Wechselstrom-Messbrückenschaltungen (Band 2, S.128-135)

Grundsätzlicher Aufbau und Abgleichbedingung

$$\frac{\underline{Z}_1}{\underline{Z}_2} = \frac{\underline{Z}_3}{\underline{Z}_4}$$

oder

$$\frac{Z_1}{Z_2} = \frac{Z_3}{Z_4} \quad \text{und} \quad \varphi_1 - \varphi_2 = \varphi_3 - \varphi_4$$

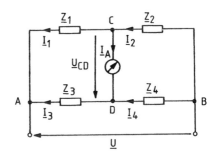

Vergleich von Wechselstromwiderständen
gleicher Art: verschiedener Art:

$$\frac{R_1}{R_2} = \frac{\underline{Z}_3}{\underline{Z}_4} \qquad\qquad \frac{R_1}{\underline{Z}_2} = \frac{\underline{Z}_3}{R_4}$$

Kapazitäts-Messbrücke:

$$\frac{R_1}{R_2} = \frac{j\omega C_4}{j\omega C_3} = \frac{C_4}{C_3} \qquad C_x = C_3 = C_4 \frac{R_2}{R_1}$$

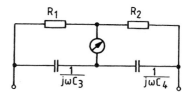

Wechselstrombrücke mit verlustbehafteten Kondensatoren:

$$\underline{Z}_3 = \frac{R_1}{R_2}\underline{Z}_4 = \frac{R_1}{R_2}R_{r4} + \frac{R_1}{R_2}\frac{1}{j\omega C_{r4}} = R_{r3} + \frac{1}{j\omega C_{r3}}$$

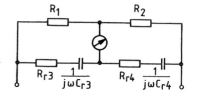

$$R_{r3} = R_{rx} = \frac{R_1}{R_2}R_{r4} \qquad C_{r3} = C_{rx} = \frac{R_2}{R_1}C_{r4}$$

Maxwell-Wien-Brücke:

$$\underline{Z}_3 = R_{r3} + j\omega L_{r3} = \frac{R_1}{R_{p2}}R_4 + j\omega R_1 R_4 C_{p2}$$

$$R_{r3} = R_{rx} = \frac{R_1}{R_{p2}}R_4 \qquad L_{r3} = L_{rx} = R_1 R_4 C_{p2}$$

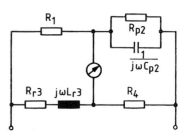

Illiovicibrücke:

$$R_{r1} = \frac{R_2}{R_4}(R_3 + R_5)$$

$$L_{r1} = C R_2 R_3 \cdot \left(1 + \frac{R_5}{R_4}\right)$$

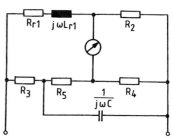

Andersonbrücke:

$$R_{r1} = \frac{R_2}{R_4} \cdot R_3$$

$$L_{r1} = C R_2 R_3 \cdot \left(1 + \frac{R_5}{R_4} + \frac{R_5}{R_3}\right)$$

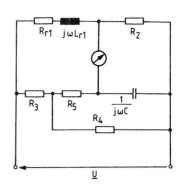

4.6 Spezielle Schaltungen der Wechselstromtechnik

Schering-Messbrücke

$$R_{r2} + \frac{1}{j\omega C_{r2}} = \frac{1}{j\omega C_4} \cdot \frac{R_1}{R_{p3}} + R_1 \cdot \frac{C_{p3}}{C_4}$$

$$R_{r2} = R_1 \cdot \frac{C_{p3}}{C_4} \qquad C_{r2} = C_4 \cdot \frac{R_{p3}}{R_1}$$

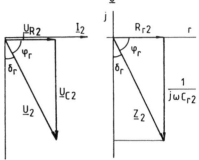

Tangens des Verlustwinkels:

$$\tan \delta_r = \omega \cdot R_{r2} \cdot C_{r2} = \omega \cdot R_{p3} \cdot C_{p3}$$

Zeigerbilder

Frequenz-Messbrücke nach Wien:

$$\frac{R_1}{R_2} = \frac{R_{r3}}{R_{p4}} + \frac{C_{p4}}{C_{r3}} + j\omega R_{r3}C_{p4} + \frac{1}{j\omega R_{p4}C_{r3}}$$

$$\frac{R_1}{R_2} = \frac{R_{r3}}{R_{p4}} + \frac{C_{p4}}{C_{r3}} \qquad \omega R_{r3}C_{p4} = \frac{1}{\omega R_{p4}C_{r3}}$$

$$\omega = \frac{1}{\sqrt{R_{r3}C_{r3}R_{p4}C_{p4}}}$$

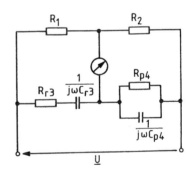

Wien-Robinson-Brücke:

$$R_1 = 2 \cdot R_2 \qquad C_{r3} = C_{p4} = C \qquad R_{r3} = R_{p4} = R$$

$$\omega = \frac{1}{R \cdot C}$$

Der Messbereich der Frequenz-Messbrücken umfasst Frequenzen f von 30Hz bis 100kHz.

4.7 Die Leistung im Wechselstromkreis

4.7.1 Augenblicksleistung, Wirkleistung, Blindleistung, Scheinleistung und komplexe Leistung (Band 2, S.138-160)

Wechselstromleistung

$p = u \cdot i$ Augenblicksleistung

$$P = \frac{1}{T} \int_0^T p(t) \cdot dt = \frac{1}{2\pi} \int_0^{2\pi} p(\omega t) \cdot d(\omega t)$$

der arithmetische Mittelwert der Augenblicksleistung, Wirkleistung

Leistung im ohmschen Widerstand

$p = u \cdot i$

$p = U \cdot I \cdot (1 - \cos 2\omega t)$

$P = U \cdot I = R \cdot I^2 = \dfrac{U^2}{R}$

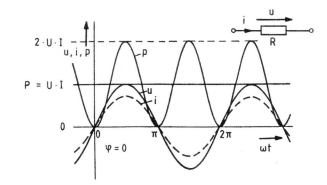

Leistung und magnetische Energie im induktiven Widerstand

$p = u \cdot i = U \cdot I \cdot \sin 2\omega t$
$p = \omega L \cdot I^2 \cdot \sin 2\omega t$
$P = 0$

$w_m = \dfrac{L \cdot i^2}{2}$

$w_m = \dfrac{L \cdot I^2}{2} \cdot (1 - \cos 2\omega t)$

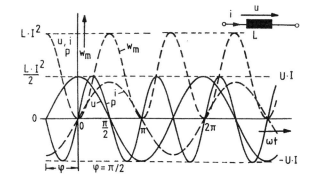

Leistung und elektrische Energie im kapazitiven Widerstand

$p = u \cdot i = U \cdot I \cdot \sin 2\omega t$
$p = \omega C \cdot U^2 \cdot \sin 2\omega t$
$P = 0$

$w_e = \dfrac{C \cdot u^2}{2}$

$w_e = \dfrac{C \cdot U^2}{2} \cdot (1 - \cos 2\omega t)$

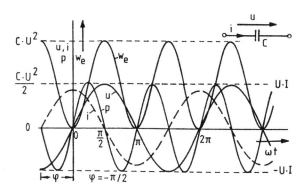

4.7 Die Leistung im Wechselstromkreis

Augenblicksleistung eines beliebigen Wechselstromwiderstandes
Wirkleistung, Blindleistung, Scheinleistung

Mit $u = \hat{u} \cdot \sin \omega t$ mit $\varphi_u = 0$ und $i = \hat{i} \cdot \sin(\omega t - \varphi)$ mit $\varphi_i = \varphi_u - \varphi = -\varphi$

$p = u \cdot i = U \cdot I \cdot \cos \varphi - U \cdot I \cdot \cos(2\omega t - \varphi)$

$p = P - S \cdot \cos(2\omega t - \varphi)$

$p = P \cdot (1 - \cos 2\omega t) - Q \cdot \sin 2\omega t$

Wirkleistung	Blindleistung	Scheinleistung	Leistungsfaktor
$P = U \cdot I \cdot \cos \varphi$	$Q = S \cdot \sin \varphi$	$S = U \cdot I$	$\cos \varphi = \dfrac{P}{S}$
in W	in Var	in VA	

Beispiel:

Strom, Spannung und Augenblicksleistung für einen verlustbehafteten induktiven Wechselstromwiderstand für die Phasenverschiebung $\varphi = \pi/3$ bzw. $60°$:

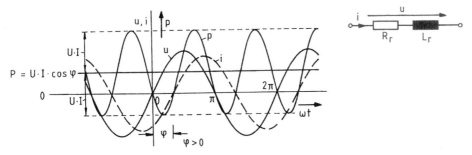

Zerlegung der Augenblicksleistung in einen Wirkanteil und einen Blindanteil

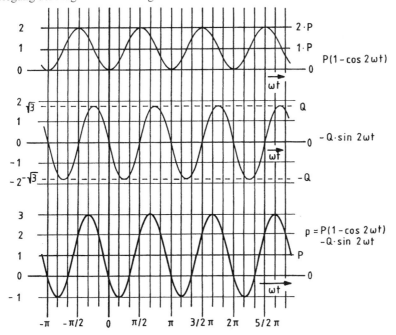

Reihenschaltung:	Parallelschaltung:
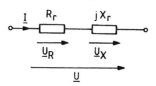	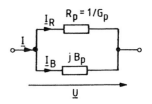

Wirkleistung

$P = I \cdot (U \cdot \cos \varphi) = I \cdot U_R$	$P = U \cdot (I \cdot \cos \varphi) = U \cdot I_R$
$P = I^2 \cdot R_r$	$P = U^2 \cdot G_p = \dfrac{U^2}{R_p}$

Blindleistung

$Q = I \cdot (U \cdot \sin \varphi) = I \cdot U_X$	$Q = U \cdot (I \cdot \sin \varphi) = U \cdot (-I_B)$
$Q = I^2 \cdot X_r$	$Q = -U^2 \cdot B_p$

induktive Blindleistung

$Q = I^2 \cdot \omega L_r$	$Q = U^2 \cdot \dfrac{1}{\omega L_p}$

kapazitive Blindleistung

$Q = -I^2 \cdot \dfrac{1}{\omega C_r}$	$Q = -U^2 \cdot \omega C_p$

Scheinleistung

$S = U \cdot I = I^2 \cdot Z_r$	$S = U \cdot I = U^2 \cdot Y_p$
$S = I^2 \cdot \sqrt{R_r^2 + X_r^2}$	$S = U^2 \cdot \sqrt{G_p^2 + B_p^2}$

induktive Scheinleistung

$S = I^2 \cdot \sqrt{R_r^2 + \omega^2 L_r^2}$	$S = U^2 \cdot \sqrt{\dfrac{1}{R_p^2} + \dfrac{1}{\omega^2 L_p^2}}$

kapazitive Scheinleistung

$S = I^2 \cdot \sqrt{R_r^2 + \dfrac{1}{\omega^2 C_r^2}}$	$S = U^2 \cdot \sqrt{\dfrac{1}{R_p^2} + \omega^2 C_p^2}$

4.7 Die Leistung im Wechselstromkreis

Komplexe Leistung

$$\underline{S} = \underline{U} \cdot \underline{I}^*$$

mit $\underline{U} = U \cdot e^{j\varphi_u}$ und $\underline{I}^* = I \cdot e^{-j\varphi_i}$

$$\underline{S} = U \cdot I \cdot e^{j(\varphi_u - \varphi_i)} = S \cdot e^{j\varphi}$$

mit $S = U \cdot I$ und $\varphi = \varphi_u - \varphi_i$

$$\underline{S} = S \cdot \cos\varphi + j \cdot S \cdot \sin\varphi = P + j \cdot Q$$

mit $P = \text{Re}\{\underline{S}\} = S \cdot \cos\varphi$ und $Q = \text{Im}\{\underline{S}\} = S \cdot \sin\varphi$

und $\tan\varphi = \dfrac{Q}{P}$ und $S = |\underline{S}| = \sqrt{P^2 + Q^2}$

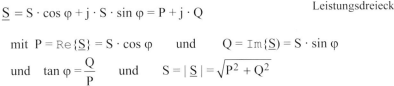

Leistungsdreieck

wenn der Strom I gegeben:

$$\underline{S} = \underline{Z} \cdot I^2 = \dfrac{I^2}{\underline{Y}}$$

wenn die Spannung gegeben:

$$\underline{S} = \dfrac{U^2}{\underline{Z}^*} = \underline{Y}^* \cdot U^2$$

Gütefaktor

$$g = \tan\varphi = \dfrac{|Q|}{P}$$

Verlustfaktor

$$d = \dfrac{1}{g} = \tan\delta = \dfrac{P}{|Q|}$$

mit dem *Verlustwinkel* $\delta = \pi/2 - |\varphi|$

Reihenschaltung	Parallelschaltung
$g = \tan\varphi = \dfrac{|X_r|}{R_r}$	$g = \tan\varphi = \dfrac{|B_p|}{G_p}$
$d = \tan\delta = \dfrac{R_r}{|X_r|}$	$d = \tan\delta = \dfrac{G_p}{|B_p|}$

für Spulen:

$g_L = \tan\varphi_L = \dfrac{\omega L_r}{R_{Lr}}$	$g_L = \tan\varphi_L = \dfrac{R_{Lp}}{\omega L_p}$
$d_L = \tan\delta_L = \dfrac{R_{Lr}}{\omega L_r}$	$d_L = \tan\delta_L = \dfrac{\omega L_p}{R_{Lp}}$

für Kondensatoren:

$g_C = \tan\varphi_C = \dfrac{1}{\omega R_{Cr} C_r}$	$g_C = \tan\varphi_C = \omega R_{Cp} C_p$
$d_C = \tan\delta_C = \omega R_{Cr} C_r$	$d_C = \tan\delta_C = \dfrac{1}{\omega R_{Cp} C_p}$

4.7.2 Die Messung der Wechselstromleistung (Band 2, S.161-166)

Messung der Scheinleistung

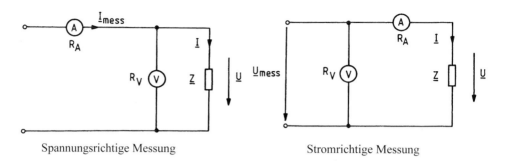

Spannungsrichtige Messung   Stromrichtige Messung

Messung der Wirk- und Blindleistung mit elektrodynamischem Leistungsmesser

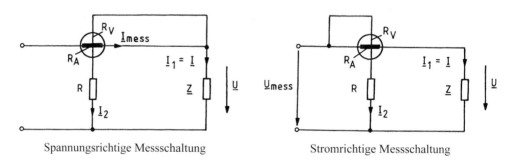

Spannungsrichtige Messschaltung   Stromrichtige Messschaltung

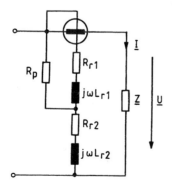

Blindleistungsmessung
mit der Hummelschaltung

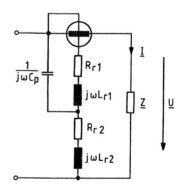

Blindleistungsmessung
mit der Polekschaltung

4.7 Die Leistung im Wechselstromkreis

Messung der Wirk- und Blindleistung mit der Drei-Voltmeter-Methode

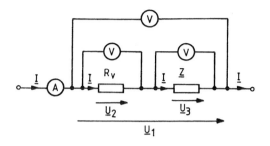

Die Innenwiderstände der Spannungsmesser müssen so hochohmig sein, dass die durch sie fließenden Ströme vernachlässigbar klein gegenüber den Strömen durch die Widerstände sind.

$$P = \frac{U_1^2 - (U_2^2 + U_3^2)}{2 \cdot R_v}$$

$$\cos\varphi = \frac{U_1^2 - (U_2^2 + U_3^2)}{2 \cdot U_2 \cdot U_3}$$

$$Q = \frac{U_2}{R_v} \cdot \sqrt{U_3^2 - \left(\frac{U_1^2 - (U_2^2 + U_3^2)}{2 \cdot U_2}\right)^2}$$

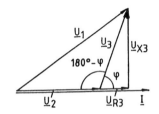

Zeigerbild:

Messung der Wirk- und Blindleistung mit der Drei-Amperemeter-Methode

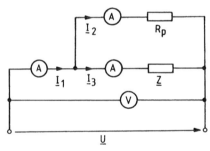

Die Innenwiderstände der Strommesser müssen so niederohmig sein, dass die an ihnen abfallenden Spannungen vernachlässigbar klein gegenüber den Spannungen an den Widerständen sind.

$$P = R_p \cdot \frac{I_1^2 - (I_2^2 + I_3^2)}{2}$$

$$\cos\varphi = \frac{I_1^2 - (I_2^2 + I_3^2)}{2 \cdot I_2 \cdot I_3}$$

$$Q = I_2 \cdot R_p \cdot \sqrt{I_3^2 - \left(\frac{I_1^2 - (I_2^2 + I_3^2)}{2 \cdot I_2}\right)^2}$$

Zeigerbild:

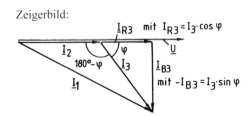

4.7.3 Verbesserung des Leistungsfaktors – Blindleistungskompensation
(Band 2, S.167-174)

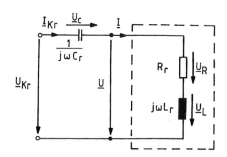

Reihen-Kompensation

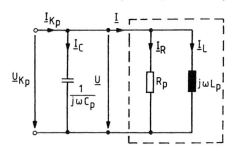

Parallel-Kompensation

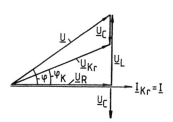

Zeigerbild der teilweisen
Reihen-Kompensation

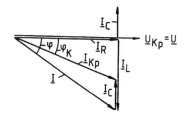

Zeigerbild der teilweisen
Parallel-Kompensation

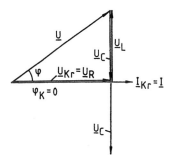

Zeigerbild der vollständigen
Reihen-Kompensation

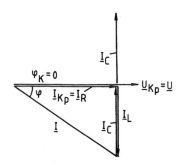

Zeigerbild der vollständigen
Parallel-Kompensation

Für die vollständige Kompensation ist

$$C_r = \frac{P}{\omega \cdot U_{Kr}^2 \cdot \tan \varphi} \quad \text{mit} \quad U_{Kr} = U_R \qquad C_p = \frac{P \cdot \tan \varphi}{\omega \cdot U_{Kp}^2} \quad \text{mit} \quad U_{Kp} = U$$

Die Spannung U bzw. der Strom I werden vermindert auf

$$U_{Kr} = U_R = U \cdot \cos \varphi \qquad I_{Kp} = I_R = U/R_p$$

Wird bei der Reihenkompensation $U_{Kr} = U_R$ auf die Netzspannung U erhöht, dann vergrößert sich der Strom von $I_{Kr} = U_R/R_r$ auf $I'_{Kr} = U/R_r$.

4.7 Die Leistung im Wechselstromkreis

4.7.4 Wirkungsgrad und Anpassung (Band 2, S.174-183)

Wirkungsgrad

$$\eta = \frac{P_N}{P_{ges}} = \frac{P_N}{P_N + P_V}$$

mit P_N: genutzte Wirkleistung
P_{ges}: zugeführte gesamte Wirkleistung
P_V: Wirkleistungsverluste

Wirkungsgrad und komplexe Anpassung im Grundstromkreis

Grundstromkreis mit Ersatzspannungsquelle:

$$\eta = \frac{P_a}{P_a + P_i} = \frac{1}{1 + \dfrac{R_i}{R_a}}$$

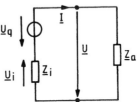

$$P_a = I^2 \cdot R_a = \frac{U_q^2 \cdot R_a}{(R_i + R_a)^2 + (X_i + X_a)^2} = f(R_a, X_a)$$

Anpassungsbedingung:

$$\underline{Z}_a = \underline{Z}_i^*$$

mit $R_a + j \cdot X_a = R_i - j \cdot X_i$ oder $Z_a \cdot e^{j\varphi_a} = Z_i \cdot e^{-j\varphi_i}$

$$P_{a\,max} = \frac{U_q^2}{4 \cdot R_i}$$

Grundstromkreis mit Ersatzstromquelle:

$$\eta = \frac{P_a}{P_a + P_i} = \frac{1}{1 + \dfrac{R_a}{R_i}}$$

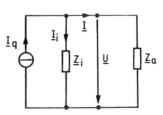

$$P_a = \frac{U^2}{R_a} = U^2 \cdot G_a = \frac{I_q^2 \cdot G_a}{(G_i + G_a)^2 + (B_i + B_a)^2} = f(G_a, B_a)$$

Anpassungsbedingung:

$$\underline{Y}_a = \underline{Y}_i^*$$

mit $G_a + j \cdot B_a = G_i - j \cdot B_i$ bzw. $Y_a \cdot e^{j\varphi_a} = Y_i \cdot e^{-j\varphi_i}$

$$P_{a\,max} = \frac{I_q^2}{4 \cdot G_i}$$

5 Ortskurven

5.1 Begriff der Ortskurve (Band 2, S.186-188)

Allgemeine Ortskurvengleichung

$$\underline{O} = \frac{\underline{A} + p \cdot \underline{B} + p^2 \cdot \underline{C} + p^3 \cdot \underline{D} + \ldots}{\underline{A}' + p \cdot \underline{B}' + p^2 \cdot \underline{C}' + p^3 \cdot \underline{D}' + \ldots} \qquad \text{p ein reeller Parameter}$$

Ermittlung der Ortskurve

Jeder Punkt der Ortskurve könnte für ein gewähltes p errechnet und in der Gaußschen Zahlenebene eingetragen werden. Die Punkte verbunden ergeben die Ortskurve. Bei Ortskurven höherer Ordnung bleibt auch nichts anderes übrig, als die Ortskurve auf diese Weise zu ermitteln, weil sie nicht konstruiert werden kann.

Sind die Ortskurven einfach wie Geraden, Kreise und Parabeln oder handelt es sich um überlagerte einfache Ortskurven, dann sollten die Ortskurven nach Konstruktionsanleitungen konstruiert werden.

Bei der Überlagerung von einfachen Ortskurven werden zunächst die einfachen Ortskurven konstruiert und anschließend die Zeiger für gleiche Parameter p überlagert.

Bei der Ermittlung einer Ortskurve sollte nach folgenden Schritten vorgegangen werden:
1. Ermittlung der Gleichung für die Größe, für die die Ortskurve ermittelt werden soll.
2. Einführung des Parameters p in den variablen Teil der Größe, wodurch sich die Ortskurvengleichung ergibt.
3. Konstruktion der Ortskurve, falls es sich um eine einfache Ortskurve oder um überlagerte einfache Ortskurven handelt.

Gerade: $\qquad \underline{G} = \underline{A} + p \cdot \underline{B}$

Kreis durch den Nullpunkt: $\qquad \underline{K} = \dfrac{1}{\underline{G}} = \dfrac{1}{\underline{A} + p \cdot \underline{B}}$

Kreis in allgemeiner Lage: $\qquad \underline{K} = \dfrac{\underline{A} + p \cdot \underline{B}}{\underline{C} + p \cdot \underline{D}} = \underline{L} + \dfrac{1}{\underline{E} + p \cdot \underline{F}}$

Parabel: $\qquad \underline{P} = \underline{A} + p \cdot \underline{B} + p^2 \cdot \underline{C}$

zirkulare Kubik: $\qquad \underline{O} = \dfrac{\underline{A} + p \cdot \underline{B} + p^2 \cdot \underline{C}}{\underline{D} + p \cdot \underline{E}} = \underline{R} + p \cdot \underline{S} + \dfrac{1}{\dfrac{\underline{D}}{\underline{F}} + p \cdot \dfrac{\underline{E}}{\underline{F}}}$

(Das ist die Überlagerung eines Kreises mit einer Geraden.)

oder

Berechnung der einzelnen Ortskurvenpunkte bei Variation des reellen Parameters p. Hierbei genügen meist einige Ortskurvenpunkte für ganze p, um der Verlauf der Ortskurve zu erkennen. Zwischenwerte der Ortskurve für gebrochene p-Werte lassen sich nachträglich errechnen und in das Ortskurvenbild eintragen.

5.2 Ortskurve „Gerade" (Band 2, S.188-192)

$$\underline{G} = \underline{A} + p \cdot \underline{B}$$
mit $\quad -\infty < p < \infty$

speziell:

$$\underline{G} = \underline{A} + \left(p - \frac{1}{p}\right) \cdot \underline{B}$$
mit $\quad 0 < p < \infty$

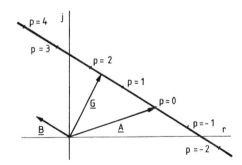

Konstruktionsanleitung

Zuerst werden die Zeiger $\underline{A}$ und $\underline{B}$ gezeichnet, dann wird parallel zum Zeiger $\underline{B}$ eine Gerade gezeichnet und schließlich werden mit der Länge des Zeigers $\underline{B}$ die Parameter $p = 0, \pm 1, \pm 2, \pm 3, \ldots$ eingetragen.

Kann der Parameter p nur Null und positive Zahlen annehmen, dann besteht die Ortskurve aus einer entsprechenden Teilgeraden. Bevor die Ortskurve gezeichnet wird, sollte überprüft werden, ob der Parameter auch negativ werden kann.

5.3 Ortskurve „Kreis durch den Nullpunkt" (Band 2, S.193-206)

$$\underline{K} = \frac{1}{\underline{G}} = \frac{1}{\underline{A} + p \cdot \underline{B}}$$
mit $\quad -\infty < p < \infty$

speziell

$$\underline{K} = \frac{1}{\underline{G}} = \frac{1}{\underline{A} + \left(p - \frac{1}{p}\right) \cdot \underline{B}}$$
mit $\quad 0 < p < \infty$

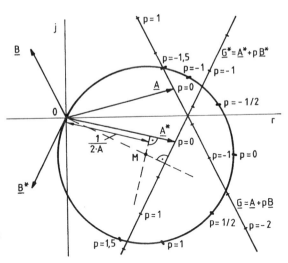

Konstruktionsanleitung

1. Zeichnen der Nennergeraden
   $\underline{G} = \underline{A} + p \cdot \underline{B}$
2. Spiegelung der Nennergeraden an der reellen Achse ergibt
   $\underline{G}^* = \underline{A}^* + p \cdot \underline{B}^*$
3. Zeichnen der Senkrechten auf der gespiegelten Nennergeraden $\underline{G}^*$, die durch den Nullpunkt verläuft.
4. Berechnen von $1/(2A)$, Festlegen des Maßstabs für $1/(2A)$ und Zeichnen der Senkrechten auf $\underline{A}^*$ im Abstand $1/(2A)$. Die Festlegung der Länge von $1/(2A)$ bestimmt die Größe des Kreises.
5. Schnittpunkt der beiden Senkrechten ergibt den Mittelpunkt M des Kreises.
   Zeichnen des Kreises mit dem Radius $\overline{M0}$.
6. Bezifferung des Kreises mit den Parameterwerten p entsprechend der gespiegelten Nennergeraden $\underline{G}^*$.

5.4 Ortskurve „Kreis in allgemeiner Lage" (Band 2, S.207-209)

$$\underline{K} = \frac{\underline{A} + p \cdot \underline{B}}{\underline{C} + p \cdot \underline{D}} = \underline{L} + \frac{1}{\underline{E} + p \cdot \underline{F}}$$

Konstruktionsanleitung

1. Errechnen des Zeigers $\underline{N} = \underline{A} - \frac{\underline{B}\,\underline{C}}{\underline{D}} = N \cdot e^{jv}$

2. Errechnen und Zeichnen der Nennergeraden $\underline{G} = \frac{\underline{C}}{\underline{N}} + p \cdot \frac{\underline{D}}{\underline{N}} = \underline{E} + p \cdot \underline{F}$

3. Spiegelung der Nennergeraden an der reellen Achse ergibt $\underline{G}^* = \underline{E}^* + p \cdot \underline{F}^*$
4. Zeichnen der Senkrechten auf der gespiegelten Nennergeraden $\underline{G}^*$, die durch den Nullpunkt verläuft.
5. Berechnen von $1/(2E) = N/(2C)$, Festlegen des Maßstabs für $1/(2E)$ und Zeichnen der Senkrechten auf $\underline{E}^*$ im Abstand $1/(2E)$. Die Festlegung der Länge von $1/(2E)$ bestimmt die Größe des Kreises.
6. Schnittpunkt der beiden Senkrechten ergibt den Mittelpunkt M des Kreises. Zeichnen des Kreises mit dem Radius $\overline{M0}$.
7. Bezifferung des Kreises mit den Parameterwerten p entsprechend der gespiegelten Nennergeraden $\underline{G}^*$.
8. Errechnen des Zeigers $-\underline{L} = -\frac{\underline{B}}{\underline{D}}$ und Verschieben des Koordinatenursprungs um $-\underline{L}$.

5.5 Ortskurven höherer Ordnung (Band 2, S.210-214)

Ortskurve „Parabel"

$$\underline{P} = \underline{A} + p \cdot \underline{B} + p^2 \cdot \underline{C}$$

Sie kann entweder aus der Geraden $\underline{A} + p \cdot \underline{B}$ und dem Anteil $p^2 \cdot \underline{C}$ oder aus der Geraden $\underline{A} + p^2 \cdot \underline{C}$ und dem Anteil $p \cdot \underline{B}$ durch Überlagerung der Zeiger zusammengesetzt werden.

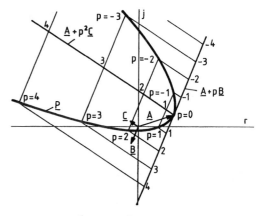

Ortskurve „Zirkulare Kubik"

$$\underline{O} = \frac{\underline{A} + p \cdot \underline{B} + p^2 \cdot \underline{C}}{\underline{D} + p \cdot \underline{E}}$$

$$\underline{O} = \underline{R} + p \cdot \underline{S} + \frac{1}{\frac{\underline{D}}{\underline{F}} + p \cdot \frac{\underline{E}}{\underline{F}}} \quad \text{mit} \quad \underline{F} = \underline{A} - \frac{\underline{D}}{\underline{E}}\left(\underline{B} - \frac{\underline{C}\,\underline{D}}{\underline{E}}\right)$$

Wird also die Ortskurvengleichung in der allgemeinen Form erkannt, dann muss diese zuerst in die Summenform der beiden Ortskurvengleichungen überführt werden, ehe die Konstruktion erfolgen kann. Dann werden der Kreis durch den Nullpunkt und die Gerade getrennt konstruiert. Anschließend werden für gleiche Parameterwerte die jeweiligen beiden Zeiger durch Addition der Realteile und Imaginärteile überlagert.

6 Der Transformator

6.1 Übersicht über Transformatoren
(Band 2, S.218-219)

1. Transformatoren der Starkstrom- oder Energietechnik – die „Umspanner"
2. Niederfrequenz-Transformatoren (NF-Transformatoren) – die „Übertrager" der Fernmelde- und Verstärkertechnik
3. Hochfrequenz-Transformatoren (HF-Transformatoren) für Anpassungszwecke.

6.2 Transformatorgleichungen und Zeigerbild
(Band 2, S.220-230)

Transformator mit gleichsinnigem Wickelsinn und Belastung mit einem beliebigen Wechselstromwiderstand, speziell bei induktiver Belastung

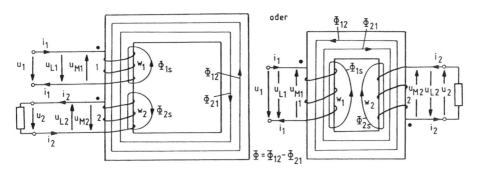

$$u_1 = u_{R1} + u_{L1} - u_{M1} = R_1 \cdot i_1 + L_1 \frac{di_1}{dt} - M_{21} \frac{di_2}{dt}$$

$$u_2 = -u_{R2} - u_{L2} + u_{M2} = -R_2 \cdot i_2 - L_2 \frac{di_2}{dt} + M_{12} \frac{di_1}{dt}$$

$$u_2 = R \cdot i_2 + L \frac{di_2}{dt}$$

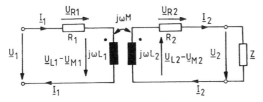

$\underline{Z} = R + j\omega L = Z \cdot e^{j\varphi}$

mit $Z = \sqrt{R^2 + (\omega L)^2}$

und $\varphi = \arctan(\omega L / R)$

Ersatzschaltbild des Transformators

$$\underline{U}_1 = \underline{U}_{R1} + \underline{U}_{L1} - \underline{U}_{M1} = R_1 \cdot \underline{I}_1 + j\omega L_1 \cdot \underline{I}_1 - j\omega M \cdot \underline{I}_2$$

$$\underline{U}_2 = -\underline{U}_{R2} - \underline{U}_{L2} + \underline{U}_{M2} = -R_2 \cdot \underline{I}_2 - j\omega L_2 \cdot \underline{I}_2 + j\omega M \cdot \underline{I}_1$$

$$\underline{U}_2 = (R + j\omega L) \cdot \underline{I}_2 = \underline{Z} \cdot \underline{I}_2$$

Zeigerbild des Transformators

Reihenfolge der Darstellung:

passiver Zweipol:

$\underline{I}_2$ (ist gegeben oder wird gewählt)

$\underline{U}_2 = \underline{Z} \cdot \underline{I}_2 = Z \cdot e^{j\varphi} \cdot \underline{I}_2$

Maschengleichung des Sekundärkreises:

$\underline{U}_{R2} = R_2 \cdot \underline{I}_2$

$\underline{U}_{L2} = j\omega L_2 \cdot \underline{I}_2$

$\underline{U}_{M2} = \underline{U}_2 + R_2 \cdot \underline{I}_2 + j\omega L_2 \cdot \underline{I}_2$

$\underline{U}_{M2} = j\omega M \cdot \underline{I}_1$

Primärstrom:

$\underline{I}_1 = \dfrac{\underline{U}_{M2}}{j\omega M}$

Maschengleichung des Primärkreises:

$-\underline{U}_{M1} = -j\omega M \cdot \underline{I}_2$

$\underline{U}_{R1} = R_1 \cdot \underline{I}_1$

$\underline{U}_{L1} = j\omega L_1 \cdot \underline{I}_1$

$\underline{U}_1 = -j\omega M \cdot \underline{I}_2 + R_1 \cdot \underline{I}_1 + j\omega L_1 \cdot \underline{I}_1$

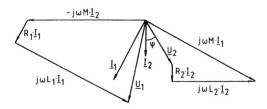

Zeigerbild des Transformators mit gleichsinnigem Wickelsinn und induktiver Belastung

Transformator mit gegensinnigem Wickelsinn und Belastung mit einem beliebigen Wechselstromwiderstand, speziell bei induktiver Belastung

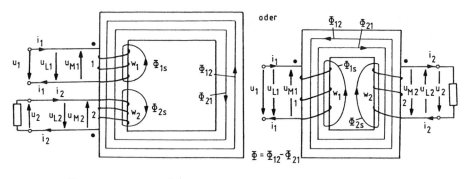

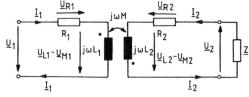

$\underline{U}_1 = R_1 \cdot \underline{I}_1 + j\omega L_1 \cdot \underline{I}_1 - j\omega M \cdot \underline{I}_2$

$\underline{U}_2 = -R_2 \cdot \underline{I}_2 - j\omega L_2 \cdot \underline{I}_2 + j\omega M \cdot \underline{I}_1$

$\underline{U}_2 = (R + j\omega L) \cdot \underline{I}_2 = \underline{Z} \cdot \underline{I}_2$

Ersatzschaltbild des Transformators

6.2 Transformatorgleichungen und Zeigerbild

Leerlauf am Ausgang des Transformators

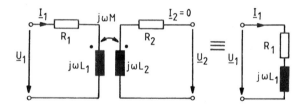

Eingangwiderstand

$$(\underline{Z}_{in})_{\underline{I}_2=0} = \underline{Z}_{in\,l} = \frac{\underline{U}_1}{\underline{I}_1} = R_1 + j\omega L_1$$

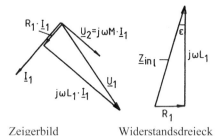

Zeigerbild   Widerstandsdreieck

Übersetzungsverhältnis

$$\frac{\underline{U}_1}{\underline{U}_2} = \frac{L_1}{M} - j \cdot \frac{R_1}{\omega M} = \sqrt{\left(\frac{L_1}{M}\right)^2 + \left(\frac{R_1}{\omega M}\right)^2} \cdot e^{j \cdot \arctan(-R_1/\omega L_1)}$$

$$\text{mit} \quad ü = \left|\frac{\underline{U}_1}{\underline{U}_2}\right| = \frac{L_1}{M} \cdot \sqrt{1 + \left(\frac{R_1}{\omega L_1}\right)^2}$$

wobei $\tan \varepsilon = \dfrac{R_1}{\omega L_1}$

Wird R_1 vernachlässigt, dann ist

$$\frac{\underline{U}_1}{\underline{U}_2} = \frac{L_1}{M},$$

wird zusätzlich der Kopplungsfaktor k = 1 beträgt, dann ist

$$\frac{\underline{U}_1}{\underline{U}_2} = \frac{w_1}{w_2}$$

Spannungsverhältnis und Eingangswiderstand des Transformators mit $\underline{Z} = R$

$$\frac{\underline{U}_2}{\underline{U}_1} = \frac{1}{\left(\dfrac{(R+R_2)\cdot L_1 + R_1 \cdot L_2}{M \cdot R}\right) + j \cdot \left(\dfrac{\omega^2(L_1 L_2 - M^2) - (R+R_2)\cdot R_1}{\omega M \cdot R}\right)}$$

$$\underline{Z}_{in} = \left[R_1 + \frac{\omega^2 M^2 (R+R_2)}{(R+R_2)^2 + (\omega L_2)^2}\right] + j\omega \cdot \left[L_1 - \frac{\omega^2 M^2 L_2}{(R+R_2)^2 + (\omega L_2)^2}\right]$$

6.3 Ersatzschaltbilder mit galvanischer Kopplung

(Band 2, S.230-236)

Ersatzschaltbild mit $L_1 - M$ und $L_2 - M$

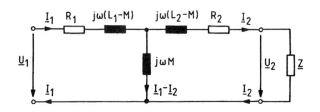

$$\underline{U}_1 = R_1 \cdot \underline{I}_1 + j\omega(L_1 - M) \cdot \underline{I}_1 + j\omega M \cdot (\underline{I}_1 - \underline{I}_2)$$

$$\underline{U}_2 = -R_2 \cdot \underline{I}_2 - j\omega(L_2 - M) \cdot \underline{I}_2 + j\omega M \cdot (\underline{I}_1 - \underline{I}_2)$$

$$\underline{U}_2 = \underline{Z} \cdot \underline{I}_2$$

Ersatzschaltbild mit $L_1 - M'$ und $L'_2 - M'$

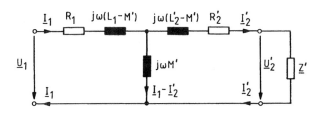

$$\underline{U}_1 = R_1 \cdot \underline{I}_1 + j\omega(L_1 - M') \cdot \underline{I}_1 + j\omega M' \cdot (\underline{I}_1 - \underline{I}'_2)$$

$$\underline{U}'_2 = -R'_2 \cdot \underline{I}'_2 - j\omega(L'_2 - M') \cdot \underline{I}'_2 + j\omega M' \cdot (\underline{I}_1 - \underline{I}'_2)$$

$$\underline{U}'_2 = \underline{Z}' \cdot \underline{I}'_2$$

mit den reduzierten Größen

$$\underline{U}'_2 = ü \cdot \underline{U}_2 \qquad R'_2 = ü^2 \cdot R_2$$

$$\underline{I}'_2 = \frac{1}{ü} \cdot \underline{I}_2 \qquad L'_2 = ü^2 \cdot L_2$$

$$M' = ü \cdot M \qquad \underline{Z}' = ü^2 \cdot \underline{Z},$$

wobei ü beliebig gewählt werden kann (in vielen Fällen $ü = w_1/w_2$).

6.3 Ersatzschaltbilder mit galvanischer Kopplung

Ersatzschaltbild mit Streuinduktivitäten

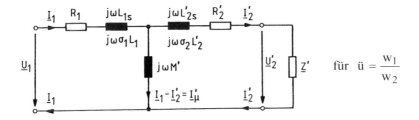

$$\underline{U}_1 = R_1 \cdot \underline{I}_1 + j\omega L_{1s} \cdot \underline{I}_1 + j\omega M' \cdot (\underline{I}_1 - \underline{I}_2')$$

$$\underline{U}_2' = -R_2' \cdot \underline{I}_2' - j\omega L_{2s}' \cdot \underline{I}_2' + j\omega M' \cdot (\underline{I}_1 - \underline{I}_2')$$

$$\underline{U}_2' = \underline{Z}' \cdot \underline{I}_2'$$

mit dem Magnetisierungsstrom

$$\underline{I}_\mu' = \underline{I}_1 - \underline{I}_2'$$

und den Streuinduktivitäten

$$L_{1s} = L_1 - M' = \sigma_1 \cdot L_1$$

$$L_{2s}' = L_2' - M' = \sigma_2 \cdot L_2'$$

Ersatzschaltbild ohne Längsinduktivität $L_2' - M'$

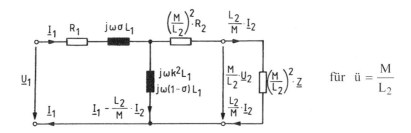

6.4 Messung der Ersatzschaltbildgrößen des Transformators
(Band 2, S.237-241)

Größen des Ersatzschaltbildes:

R_1, R_2, L_1, L_2

und $M_{12} = M_{21} = M$

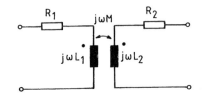

Messung der ohmschen Spulenwiderstände R_1 und R_2 mittels Gleichspannung:

$$R_1 = \frac{U_1}{I_1}$$

$$R_2 = \frac{U_2}{I_2}$$

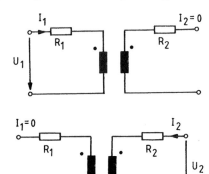

Messung des primären Leerlaufwiderstandes $\underline{Z}_{1l}$ (Leerlauf-Eingangswiderstand $\underline{Z}_{in\,l}$) und des sekundären Leerlaufwiderstandes $\underline{Z}_{2l}$ (Leerlauf-Ausgangswiderstand $\underline{Z}_{out\,l}$) mittels Wechselspannung

$$\underline{Z}_{1l} = \underline{Z}_{in\,l} = \frac{U_1}{I_1} \cdot e^{j\varphi_1} = R_1 + j\omega L_1$$

$$R_1 = \frac{U_1}{I_1} \cdot \cos\varphi_1 \qquad L_1 = \frac{U_1}{\omega I_1} \cdot \sin\varphi_1$$

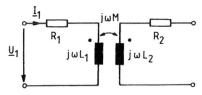

$$\underline{Z}_{2l} = \underline{Z}_{out\,l} = \frac{U_2}{I_2} \cdot e^{j\varphi_2} = R_2 + j\omega L_2$$

$$R_2 = \frac{U_2}{I_2} \cdot \cos\varphi_2 \qquad L_2 = \frac{U_2}{\omega I_2} \cdot \sin\varphi_2$$

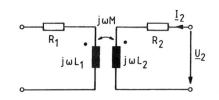

6.4 Messung der Ersatzschaltbildgrößen des Transformators

Messung der Gegeninduktivität M bei konstanter Permeabilität μ mittels Wechselspannung:

1. Messung der sekundären Leerlauf Spannung und des Primärstroms

$$\underline{U}_{2l} = j\omega M \cdot \underline{I}_1$$

$$M = -j \cdot \frac{\underline{U}_{2l}}{\omega \cdot \underline{I}_1} = \frac{U_{2l}}{\omega \cdot I_1} \cdot e^{j(\varphi_{u2} - \varphi_{i1} - \pi/2)}$$

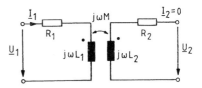

2. Ermittlung der Gegeninduktivität M durch Messung des Widerstandes der Reihenschaltung und Gegenreihenschaltung der beiden Spulen des Transformators

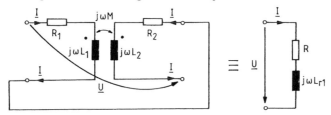

$$\underline{Z}_{r1} = \frac{\underline{U}}{\underline{I}} = \frac{U}{I} \cdot e^{j(\varphi_u - \varphi_i)} = R + j\omega L_{r1} = R_1 + R_2 + j\omega (L_1 + L_2 + 2M)$$

mit $R = R_1 + R_2$ und $L_{r1} = L_1 + L_2 + 2M$

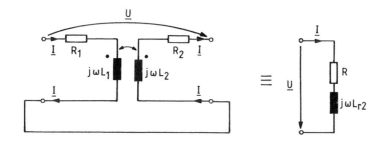

$$\underline{Z}_{r2} = \frac{\underline{U}}{\underline{I}} = \frac{U}{I} \cdot e^{j(\varphi_u - \varphi_i)} = R + j\omega L_{r2} = R_1 + R_2 + j\omega (L_1 + L_2 - 2M)$$

mit $R = R_1 + R_2$ und $L_{r2} = L_1 + L_2 - 2M$

Die Gegeninduktivität lässt sich mit der Formel

$$M = -\frac{j}{4\omega} \cdot (\underline{Z}_{r1} - \underline{Z}_{r2}) = \frac{1}{4\omega} \cdot (X_{r1} - X_{r2})$$

berechnen.

6.5 Frequenzabhängigkeit der Spannungsübersetzung eines Transformators (Band 2, S.242-246)

Voraussetzungen:

$R_2 = 0$

$\underline{Z} = R$

$ü = \dfrac{M}{L_2}$

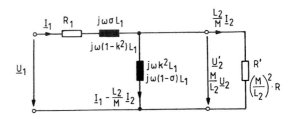

$$\dfrac{\underline{U}_2'}{\underline{U}_1} = \dfrac{1}{\left(1 + \dfrac{R_1}{R'} + \dfrac{\sigma L_1}{k^2 L_1}\right) + j \cdot \left(p\omega_0 \dfrac{\sigma L_1}{R'} - \dfrac{R_1}{p\omega_0 k^2 L_1}\right)} \quad \text{mit } \omega = p \cdot \omega_0$$

Bezugsfrequenz:

$$\omega_0 = \sqrt{\dfrac{R \cdot R_1}{\sigma \cdot L_1 \cdot L_2}}$$

Bandbreite:

$\Delta f = f_{g2} - f_{g1}$

obere Grenzfrequenz:

$$f_{g2} = \dfrac{1}{2\pi \cdot \sigma} \cdot \left(\dfrac{k^2 \cdot R}{L_2} + \dfrac{R_1}{L_1}\right)$$

untere Grenzfrequenz:

$$f_{g1} = \dfrac{1}{2\pi} \cdot \dfrac{1}{\dfrac{k^2 \cdot L_1}{R_1} + \dfrac{L_2}{R}}$$

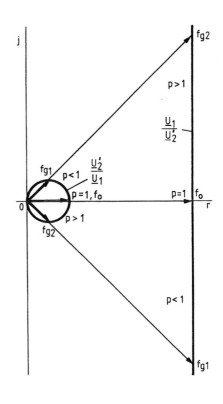

Ortskurven der frequenzabhängigen Spannungsverhältnisse von Transformatoren (Übertragern) zur Ermittlung der Bandbreite

7 Mehrphasensysteme

7.1 Die m-Phasensysteme (Band 2, S.249-256)

Mehrphasensysteme oder m-Phasensysteme

Ein Mehrphasensystem ist ein Wechselstromsystem mit mehr als zwei Strombahnen, in und entlang denen die elektrischen und magnetischen Größen mit gleicher Frequenz, mit gleichen oder angenähert gleichen Amplituden, in vorgegebener Phasenfolge mit gleichen oder angenähert gleichen Phasenverschiebungswinkeln verlaufen (DIN 40108).

Mehrphasensysteme sind also die Mehrphasengeneratoren, die belastenden Widerstände und die sie verbindenden Leitungen, also die Gesamtheit der Stromkreise.

Operator des m-Phasensystems

Mit dem Drehzeiger $\underline{a} = e^{-j\alpha} = e^{-j2\pi/m}$ lassen sich benachbarte Spannungszeiger und Stromzeiger entsprechend der Nummerierung ineinander überführen.

Für ein Dreiphasensystem ist der Operator mit m = 3

$$\underline{a} = e^{-j \cdot 2\pi/3} = e^{-j \cdot 120°} = \cos 120° - j \cdot \sin 120° = -1/2 - j \cdot 1/2 \cdot \sqrt{3}$$

Verkettete Mehrphasensysteme

Um eine Sternschaltung eines Mehrphasensystems handelt es sich, wenn sämtliche Stränge (Phasenwicklungen) an einem ihrer Enden in einem Sternpunkt N zusammengeschlossen sind. Die an den Spulenklemmen anliegenden Spannungen $u_1, u_2, \ldots, u_m$ heißen *Strangspannungen* u_{St}, die im einzelnen mit $u_{1N}, u_{2N}, \ldots, u_{mN}$ bezeichnet werden.

Eine Ring- oder Polygonschaltung eines Mehrphasensystems liegt vor, wenn sämtliche Stränge (Phasenwicklungen) hintereinander geschaltet einen geschlossenen Ring ergeben. Die an den Generatorspulen anliegenden Spannungen $u_1, u_2, \ldots, u_m$ sind dann gleich den Außenleiterspannungen u_{Lt}, die im einzelnen mit $u_{12}, u_{23}, u_{34}, \ldots, u_{m-1,m}, u_{m,1}$ bezeichnet werden. Für ein Dreiphasensystem heißt die Ring- oder Polygonschaltung *Dreieckschaltung*.

Die Verbindungsleiter der Außenpunkte des Generators und der Außenpunkte des Verbrauchers heißen *Außenleiter*, die mit L1, L2, ..., Lm bezeichnet werden.

Zwischen einem Mehrphasengenerator in Sternschaltung und einem Mehrphasenverbraucher in Sternschaltung heißt der Verbindungsleiter zwischen den Sternpunkten *Sternpunktleiter* oder *Neutralleiter*, der mit dem Buchstaben N gekennzeichnet wird.

Ströme und Spannungen der Stern-Stern-Schaltung $\quad I_{Lt} = I_{St} \quad\quad U_{Lt} = 2 \cdot U_{St} \cdot \sin \dfrac{\pi}{m}$

Ströme und Spannungen der Polygon-Polygon-Schaltung $\quad I_{Lt} = 2 \cdot I_{St} \cdot \sin \dfrac{\pi}{m} \quad U_{Lt} = U_{St}$

Wirkleistung des symmetrischen m-Phasensystems $\quad P = m \cdot U_{St} \cdot I_{St} \cdot \cos\varphi = \dfrac{m}{2 \cdot \sin \dfrac{\pi}{m}} \cdot U_{Lt} \cdot I_{Lt} \cdot \cos\varphi$

7.2 Symmetrische verkettete Dreiphasensysteme

(Band 2, S.256-266)

Sternschaltung

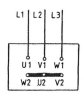
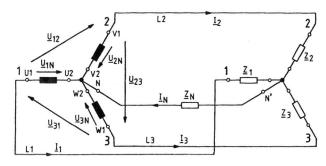

Strangspannungen U_{St}:

$\underline{U}_{1N} = U_{St} \cdot e^{j \cdot 0°} = U_{St}$ ($\underline{U}_{1N}$ reell angenommen)

$\underline{U}_{2N} = U_{St} \cdot \underline{a} = U_{St} \cdot e^{-j \cdot 2\pi/3} = U_{St} \cdot e^{-j \cdot 120°} = U_{St} \cdot \left(-1/2 - j \cdot 1/2 \cdot \sqrt{3}\right)$

$\underline{U}_{3N} = U_{St} \cdot \underline{a}^2 = U_{St} \cdot e^{-j \cdot 4\pi/3} = U_{St} \cdot e^{j \cdot 120°} = U_{St} \cdot \left(-1/2 + j \cdot 1/2 \cdot \sqrt{3}\right)$

Die Außenleiterströme $\underline{I}_{Lt}$ sind gleich den Strangströmen $\underline{I}_{St}$:

$\underline{I}_{Lt} = \underline{I}_{St}$ mit $I_{Lt} = I_{St}$

das sind $\underline{I}_1$, $\underline{I}_2$ und $\underline{I}_3$

Die Außenleiterspannungen U_{Lt} sind um das $\sqrt{3}$-fache ($\sqrt{3} = 1{,}73$) größer als die Strangspannungen U_{St}:

$U_{Lt} = 2 \cdot U_{St} \cdot \sin\dfrac{\pi}{3} = \sqrt{3} \cdot U_{St}$

das sind U_{12}, U_{23} und U_{31}

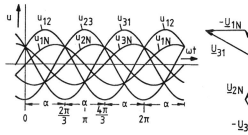
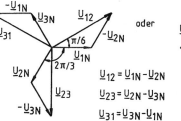

Zeitdiagramm und Zeigerbild der Außenleiterspannungen und Strangspannungen in einem symmetrischen Dreiphasensystem

$\underline{I}_N = \underline{I}_1 + \underline{I}_2 + \underline{I}_3$

Sind $\underline{Z}_1, \underline{Z}_2, \underline{Z}_3$ gleich groß,

dann ist $\underline{I}_N = \underline{I}_1 + \underline{I}_2 + \underline{I}_3 = 0$

und $I_{Lt} = I_1 = I_2 = I_3 = I$

7.2 Symmetrische verkettete Dreiphasensysteme

Dreieckschaltung

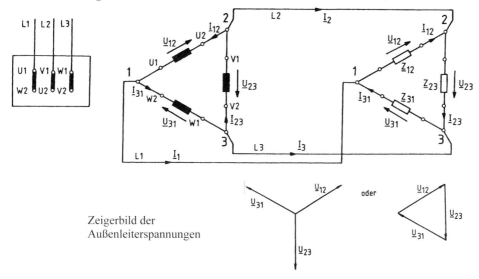

Zeigerbild der
Außenleiterspannungen

Die Außenleiterströme I_{Lt} sind um das $\sqrt{3}$-fache ($\sqrt{3} = 1{,}73$) größer als die Strangströme I_{St}:

$$I_{Lt} = 2 \cdot I_{St} \cdot \sin\frac{\pi}{3} = \sqrt{3} \cdot I_{St}$$

das sind I_1, I_2 und I_3

Die Außenleiterspannungen $\underline{U}_{Lt}$ sind gleich den Strangspannungen $\underline{U}_{St}$:

$$\underline{U}_{Lt} = \underline{U}_{St} \quad \text{mit} \quad U_{Lt} = U_{St}$$

das sind $\underline{U}_{12}$, $\underline{U}_{23}$ und $\underline{U}_{31}$

Sind $\underline{Z}_{12}$, $\underline{Z}_{23}$ und $\underline{Z}_{31}$ gleich groß, dann sind $I_{Lt} = I_1 = I_2 = I_3 = I$.

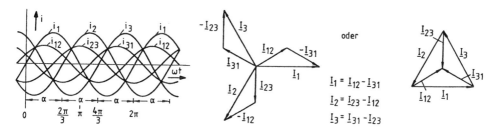

Zeitdiagramm und Zeigerbild der Außenleiterströme und Strangströme in einem symmetrischen Dreiphasensystem

Wirkleistung, Blindleistung und Scheinleistung der symmetrischen Dreiphasensysteme

$$P = 3 \cdot U_{St} \cdot I_{St} \cdot \cos\varphi = \sqrt{3} \cdot U_{Lt} \cdot I_{Lt} \cdot \cos\varphi$$
$$Q = 3 \cdot U_{St} \cdot I_{St} \cdot \sin\varphi = \sqrt{3} \cdot U_{Lt} \cdot I_{Lt} \cdot \sin\varphi$$
$$S = 3 \cdot U_{St} \cdot I_{St} = \sqrt{3} \cdot U_{Lt} \cdot I_{Lt}$$

7.3 Unsymmetrische verkettete Dreiphasensysteme

(Band 2, S.267-278)

Vierleiternetz mit Generator in Sternschaltung und Verbraucher in Sternschaltung

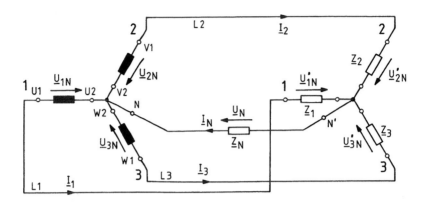

Gegeben:

Strangspannungen des Generators $\underline{U}_{1N}$, $\underline{U}_{2N}$, $\underline{U}_{3N}$
komplexe Verbraucherwiderstände $\underline{Z}_1$, $\underline{Z}_2$, $\underline{Z}_3$
komplexer Widerstand des Sternpunktleiters $\underline{Z}_N$

Gesucht:

Außenleiterströme $\underline{I}_1$, $\underline{I}_2$, $\underline{I}_3$ und Sternpunktleiterstrom $\underline{I}_N$

Rechenschritte:

1. Berechnung der Spannung $\underline{U}_N$ über dem Sternpunktleiter nach

$$\underline{U}_N = \frac{\dfrac{\underline{U}_{1N}}{\underline{Z}_1} + \dfrac{\underline{U}_{2N}}{\underline{Z}_2} + \dfrac{\underline{U}_{3N}}{\underline{Z}_3}}{\dfrac{1}{\underline{Z}_N} + \dfrac{1}{\underline{Z}_1} + \dfrac{1}{\underline{Z}_2} + \dfrac{1}{\underline{Z}_3}}$$

2. Ermittlung der Strangspannungen $\underline{U}'_{1N}$, $\underline{U}'_{2N}$, $\underline{U}'_{3N}$ über den Verbraucherwiderständen $\underline{Z}_1$, $\underline{Z}_2$, $\underline{Z}_3$ nach

$$\underline{U}'_{1N} = \underline{U}_{1N} - \underline{U}_N$$

$$\underline{U}'_{2N} = \underline{U}_{2N} - \underline{U}_N$$

$$\underline{U}'_{3N} = \underline{U}_{3N} - \underline{U}_N$$

7.3 Unsymmetrische verkettete Dreiphasensysteme

3. Ermittlung der Außenleiterströme $\underline{I}_1, \underline{I}_2, \underline{I}_3$ und des Sternpunktleiterstroms $\underline{I}_N$ nach

$$\underline{I}_1 = \frac{\underline{U}'_{1N}}{\underline{Z}_1} = \frac{\underline{U}_{1N}}{\underline{Z}_1} - \frac{\underline{U}_N}{\underline{Z}_1}$$

$$\underline{I}_2 = \frac{\underline{U}'_{2N}}{\underline{Z}_2} = \frac{\underline{U}_{2N}}{\underline{Z}_2} - \frac{\underline{U}_N}{\underline{Z}_2} \quad \text{und} \quad \underline{I}_N = \frac{\underline{U}_N}{\underline{Z}_N}$$

$$\underline{I}_3 = \frac{\underline{U}'_{3N}}{\underline{Z}_3} = \frac{\underline{U}_{3N}}{\underline{Z}_3} - \frac{\underline{U}_N}{\underline{Z}_3}$$

4. Kontrolle der Rechenergebnisse mittels Zeigerbild

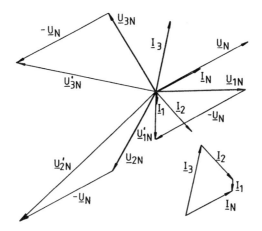

Speziell:

Mit $\underline{Z}_N = 0$ ist $\underline{U}_N = 0$, mit $U_{St} = 220V$

$\underline{U}'_{1N} = \underline{U}_{1N} = 220V$

$\underline{U}'_{2N} = \underline{U}_{2N} = 220V \cdot e^{-j \cdot 120°} = (-110 - j \cdot 190{,}5)V$

$\underline{U}'_{3N} = \underline{U}_{3N} = 220V \cdot e^{j \cdot 120°} = (-110 + j \cdot 190{,}5)V$

$\underline{I}_1 = \dfrac{\underline{U}'_{1N}}{\underline{Z}_1}$

$\underline{I}_2 = \dfrac{\underline{U}'_{2N}}{\underline{Z}_2}$

$\underline{I}_3 = \dfrac{\underline{U}'_{3N}}{\underline{Z}_3}$

mit $\underline{I}_1 + \underline{I}_2 + \underline{I}_3 = \underline{I}_N$

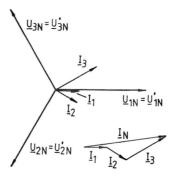

Dreileiternetz mit Generator in Sternschaltung und Verbraucher in Sternschaltung

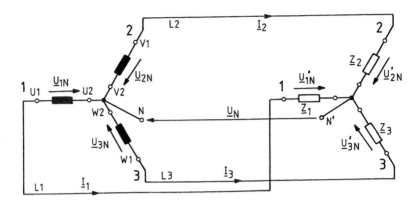

Dreileiternetz mit Generator in Stern und Verbraucher in Stern

Rechenschritte:

1. Berechnung der Spannung $\underline{U}_N$ über dem Sternpunktleiter nach

$$\underline{U}_N = \frac{\dfrac{\underline{U}_{1N}}{\underline{Z}_1} + \dfrac{\underline{U}_{2N}}{\underline{Z}_2} + \dfrac{\underline{U}_{3N}}{\underline{Z}_3}}{\dfrac{1}{\underline{Z}_1} + \dfrac{1}{\underline{Z}_2} + \dfrac{1}{\underline{Z}_3}}$$

2. Ermittlung der Strangspannungen $\underline{U}'_{1N}$, $\underline{U}'_{2N}$ und $\underline{U}'_{3N}$ über den Verbraucherwiderständen $\underline{Z}_1$, $\underline{Z}_2$ und $\underline{Z}_3$ nach

$$\underline{U}'_{1N} = \underline{U}_{1N} - \underline{U}_N$$

$$\underline{U}'_{2N} = \underline{U}_{2N} - \underline{U}_N$$

$$\underline{U}'_{3N} = \underline{U}_{3N} - \underline{U}_N$$

3. Ermittlung der Außenleiterströme $\underline{I}_1$, $\underline{I}_2$ und $\underline{I}_3$ nach

$$\underline{I}_1 = \frac{\underline{U}'_{1N}}{\underline{Z}_1} \qquad \underline{I}_2 = \frac{\underline{U}'_{2N}}{\underline{Z}_2} \qquad \underline{I}_3 = \frac{\underline{U}'_{3N}}{\underline{Z}_3}$$

und Kontrolle der Außenleiterströme mit

$$\underline{I}_1 + \underline{I}_2 + \underline{I}_3 = 0$$

4. Kontrolle der Rechenergebnisse mittels Zeigerbild

7.3 Unsymmetrische verkettete Dreiphasensysteme

Dreileiternetz mit Generator in Dreieckschaltung und Verbraucher in Sternschaltung

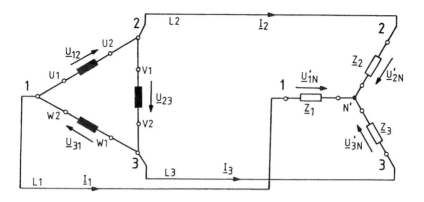

$$\underline{U}'_{1N} = \frac{\dfrac{\underline{U}_{12}}{\underline{Z}_2} - \dfrac{\underline{U}_{31}}{\underline{Z}_3}}{\dfrac{1}{\underline{Z}_1} + \dfrac{1}{\underline{Z}_2} + \dfrac{1}{\underline{Z}_3}} \qquad \underline{I}_1 = \frac{\underline{U}'_{1N}}{\underline{Z}_1}$$

$$\underline{U}'_{2N} = \frac{\dfrac{\underline{U}_{23}}{\underline{Z}_3} - \dfrac{\underline{U}_{12}}{\underline{Z}_1}}{\dfrac{1}{\underline{Z}_1} + \dfrac{1}{\underline{Z}_2} + \dfrac{1}{\underline{Z}_3}} \qquad \underline{I}_2 = \frac{\underline{U}'_{2N}}{\underline{Z}_2}$$

$$\underline{U}'_{3N} = \frac{\dfrac{\underline{U}_{31}}{\underline{Z}_1} - \dfrac{\underline{U}_{23}}{\underline{Z}_2}}{\dfrac{1}{\underline{Z}_1} + \dfrac{1}{\underline{Z}_2} + \dfrac{1}{\underline{Z}_3}} \qquad \underline{I}_3 = \frac{\underline{U}'_{3N}}{\underline{Z}_3}$$

mit $\underline{I}_1 + \underline{I}_2 + \underline{I}_3 = 0$

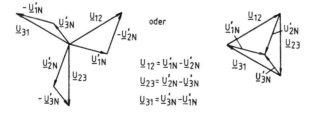

Zeigerbild des Dreileitersystems Dreieck/Stern

Dreileiternetz mit Generator in Stern- oder Dreieckschaltung und Verbraucher in Dreieckschaltung

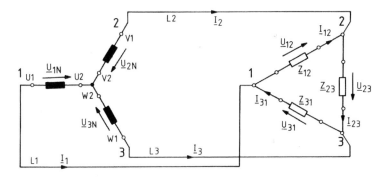

Dreileiternetz mit Generator in Stern und Verbraucher in Dreieck

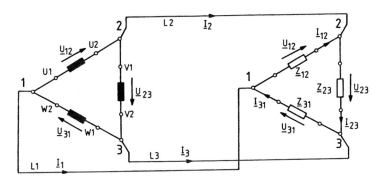

Dreileiternetz mit Generator in Dreieck und Verbraucher in Dreieck

$$\underline{I}_{12} = \frac{\underline{U}_{12}}{\underline{Z}_{12}} \qquad \underline{I}_{23} = \frac{\underline{U}_{23}}{\underline{Z}_{23}} \qquad \underline{I}_{31} = \frac{\underline{U}_{31}}{\underline{Z}_{31}}$$

$$\underline{I}_1 = \underline{I}_{12} - \underline{I}_{31} = \frac{\underline{U}_{12}}{\underline{Z}_{12}} - \frac{\underline{U}_{31}}{\underline{Z}_{31}}$$

$$\underline{I}_2 = \underline{I}_{23} - \underline{I}_{12} = \frac{\underline{U}_{23}}{\underline{Z}_{23}} - \frac{\underline{U}_{12}}{\underline{Z}_{12}}$$

$$\underline{I}_3 = \underline{I}_{31} - \underline{I}_{23} = \frac{\underline{U}_{31}}{\underline{Z}_{31}} - \frac{\underline{U}_{23}}{\underline{Z}_{23}}$$

7.4 Messung der Leistungen des Dreiphasensystems

(Band 2, S.279-282)

Messung der Phasenleistung bei symmetrischer Belastung

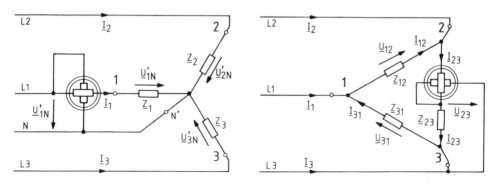

Aronschaltung in der unsymmetrischen Sternschaltung

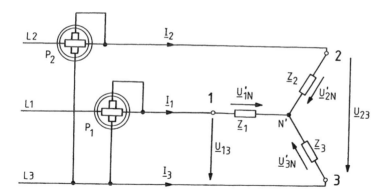

Aronschaltung in der unsymmetrischen Dreieckschaltung

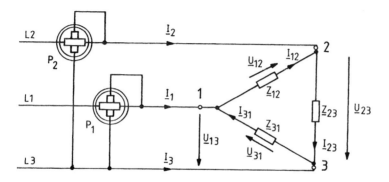

8 Ausgleichsvorgänge in linearen Netzen
8.1 Grundlagen für die Behandlung von Ausgleichsvorgängen
Ausgleichsvorgang (Band 3, S.1-3)

Der Begriff des Ausgleichsvorgangs ist von allgemeiner physikalischer Bedeutung: Wird in einem physikalischen System ein stationärer Vorgang durch einen Eingriff gestört, so erfolgt der Übergang von einem eingeschwungenen Vorgang in einen anderen eingeschwungenen Vorgang nicht sprungartig im Änderungszeitpunkt, sondern stetig. Dieser so genannte Ausgleichsvorgang zwischen zwei eingeschwungenen Vorgängen wird durch das Zeitverhalten einer bestimmten physikalischen Größe beschrieben.

Ausgleichsvorgänge der Elektrotechnik

Die häufigste Ursache von Ausgleichsvorgängen in elektrischen Netzen sind die *Schaltvorgänge*, das sind Ausgleichsvorgänge nach dem Schließen oder Öffnen eines Schalters im Netzwerk.

Aktive Schaltelemente:

ideale Spannungsquelle mit $R_i = 0$
dargestellt durch die Quellspannung:

für Gleichspannung U_q für Wechselspannung $u_q(t)$

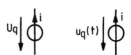

ideale Stromquelle mit $G_i = 0$,
dargestellt durch den Quellstrom:

für Gleichstrom I_q für Wechselstrom $i_q(t)$

Passive Schaltelemente:

ohmscher Widerstand R

$$u_R = R \cdot i_R \quad \text{und} \quad i_R = \frac{1}{R} \cdot u_R = G \cdot u_R$$

Kapazität C

$$i_C = C \cdot \frac{du_C}{dt} \quad \text{und} \quad u_C = \frac{1}{C} \cdot \int_0^t i_C \cdot dt + u_C(0)$$

Induktivität L

$$u_L = L \cdot \frac{di_L}{dt} \quad \text{und} \quad i_L = \frac{1}{L} \cdot \int_0^t u_L \cdot dt + i_L(0)$$

Gegeninduktivität M

$$u_1 = R_1 \cdot i_1 + L_1 \cdot \frac{di_1}{dt} + M \cdot \frac{di_2}{dt}$$

$$u_2 = R_2 \cdot i_2 + L_2 \cdot \frac{di_2}{dt} + M \cdot \frac{di_1}{dt}$$

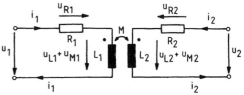

8.2 Berechnung von Ausgleichsvorgängen durch Lösung von Differentialgleichungen (Band 3, S.3-29)

Zusammenfassung der Berechnung eines Ausgleichsvorgangs

Ein Ausgleichsvorgang in einem elektrischen Netz mit Gleich- oder Wechselspannungserregung und mit einem Schalter kann nach folgendem Schema rechnerisch behandelt werden:

1. Aufstellen der Differentialgleichung bzw. Differentialgleichungen ab t = 0
   für den Strom i_L bzw. einer Spannung u_C
2. Bestimmung des zu erwartenden eingeschwungenen Vorgangs für t → ∞,
   das entspricht einer Gleichstrom- oder Wechselstromberechnung
   (Dieser Rechenschritt entfällt, wenn die Differentialgleichung homogen ist.)
3. Lösung der zugehörigen homogenen Differentialgleichung mit dem $e^{\lambda t}$-Ansatz
   (flüchtiger Vorgang)
   Bei Differentialgleichungen erster Ordnung kann auf den $e^{\lambda t}$-Ansatz verzichtet werden, weil die Lösung immer $K \cdot e^{-t/\tau}$ ist, wobei τ aus der Differentialgleichung abgelesen werden kann:
   τ ist gleich dem Quotient des Koeffizienten der Ableitung dividiert durch den Koeffizienten der Stammfunktion.
4. Bestimmung der Konstanten mit den Anfangsbedingungen nach
   $i_L(0_-) = i_L(0_+) = i_{Le}(0_+) + i_{Lf}(0_+)$
   $u_C(0_-) = u_C(0_+) = u_{Ce}(0_+) + u_{Cf}(0_+)$
   und Einsetzen der Konstanten in die allgemeine Lösung
5. Überlagerung des eingeschwungenen Vorgangs und des flüchtigen Vorgangs zum Ausgleichsvorgang
   (Ist der eingeschwungene Vorgang Null, dann entfällt selbstverständlich die Überlagerung.)
6. Weitere Berechnungen, grafische Darstellungen der Zeitverläufe und ähnliches

Beispiel 1:

Übergangsfunktion einer RC-Schaltung

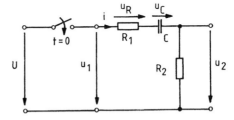

Zu 1. $(R_1 + R_2) \cdot C \cdot \dfrac{du_C}{dt} + u_C = U$

Zu 2. $u_{Ce} = U$

Zu 3. $(R_1 + R_2) \cdot C \cdot \dfrac{du_{Cf}}{dt} + u_{Cf} = 0$

$u_{Cf} = K \cdot e^{-t/\tau}$ mit $\tau = (R_1 + R_2) \cdot C$

Zu 4. $u_C(0_-) = u_C(0_+) = u_{Ce}(0_+) + u_{Cf}(0_+)$

$0 = U + K$ d. h. $K = -U$ $u_{Cf} = -U \cdot e^{-t/\tau}$

Zu 5. $u_C = u_{Ce} + u_{Cf} = U - U \cdot e^{-t/\tau} = U \cdot (1 - e^{-t/\tau})$

Zu 6. $u_2 = R_2 \cdot i = R_2 \cdot C \cdot \dfrac{du_C}{dt} = \dfrac{R_2}{R_1 + R_2} \cdot U \cdot e^{-t/\tau}$

Beispiel 2:

Einschaltvorgang einer Wechselspannung

Zu 1.

$$R_1 \cdot i_1 + R_L \cdot i_L + L \frac{di_L}{dt} = u$$

mit

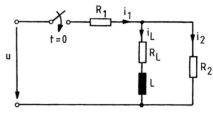

$$i_1 = i_L + i_2 = i_L + \frac{R_L \cdot i_L + L \frac{di_L}{dt}}{R_2}$$

$$\left(R_1 + \frac{R_1}{R_2} \cdot R_L + R_L\right) \cdot i_L + L \cdot \left(\frac{R_1}{R_2} + 1\right) \cdot \frac{di_L}{dt} = R_{ers} \cdot i_L + L_{ers} \cdot \frac{di_L}{dt} = \hat{u} \cdot \sin(\omega t + \varphi_u)$$

Zu 2.

$$R_{ers} \cdot i_{Le} + L_{ers} \cdot \frac{di_{Le}}{dt} = \hat{u} \cdot \sin(\omega t + \varphi_u) \qquad R_{ers} \cdot \underline{i}_{Le} + j\omega L_{ers} \cdot \underline{i}_{Le} = \hat{u} \cdot e^{j(\omega t + \varphi_u)}$$

$$\underline{i}_{Le} = \frac{\hat{u} \cdot e^{j(\omega t + \varphi_u)}}{R_{ers} + j\omega L_{ers}} = \frac{\hat{u} \cdot e^{j(\omega t + \varphi_u - \varphi)}}{\sqrt{R_{ers}^2 + (\omega \cdot L_{ers})^2}} = \frac{\hat{u}}{Z_{ers}} \cdot e^{j(\omega t + \varphi_u - \varphi)}$$

$$i_{Le} = \frac{\hat{u}}{Z_{ers}} \cdot \sin(\omega t + \varphi_u - \varphi) = \hat{i}_{Le} \cdot \sin(\omega t + \varphi_{ie})$$

mit $\quad \varphi = \arctan \frac{\omega L_{ers}}{R_{ers}} \quad$ und $\quad Z_{ers} = \sqrt{R_{ers}^2 + (\omega \cdot L_{ers})^2}$

Zu 3.

$$R_{ers} \cdot i_{Lf} + L_{ers} \cdot \frac{di_{Lf}}{dt} = 0 \qquad i_{Lf} = K \cdot e^{-t/\tau} \qquad \tau = \frac{L_{ers}}{R_{ers}} \quad \text{bzw.} \quad \omega\tau = \frac{\omega L_{ers}}{R_{ers}} = \frac{X_{Lers}}{R_{ers}}$$

Zu 4.

$$i_L(0_-) = i_L(0_+) = i_{Le}(0_+) + i_{Lf}(0_+)$$

$$0 = \frac{\hat{u}}{Z_{ers}} \cdot \sin(\varphi_u - \varphi) + K, \qquad K = -\frac{\hat{u}}{Z_{ers}} \cdot \sin(\varphi_u - \varphi) = -\frac{\hat{u}}{Z_{ers}} \cdot \sin\varphi_{ie}$$

$$i_{Lf} = -\frac{\hat{u}}{Z_{ers}} \cdot \sin\varphi_{ie} \cdot e^{-t/\tau}$$

Zu 5.

$$i_L = i_{Le} + i_{Lf}$$

$$i_L = \frac{\hat{u}}{Z_{ers}} \cdot \left[\sin(\omega t + \varphi_{ie}) - \sin\varphi_{ie} \cdot e^{-t/\tau}\right]$$

Zu 6.

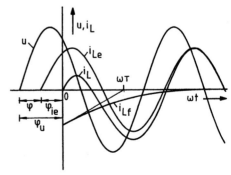

8.2 Berechnung von Ausgleichsvorgängen

Beispiel 3:

Entladung eines Kondensators mittels einer Spule

Zu 1.
$$\frac{d^2 u_C}{dt^2} + \frac{R}{L} \cdot \frac{du_C}{dt} + \frac{1}{L \cdot C} \cdot u_C = 0$$

$$\frac{d^2 i}{dt^2} + \frac{R}{L} \cdot \frac{di}{dt} + \frac{1}{L \cdot C} \cdot i = 0$$

Zu 2.
$$u_{Ce} = 0 \qquad i_e = 0$$

Zu 3.
$$\frac{d^2 u_{Cf}}{dt^2} + \frac{R}{L} \cdot \frac{du_{Cf}}{dt} + \frac{1}{L \cdot C} \cdot u_{Cf} = 0$$

$e^{\lambda t}$-Ansatz: $\quad u_{Cf} = K \cdot e^{\lambda t} \qquad \frac{du_{Cf}}{dt} = K \cdot \lambda \cdot e^{\lambda t} \qquad \frac{d^2 u_{Cf}}{dt^2} = K \cdot \lambda^2 \cdot e^{\lambda t}$

charakteristische Gleichung: $\qquad \lambda^2 + \frac{R}{L} \cdot \lambda + \frac{1}{L \cdot C} = 0$

$$\lambda_{1,2} = -\frac{R}{2L} \pm \sqrt{\left(\frac{R}{2L}\right)^2 - \frac{1}{L \cdot C}} = -\delta \pm \sqrt{\delta^2 - \omega_0^2} = -\delta \pm \kappa$$

mit $\qquad \kappa = \sqrt{\delta^2 - \omega_0^2} \qquad\qquad \delta = \frac{R}{2L} \qquad$ Abklingkonstante

$$\omega_0 = \frac{1}{\sqrt{LC}} \qquad \begin{array}{l}\text{Resonanzkreisfrequenz}\\ \text{der stationären Schwingung}\end{array}$$

für $\lambda_1 \neq \lambda_2$:

    entweder reell und von einander verschieden (aperiodischer Fall)

    oder konjugiert komplex (periodischer Fall, Schwingfall)

$$u_{Cf} = K_1 \cdot e^{\lambda_1 t} + K_2 \cdot e^{\lambda_2 t}$$

$$i_f = C \cdot \frac{du_{Cf}}{dt} = C \cdot (K_1 \cdot \lambda_1 \cdot e^{\lambda_1 t} + K_2 \cdot \lambda_2 \cdot e^{\lambda_2 t})$$

für $\lambda_1 = \lambda_2 = \lambda$:

    eine reelle Doppelwurzel (aperiodischer Grenzfall)

      Variation der Konstanten: $u_{Cf} = K(t) \cdot e^{\lambda t}$

$$u_{Cf} = (K_1 + K_2 \cdot t) \cdot e^{\lambda t}$$

$$i_f = C \cdot \frac{du_{Cf}}{dt} = C \cdot (K_2 + \lambda \cdot K_1 + \lambda \cdot K_2 \cdot t) \cdot e^{\lambda t}$$

Zu 4.

$\lambda_1 \neq \lambda_2$:

$$u_C(0_-) = u_C(0_+) = u_{Ce}(0_+) + u_{Cf}(0_+)$$

$$-U_q = 0 + K_1 + K_2$$

$$i(0_-) = i(0_+) = i_e(0_+) + i_f(0_+)$$

$$0 = 0 + C \cdot (K_1 \cdot \lambda_1 + K_2 \cdot \lambda_2)$$

$$K_1 = \frac{U_q \cdot \lambda_2}{\lambda_1 - \lambda_2} \qquad K_2 = -\frac{U_q \cdot \lambda_1}{\lambda_1 - \lambda_2}$$

$$u_C = u_{Cf} = \frac{U_q}{\lambda_1 - \lambda_2} \cdot \left(\lambda_2 \cdot e^{\lambda_1 t} - \lambda_1 \cdot e^{\lambda_2 t}\right)$$

$$i = i_f = \frac{\lambda_1 \cdot \lambda_2}{\lambda_1 - \lambda_2} \cdot C \cdot U_q \cdot \left(e^{\lambda_1 t} - e^{\lambda_2 t}\right)$$

mit $\lambda_{1,2} = -\delta \pm \kappa$

$\lambda_1 = \lambda_2 = \lambda$:

$$u_C(0_-) = u_C(0_+) = u_{Ce}(0_+) + u_{Cf}(0_+)$$

$$-U_q = 0 + K_1$$

$$i(0_-) = i(0_+) = i_e(0_+) + i_f(0_+)$$

$$0 = C \cdot (K_2 + \lambda \cdot K_1)$$

$$K_1 = -U_q \qquad K_2 = \lambda \cdot U_q$$

$$u_C = u_{Cf} = -U_q \cdot (1 - \lambda \cdot t) \cdot e^{\lambda t}$$

$$i = i_f = C \cdot U_q \cdot \lambda^2 \cdot t \cdot e^{\lambda t}$$

mit $\lambda_1 = \lambda_2 = \lambda = -\delta$

Zu 5.

$u_C = u_{Cf}$ $\qquad i = i_f$

8.2 Berechnung von Ausgleichsvorgängen

Zu 6.

Interpretation der Lösungen:

Aperiodischer Fall:

$\delta > \omega_0$

$$\frac{R}{2L} > \frac{1}{\sqrt{LC}} \qquad R > 2 \cdot \sqrt{\frac{L}{C}}$$

$$i(\delta t) = \frac{U_q}{\kappa \cdot L} \cdot e^{-\delta t} \cdot \sinh\frac{\kappa}{\delta}(\delta t)$$

$$u_C(\delta t) = -U_q \cdot e^{-\delta t} \cdot \left[\frac{\delta}{\kappa} \cdot \sinh\frac{\kappa}{\delta}(\delta t) + \cosh\frac{\kappa}{\delta}(\delta t)\right]$$

Aperiodischer Grenzfall:

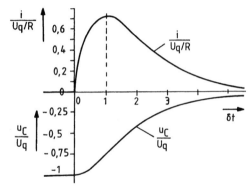

$\delta = \omega_0 = \frac{R}{2L}$

$$\frac{R}{2L} = \frac{1}{\sqrt{LC}} \qquad R = 2 \cdot \sqrt{\frac{L}{C}}$$

$$i(\delta t) = \frac{U_q}{R} \cdot 2 \cdot (\delta t) \cdot e^{-\delta t}$$

$$\text{bei } (\delta t) = 1 \quad i_{max} = = 0{,}736 \cdot \frac{U_q}{R}$$

$$u_C(\delta t) = -U_q \cdot [1 + (\delta t)] \cdot e^{-\delta t}$$

Periodischer Fall – Schwingfall:

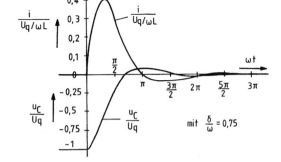

$\delta < \omega_0$

$$\frac{R}{2L} < \frac{1}{\sqrt{LC}} \qquad R < 2 \cdot \sqrt{\frac{L}{C}}$$

$$i(\omega t) = \frac{U_q}{\omega L} \cdot e^{-\frac{\delta}{\omega}(\omega t)} \cdot \sin\omega t$$

$$u_C(\omega t) = -U_q \cdot e^{-\delta t} \cdot \left[\frac{\delta}{\omega} \cdot \sin\omega t + \cos\omega t\right] = -U_q \cdot \sqrt{\left(\frac{\delta}{\omega}\right)^2 + 1} \cdot e^{-\frac{\delta}{\omega}(\omega t)} \cdot \sin(\omega t + \varphi)$$

8.3 Berechnung von Ausgleichsvorgängen mit Hilfe der Laplace-Transformation

8.3.1 Grundlagen für die Behandlung der Ausgleichsvorgänge mittels Laplace-Transformation (Band 3, S.30-50)

Transformation

$$L\{f(t)\} = \int_{+0}^{\infty} f(t) \cdot e^{-s\cdot t} \cdot dt = F(s)$$

Beispiele für die Transformationen von Zeitfunktionen:

1. Transformation einer Sprungfunktion

$$u(t) = U \cdot \sigma(t) = \begin{cases} 0 & \text{für } t<0 \\ U & \text{für } t>0 \end{cases}$$

$$L\{U \cdot \sigma(t)\} = \frac{U}{s}$$

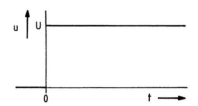

2. Transformation einer Rampenfunktion

$$u(t) = \begin{cases} 0 & \text{für } t \leq 0 \\ (U/T) \cdot t & \text{für } t > 0 \end{cases}$$

$$L\left\{\frac{U}{T} \cdot t\right\} = \frac{U}{T} \cdot \frac{1}{s^2}$$

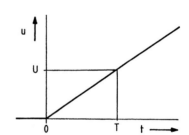

3. Transformation einer Exponentialfunktion

$$u(t) = \begin{cases} 0 & \text{für } t<0 \\ U \cdot e^{-t/\tau} & \text{für } t>0 \end{cases}$$

$$L\{U \cdot e^{-t/\tau}\} = U \cdot \frac{1}{s+1/\tau} = U \cdot \frac{\tau}{1+s\cdot\tau}$$

Erweiterung:

$$L\{U \cdot (1-e^{-t/\tau})\} = U \cdot \frac{1}{s\cdot(1+s\cdot\tau)}$$

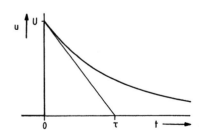

Rücktransformation

$$f(t) = L^{-1}\{F(s)\} = \frac{1}{2\pi \cdot j} \cdot \int_{c-j\cdot\infty}^{c+j\cdot\infty} F(s) \cdot e^{s\cdot t} \cdot ds$$

8.3 Berechnung von Ausgleichsvorgängen mit Hilfe der Laplace-Transformation

Laplace-Transformierte der Ableitung einer Funktion

$$L\{f'(t)\} = s \cdot L\{f(t)\} - f(0)$$

$$L\{f''(t)\} = s^2 \cdot L\{f(t)\} - s \cdot f(0) - f'(0)$$

$$L\{f'''(t)\} = s^3 \cdot L\{f(t)\} - s^2 \cdot f(0) - s \cdot f'(0) - f''(0)$$

$$L\{f^{(n)}(t)\} = s^n \cdot L\{f(t)\} - s^{n-1} \cdot f(0) - s^{n-2} \cdot f'(0) - \ldots - s \cdot f^{(n-2)}(0) - f^{(n-1)}(0)$$

Beispiele:

$$L\left\{C \cdot \frac{du_C(t)}{dt}\right\} = C \cdot [s \cdot U_C(s) - u_C(0)]$$

$$L\left\{LC \cdot \frac{d^2 u_C(t)}{dt^2}\right\} = LC \cdot [s^2 \cdot U_C(s) - s \cdot u_C(0) - u'_C(0)]$$

Hat die Zeitfunktion f(t) der Differentialgleichung an der Stelle t = 0 eine Sprungstelle, dann ist die Lösung der Differentialgleichung mit Hilfe der Laplace-Transformation auch möglich, weil die Laplace-Transformation die Zeitfunktionen erst ab t = 0$_+$ erfasst. Dann ist der rechtsseitige Grenzwert $f(0_+)$ zu berücksichtigen:

$$L\{f'(t)\} = s \cdot L\{f(t)\} - f(0_+),$$

aber die Laplace-Transformierte der Ableitung der Sprungfunktion, also des Dirac-Impulses, auch Dirac'sche Deltafunktion genannt, ist

$$L\{\dot{\sigma}(t)\} = L\{\delta(t)\} = 1$$

Laplace-Transformierte des Integrals einer Funktion

$$L\left\{\int_0^t f(t) \cdot dt\right\} = \frac{1}{s} \cdot L\{f(t)\}$$

$$L\left\{\int f(t) \cdot dt\right\} = \frac{1}{s} \cdot L\{f(t)\} + \frac{f^{-1}(0)}{s} \quad \text{mit} \quad f^{-1}(0) = \left[\int f(t) \cdot dt\right]_{t=0}$$

Beispiele:

$$L\left\{\int_0^t e^{-t/\tau} \cdot dt\right\} = \frac{1}{s} \cdot L\{e^{-t/\tau}\} = \frac{1}{s \cdot (s + 1/\tau)}$$

$$L\left\{\int e^{-t/\tau} \cdot dt\right\} = \frac{1}{s} \cdot L\{e^{-t/\tau}\} + \frac{1}{s} \cdot \left[\int e^{-t/\tau} \cdot dt\right]_{t=0} = \frac{-\tau}{s + 1/\tau}$$

mit $\quad L\{e^{-t/\tau}\} = \dfrac{1}{s + 1/\tau} \quad$ und $\quad \left[\int e^{-t/\tau} \cdot dt\right]_{t=0} = \left[\dfrac{e^{-t/\tau}}{-1/\tau}\right]_{t=0} = -\tau$

Berechnung von Ausgleichsvorgängen bei verschwindenden Anfangsbedingungen

$$L\{f'(t)\} = s \cdot L\{f(t)\} \qquad \text{mit} \quad f(0) = 0$$

$$L\left\{\int f(t) \cdot dt\right\} = \frac{1}{s} \cdot L\{f(t)\} \qquad \text{mit} \quad f^{-1}(0) = \left[\int f(t) \cdot dt\right]_{t=0} = 0$$

	ohmscher Widerstand	induktiver Widerstand	kapazitiver Widerstand
Zeitbereich (Originalbereich)	$u = R \cdot i$ $i = \dfrac{u}{R} = G \cdot u$	$u = L \cdot \dfrac{di}{dt}$ $u = M \cdot \dfrac{di}{dt}$ $i = \dfrac{1}{L} \cdot \int u \cdot dt$ $i = \dfrac{1}{M} \cdot \int u \cdot dt$	$u = \dfrac{1}{C} \cdot \int i \cdot dt$ $i = C \cdot \dfrac{du}{dt}$
komplexer Bereich (Bildbereich)	$U(s) = R \cdot I(s)$ $I(s) = \dfrac{U(s)}{R} = G \cdot U(s)$	$U(s) = sL \cdot I(s)$ $U(s) = sM \cdot I(s)$ $I(s) = \dfrac{U(s)}{sL}$ $I(s) = \dfrac{U(s)}{sM}$	$U(s) = \dfrac{I(s)}{sC}$ $I(s) = sC \cdot U(s)$

Alle Zeitfunktionen werden in entsprechende Laplace-Transformierte überführt.

Ohmsche Widerstände R bleiben im Schaltbild unverändert, da der Operator zwischen der Laplace-Transformierten von Strom und Spannung R ist.

Induktivitäten L und Gegeninduktivitäten M werden wie induktive Widerstände mit den komplexen Operatoren sL und sM behandelt. Die Operatoren ersetzen im Schaltbild L und M.

Kapazitäten C werden als kapazitive Widerstände mit dem Operator 1/sC berücksichtigt, weil die Laplace-Transformierte des Stroms durch Multiplikation mit dem Operator 1/sC in die Laplace-Transformierte der Spannung überführt wird. Anstelle von C wird im Schaltbild 1/sC geschrieben.

Nachdem die Operatoren im Schaltbild eingetragen sind, werden die Netzberechnungshilfen Spannungs- und Stromteilerregel (siehe S. 96) angewendet, wodurch sich algebraische Gleichungen für die Laplace-Transformierten ergeben, die dann gelöst werden.

Die Lösungen für die Laplace-Transformierten werden dann mit Hilfe der Laplace-Korrespondenzen in den Zeitbereich rücktransformiert.

8.3.2 Lösungsmethoden für die Berechnung von Ausgleichsvorgängen

(Band 3, S.51-91)

Verfahren 1: **Lösung der Differentialgleichung im Zeitbereich**

Verfahren 2: **Lösung der Differentialgleichung mit Hilfe der Laplace-Transformation**

Verfahren 3: **Lösungsmethode mit Operatoren - Symbolische Methode**
(anwendbar nur bei verschwindenden Anfangsbedingungen)

Rechenschema

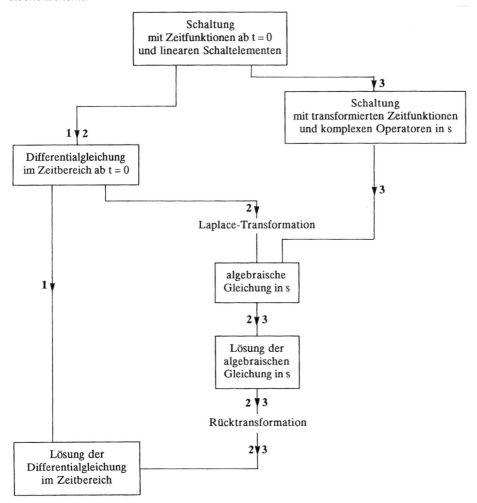

Beispiel 1:

(Verfahren 2)

$$u_C + (R_r + R_p) \cdot C \cdot \frac{du_C}{dt} = 0$$

$$U_C(s) + (R_r + R_p) \cdot C \cdot [s \cdot U_C(s) - u_C(0)] = 0$$

$$\text{mit} \quad u_C(0) = R_p \cdot \frac{U_q}{R_i + R_p}$$

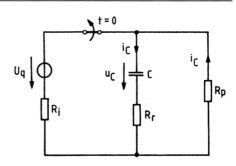

$$U_C(s) + (R_r + R_p) \cdot C \cdot s \cdot U_C(s) - \frac{(R_r + R_p) \cdot C \cdot R_p \cdot U_q}{R_i + R_p} = 0$$

$$U_C(s) = \frac{(R_r + R_p) \cdot C \cdot R_p \cdot U_q}{R_i + R_p} \cdot \frac{1}{1 + s \cdot (R_r + R_p) \cdot C}$$

Mit der Korrespondenz Nr. 48

$$L^{-1}\left\{\frac{1}{1 + sT}\right\} = \frac{1}{T} e^{-t/T}$$

ist

$$u_C(t) = \frac{(R_r + R_p) \cdot C \cdot R_p \cdot U_q}{R_i + R_p} \cdot \frac{1}{(R_r + R_p) \cdot C} \cdot e^{-t/\tau} = \frac{R_p \cdot U_q}{R_i + R_p} \cdot e^{-t/\tau}$$

Beispiel 2:

(Verfahren 3)

$$\frac{U_C(s)}{U_1(s)} = \frac{\frac{1}{sC}}{R + sL + \frac{1}{sC}}$$

$$U_C(s) = \frac{1}{sRC + s^2LC + 1} \cdot U_1(s)$$

mit $U_1(s) = \dfrac{U}{s}$

$$U_C(s) = \frac{U}{LC} \cdot \frac{1}{s \cdot \left(s^2 + \dfrac{R}{L}s + \dfrac{1}{LC}\right)}$$

mit $s^2 + \dfrac{R}{L}s + \dfrac{1}{LC} = 0$

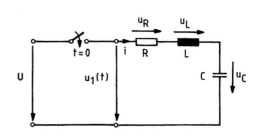

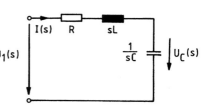

$$s_{1,2} = -\frac{R}{2L} \pm \sqrt{\left(\frac{R}{2L}\right)^2 - \frac{1}{LC}} = -\delta \pm \sqrt{\delta^2 - \omega_0^2} = -\delta \pm \kappa$$

8.3 Berechnung von Ausgleichsvorgängen mit Hilfe der Laplace-Transformation

Aperiodischer Fall:

für $s_1 \neq s_2$ ist

$$U_C(s) = \frac{U}{LC} \cdot \frac{1}{s \cdot (s - s_1)(s - s_2)}$$

nach Korrespondenz Nr. 37

$$L^{-1}\left\{\frac{1}{s(s-a)(s-b)}\right\} = \frac{1}{ab} \cdot \left[1 + \frac{1}{a-b}(be^{at} - ae^{bt})\right]$$

mit $a = s_1$ und $b = s_2$

$$u_C(t) = \frac{U}{LC} \cdot \frac{1}{s_1 \cdot s_2} \cdot \left[1 + \frac{1}{s_1 - s_2}\left(s_2 \cdot e^{s_1 t} - s_1 \cdot e^{s_2 t}\right)\right]$$

mit $s_1 = -\delta + \kappa$, $s_2 = -\delta - \kappa$ und $s_1 - s_2 = 2\kappa$

und $s_1 \cdot s_2 = \delta^2 - \kappa^2 = \delta^2 - \delta^2 + \omega_0^2 = \omega_0^2 = \frac{1}{LC}$

$$u_C(t) = U \cdot \left\{1 + \frac{1}{2\kappa}\left[(-\delta - \kappa) \cdot e^{(-\delta + \kappa)t} - (-\delta + \kappa) \cdot e^{(-\delta - \kappa)t}\right]\right\}$$

$$u_C(t) = U \cdot \left\{1 - e^{-\delta t} \cdot \left[\frac{\delta}{\kappa} \cdot \frac{e^{\kappa t} - e^{-\kappa t}}{2} + \frac{e^{\kappa t} + e^{-\kappa t}}{2}\right]\right\}$$

$$u_C(t) = U \cdot \left\{1 - e^{-\delta t} \cdot \left[\frac{\delta}{\kappa} \cdot \sinh(\kappa t) + \cosh(\kappa t)\right]\right\}$$

$$u_C(\delta t) = U \cdot \left\{1 - e^{-\delta t} \cdot \left[\frac{\delta}{\kappa} \cdot \sinh\frac{\kappa}{\delta}(\delta t) + \cosh\frac{\kappa}{\delta}(\delta t)\right]\right\}$$

$$i(\delta t) = \frac{U}{\kappa \cdot L} \cdot e^{-\delta t} \cdot \sinh\frac{\kappa}{\delta}(\delta t)$$

mit $\kappa = \sqrt{\delta^2 - \frac{1}{LC}}$

und $\delta = \frac{R}{2L}$

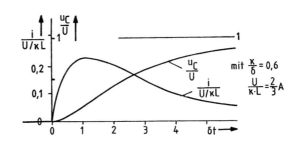

Periodischer Fall – Schwingfall:

mit $\kappa = j\omega$ ist

$$u_C(t) = U \cdot \left\{ 1 - e^{-\delta t} \cdot \left[\frac{\delta}{j\omega} \cdot \sinh(j\omega t) + \cosh(j\omega t) \right] \right\}$$

mit $\sinh(j\omega t) = j \cdot \sin \omega t$ und $\cosh(j\omega t) = \cos \omega t$

$$u_C(\omega t) = U \cdot \left\{ 1 - e^{-\delta t} \cdot \left[\frac{\delta}{\omega} \cdot \sin \omega t + \cos \omega t \right] \right\}$$

$$u_C(\omega t) = U \cdot \left\{ 1 - \sqrt{\left(\frac{\delta}{\omega}\right)^2 + 1} \cdot e^{-\frac{\delta}{\omega}(\omega t)} \cdot \sin(\omega t + \varphi) \right\}$$

$$i(\omega t) = \frac{U}{\omega L} \cdot e^{-\frac{\delta}{\omega}(\omega t)} \cdot \sin \omega t$$

mit $\omega = \sqrt{\frac{1}{LC} - \delta^2}$

und $\delta = \frac{R}{2L}$

und $\varphi = \arctan \frac{\omega}{\delta}$

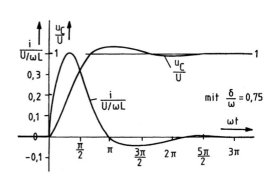

mit $\frac{\delta}{\omega} = 0{,}75$

Aperiodischer Grenzfall:

für $s_1 = s_2 = s_{12}$ ist

$$U_C(s) = \frac{U}{LC} \cdot \frac{1}{s \cdot (s - s_{12})^2}$$

nach Korrespondenz Nr. 35

$$L^{-1}\left\{ \frac{1}{s(s-a)^2} \right\} = \frac{1}{a^2} \cdot \left[1 + (at - 1)e^{at} \right]$$

mit $a = s_{12}$

$$u_C(t) = \frac{U}{LC} \cdot \frac{1}{s_{12}^2} \cdot \left[1 + (s_{12} \cdot t - 1) \cdot e^{s_{12} t} \right]$$

mit $s_{12} = -\delta = -\omega_0$ und $s_{12}^2 = \frac{1}{LC}$

$$u_C(\delta t) = U \cdot \left\{ 1 - [1 + (\delta t)] \cdot e^{-\delta t} \right\}$$

$$i(\delta t) = \frac{U}{R} \cdot 2 \cdot (\delta t) \cdot e^{-\delta t}$$

mit $\delta = \frac{R}{2L}$

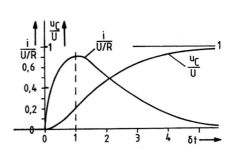

8.3 Berechnung von Ausgleichsvorgängen mit Hilfe der Laplace-Transformation

Operationen

Nr.	F(s)	f(t)
1	$F(s) = \int\limits_{+0}^{\infty} f(t) \cdot e^{-s \cdot t} \cdot dt$	f(t)
2	$s \cdot F(s) - f(0_+)$	$\dfrac{df(t)}{dt} = f'(t) \, dt$
3	$s \cdot F_S(s) - f(0_-)$	
4	$s^2 \cdot F(s) - s \cdot f(0_+) - f'(0_+)$	$\dfrac{d^2 f(t)}{dt^2} = f''(t)$
5	$s^3 \cdot F(s) - s^2 \cdot f(0_+) - s \cdot f'(0_+) - f''(0_+)$	$\dfrac{d^3 f(t)}{dt^3} = f'''(t)$
6	$s^n \cdot F(s) - s^{n-1} \cdot f(0_+) - s^{n-2} \cdot f'(0_+) - \ldots$ $\ldots - s \cdot f^{(n-2)}(0_+) - f^{(n-1)}(0_+)$	$\dfrac{d^{(n)} f(t)}{dt^n} = f^{(n)}(t)$
7	$\dfrac{1}{s} \cdot F(s)$	$\int\limits_0^t f(t) \cdot dt$
8	$\dfrac{1}{s} \cdot F(s) + \dfrac{1}{s} \cdot \left[\int f(t) \cdot dt \right]_{t=0}$	$\int f(t) \cdot dt$
9	$a \cdot F(s)$	$a \cdot f(t)$
10	$a_1 \cdot F_1(s) + a_2 \cdot F_2(s) + \ldots a_n \cdot F_n(s)$	$a_1 \cdot f_1(t) + a_2 \cdot f_2(t) + \ldots + a_n \cdot f_n(t)$
11	$\dfrac{1}{a} \cdot F\left(\dfrac{s}{a}\right)$	$f(a \cdot t)$ mit $a > 0$, reell
12	$a \cdot F(a \cdot s)$	$f\left(\dfrac{t}{a}\right)$ mit $a > 0$, reell
13 14	$F(s - a)$ bzw. $F(s + a)$	$e^{at} \cdot f(t)$ bzw. $e^{-at} \cdot f(t)$ mit a beliebig
15	$F(a \cdot s - b)$	$\dfrac{1}{a} \cdot e^{\frac{b}{a} t} \cdot f\left(\dfrac{t}{a}\right)$ mit $a > 0$, b komplex
16	$e^{-a \cdot s} \cdot \left[F(s) + \int\limits_{-a}^{0} f(x) \cdot e^{-s \cdot x} \cdot dx \right]$	$f(t - a)$ mit $a \geq 0$
17	$e^{a \cdot s} \cdot \left[F(s) - \int\limits_{0}^{a} f(x) \cdot e^{-s \cdot x} \cdot dx \right]$	$f(t + a)$ mit $a \geq 0$
18	$F_1(s) \cdot F_2(s)$	$f_1(t) * f_2(t) = \int\limits_0^t f_1(\tau) \cdot f_2(t - \tau) \cdot d\tau$
19 20	$\dfrac{dF(s)}{ds}$ bzw. $\dfrac{d^n F(s)}{ds^n}$	$-t \cdot f(t)$ bzw. $(-1)^n \cdot t^n \cdot f(t)$
21	$\int\limits_s^{\infty} F(s) \cdot ds$	$\dfrac{1}{t} \cdot f(t)$

Korrespondenzen der Laplace-Transformation

Nr.	F(s)	f(t)
22	0	0
23	1	$\delta(t)$
24	e^{-as} für $a > 0$	$\delta(t-a)$
25	$\dfrac{1}{s}$	$\sigma(t)$ bzw. 1
26	$\dfrac{1}{s}e^{-as}$	$\sigma(t-a)$
27	$\dfrac{1}{s^2}$	t
28, 29	$\dfrac{1}{s^3}$ bzw. $\dfrac{1}{s^{n+1}}$ mit $n = 0,1,\ldots$	$\dfrac{1}{2}t^2$ bzw. $\dfrac{t^n}{n!}$
30	$\dfrac{1}{s-a}$	e^{at} $\quad$ a beliebig, z.B. $a = \delta \pm j\omega$
31	$\dfrac{1}{(s-a)^2}$	te^{at}
32	$\dfrac{1}{(s-a)^{n+1}}$	$\dfrac{t^n}{n!}e^{at}$
33	$\dfrac{1}{s(s-a)}$	$\dfrac{1}{a}(e^{at} - 1)$
34	$\dfrac{1}{(s-a)(s-b)}$	$\dfrac{1}{a-b}(e^{at} - e^{bt})$
35	$\dfrac{1}{s(s-a)^2}$	$\dfrac{1}{a^2}[1 + (at-1)e^{at}]$
36	$\dfrac{1}{s^2(s-a)}$	$\dfrac{1}{a^2}(e^{at} - 1 - at)$
37	$\dfrac{1}{s(s-a)(s-b)}$	$\dfrac{1}{ab}\left[1 + \dfrac{1}{a-b}(be^{at} - ae^{bt})\right]$
38	$\dfrac{1}{(s-a)(s-b)(s-c)}$	$\dfrac{e^{at}}{(b-a)(c-a)} + \dfrac{e^{bt}}{(c-b)(a-b)} + \dfrac{e^{ct}}{(a-c)(b-c)}$
39	$\dfrac{1}{(s-a)(s-b)^2}$	$\dfrac{e^{at} - [1 + (a-b)t]e^{bt}}{(a-b)^2}$
40	$\dfrac{s}{(s-a)^2}$	$(1+at)e^{at}$
41	$\dfrac{s}{(s-a)(s-b)}$	$\dfrac{1}{a-b}(ae^{at} - be^{bt})$
42	$\dfrac{s}{(s-a)(s-b)(s-c)}$	$\dfrac{ae^{at}}{(b-a)(c-a)} + \dfrac{be^{bt}}{(c-b)(a-b)} + \dfrac{ce^{ct}}{(a-c)(b-c)}$
43	$\dfrac{s}{(s-a)(s-b)^2}$	$\dfrac{ae^{at} - [a + b(a-b)t]e^{bt}}{(a-b)^2}$

8.3 Berechnung von Ausgleichsvorgängen mit Hilfe der Laplace-Transformation

Nr.	F(s)	f(t)
44	$\dfrac{s}{(s-a)^3}$	$\left(t + \dfrac{1}{2}at^2\right)e^{at}$
45	$\dfrac{s^2}{(s-a)^3}$	$\left(1 + 2at + \dfrac{1}{2}a^2t^2\right)e^{at}$
46	$\dfrac{s^2}{(s-a)(s-b)(s-c)}$	$\dfrac{a^2 e^{at}}{(b-a)(c-a)} + \dfrac{b^2 e^{bt}}{(c-b)(a-b)} + \dfrac{c^2 e^{ct}}{(a-c)(b-c)}$
47	$\dfrac{s^2}{(s-a)(s-b)^2}$	$\dfrac{a^2 e^{at} - [2ab - b^2 + b^2(a-b)t]e^{bt}}{(a-b)^2}$
48	$\dfrac{1}{1+sT}$	$\dfrac{1}{T}e^{-t/T}$
49	$\dfrac{1}{s(1+sT)}$	$1 - e^{-t/T}$
50	$\dfrac{1}{(1+sT)^2}$	$\dfrac{1}{T^2} t\, e^{-t/T}$
51	$\dfrac{1}{s^2(1+sT)}$	$t - T(1 - e^{-t/T})$
52	$\dfrac{1}{s(1+sT)^2}$	$1 - \dfrac{T+t}{T} e^{-t/T}$
53	$\dfrac{1}{(1+sT)^3}$	$\dfrac{1}{2T^3} t^2 e^{-t/T}$
54	$\dfrac{1}{(1+sT_1)(1+sT_2)}$	$\dfrac{1}{T_1 - T_2}\left(e^{-t/T_1} - e^{-t/T_2}\right)$
55	$\dfrac{1}{s(1+sT_1)(1+sT_2)}$	$1 + \dfrac{1}{T_2 - T_1}(T_1 \cdot e^{-t/T_1} - T_2 \cdot e^{-t/T_2})$
56	$\dfrac{1}{(1+sT_1)(1+sT_2)^2}$	$\dfrac{T_1 \cdot e^{-t/T_1}}{(T_2 - T_1)^2} + \dfrac{[(T_2 - T_1)t - T_1 T_2]e^{-t/T_2}}{T_2(T_2 - T_1)^2}$
57	$\dfrac{1}{(1+sT_1)(1+sT_2)(1+sT_3)}$	$\dfrac{T_1 \cdot e^{-t/T_1}}{(T_1 - T_2)(T_1 - T_3)} + \dfrac{T_2 \cdot e^{-t/T_2}}{(T_2 - T_1)(T_2 - T_3)} + \dfrac{T_3 \cdot e^{-t/T_3}}{(T_3 - T_1)(T_3 - T_2)}$
58	$\dfrac{sT}{1+sT}$	$\delta(t) - \dfrac{1}{T} e^{-t/T}$
59	$\dfrac{s}{(1+sT)^2}$	$\dfrac{1}{T^3}(T - t)e^{-t/T}$
60	$\dfrac{s}{(1+sT_1)(1+sT_2)}$	$\dfrac{1}{T_1 T_2 (T_1 - T_2)}\left(T_1 \cdot e^{-t/T_2} - T_2 \cdot e^{-t/T_1}\right)$
61	$\dfrac{s}{(1+sT_1)(1+sT_2)(1+sT_3)}$	$\dfrac{(T_2 - T_3)e^{-t/T_1} + (T_3 - T_1)e^{-t/T_2} + (T_1 - T_2)e^{-t/T_3}}{(T_1 - T_2)(T_2 - T_3)(T_3 - T_1)}$

Nr.	F(s)	f(t)
62	$\dfrac{s}{(1+sT_1)(1+sT_2)^2}$	$\dfrac{-T_2^2 e^{-t/T_1} + [T_2^2 + (T_1 - T_2)t]e^{-t/T_2}}{T_2^2 (T_1 - T_2)^2}$
63	$\dfrac{s}{(1+sT)^3}$	$\left(\dfrac{t}{T^3} - \dfrac{t^2}{2T^4}\right)e^{-t/T}$
64	$\dfrac{s^2}{(1+sT)^3}$	$\dfrac{1}{2T^5}(2T^2 - 4Tt + t^2)e^{-t/T}$
65	$\dfrac{s^2}{(1+sT_1)(1+sT_2)(1+sT_3)}$	$\dfrac{e^{-t/T_1}}{T_1(T_1 - T_2)(T_1 - T_3)} + \dfrac{e^{-t/T_2}}{T_2(T_2 - T_1)(T_2 - T_3)} + \dfrac{e^{-t/T_3}}{T_3(T_3 - T_1)(T_3 - T_2)}$
66	$\dfrac{s^2}{(1+sT_1)(1+sT_2)^2}$	$\dfrac{e^{-t/T_1}}{T_1(T_1 - T_2)^2} + \left[\dfrac{T_1 - 2T_2}{T_2^2(T_1 - T_2)^2} - \dfrac{t}{T_2^3(T_1 - T_2)}\right]e^{-t/T_2}$
67	$\dfrac{1+sA}{s^2}$	$t + A$
68	$\dfrac{1+sA}{s(1+sT)}$	$1 + \dfrac{A-T}{T}e^{-t/T}$
69	$\dfrac{1+sA}{(1+sT)^2}$	$\left[\dfrac{T-A}{T^3}t + \dfrac{A}{T^2}\right]e^{-t/T}$
70	$\dfrac{1+sA}{(1+sT_1)(1+sT_2)}$	$\dfrac{T_1 - A}{T_1(T_1 - T_2)}e^{-t/T_1} - \dfrac{T_2 - A}{T_2(T_1 - T_2)}e^{-t/T_2}$
71	$\dfrac{1+sA}{s^2(1+sT)}$	$(A - T)(1 - e^{-t/T}) + t$
72	$\dfrac{1+sA}{s(1+sT)^2}$	$1 + \left(\dfrac{A-T}{T^2}t - 1\right)e^{-t/T}$
73	$\dfrac{1+sA}{s(1+sT_1)(1+sT_2)}$	$1 + \dfrac{T_1 - A}{T_2 - T_1}e^{-t/T_1} - \dfrac{T_2 - A}{T_2 - T_1}e^{-t/T_2}$
74	$\dfrac{1+sA}{(1+sT_1)(1+sT_2)^2}$	$\dfrac{T_1 - A}{(T_1 - T_2)^2}e^{-t/T_1} + \left[\dfrac{T_2 - A}{T_2^2(T_2 - T_1)}t + \dfrac{A - T_1}{(T_2 - T_1)^2}\right]e^{-t/T_2}$
75	$\dfrac{1+sA}{(1+sT_1)(1+sT_2)(1+sT_3)}$	$\dfrac{T_1 - A}{(T_1 - T_2)(T_1 - T_3)}e^{-t/T_1} + \dfrac{T_2 - A}{(T_2 - T_3)(T_2 - T_1)}e^{-t/T_2} + \dfrac{T_3 - A}{(T_3 - T_1)(T_3 - T_2)}e^{-t/T_3}$
76	$\dfrac{1+sA+s^2B}{s^2(1+sT)}$	$t + A - T - \left(A - T - \dfrac{B}{T}\right)e^{-t/T}$
77	$\dfrac{1+sA+s^2B}{s(1+sT)^2}$	$1 - \left(1 - \dfrac{B}{T^2} + \dfrac{B - AT + T^2}{T^3}t\right)e^{-t/T}$

8.3 Berechnung von Ausgleichsvorgängen mit Hilfe der Laplace-Transformation

Nr.	F(s)	f(t)
78	$\dfrac{1+sA+s^2B}{s(1+sT_1)(1+sT_2)}$	$1 + \dfrac{B - AT_1 + T_1^2}{T_1(T_2 - T_1)} \cdot e^{-t/T_1} - \dfrac{B - AT_2 + T_2^2}{T_2(T_2 - T_1)} \cdot e^{-t/T_2}$
79	$\dfrac{1}{s^2 + a^2}$	$\dfrac{1}{a}\sin at$
80	$\dfrac{1}{s^2 - a^2}$	$\dfrac{1}{a}\sinh at$
81	$\dfrac{1}{s(s^2 + a^2)}$	$\dfrac{1}{a^2}(1 - \cos at)$
82	$\dfrac{1}{s^2(s^2 + a^2)}$	$\dfrac{t}{a^2} - \dfrac{\sin at}{a^3}$
83	$\dfrac{1}{(s^2 + a^2)(s + b)}$	$\dfrac{1}{a^2 + b^2}\left(e^{-bt} + \dfrac{b}{a}\sin at - \cos at\right)$
84	$\dfrac{1}{s(s^2 + a^2)(s + b)}$	$\dfrac{1}{a^2 \cdot b} - \dfrac{1}{a^2 + b^2}\left(\dfrac{\sin at}{a} + \dfrac{b\cos at}{a^2} + \dfrac{e^{-bt}}{b}\right)$
85	$\dfrac{1}{s^2(s^2 + a^2)(s + b)}$	$\dfrac{t}{a^2 b} - \dfrac{1}{a^2 b^2} + \dfrac{e^{-bt}}{(a^2 + b^2)b^2} + \dfrac{\cos(at + \Phi)}{a^2\sqrt{a^2 + b^2}}$ mit $\Phi = \arctan(b/a)$
86	$\dfrac{1}{(s^2 + a^2)(s + b)(s + c)}$	$\dfrac{e^{-bt}}{(c - b)(a^2 + b^2)} + \dfrac{e^{-ct}}{(b - c)(a^2 + c^2)} + \dfrac{\sin(at - \Phi)}{a\sqrt{a^2(b + c)^2 + (bc - a^2)^2}}$ mit $\Phi = \arctan(a/b) + \arctan(a/c)$
87	$\dfrac{1}{s(s^2 + a^2)(s + b)(s + c)}$	$\dfrac{1}{a^2 bc} + \dfrac{e^{-bt}}{b(b - c)(a^2 + b^2)} + \dfrac{e^{-ct}}{c(c - b)(a^2 + c^2)} +$ $+ \dfrac{\cos(at + \Phi)}{a^2\sqrt{(bc - a^2) + a^2(b + c)^2}}$ mit $\Phi = \arctan(c/a) + \arctan(b/a)$
88	$\dfrac{1}{(s^2 + a^2)(s^2 + b^2)}$	$\dfrac{1}{b^2 - a^2}\left(\dfrac{\sin at}{a} - \dfrac{\sin bt}{b}\right)$
89	$\dfrac{1}{a^2 + (s + b)^2}$	$\dfrac{1}{a}e^{-bt}\sin at$
90	$\dfrac{1}{s^2[a^2 + (s + b)^2]}$	$\dfrac{1}{a^2 + b^2}\left(t - \dfrac{2b}{a^2 + b^2}\right) + \dfrac{e^{-bt}\sin(at + \Phi)}{a(a^2 + b^2)}$ mit $\Phi = 2\arctan(a/b)$
91	$\dfrac{1}{[a^2 + (s + b)^2]^2}$	$\dfrac{1}{2a^3}e^{-bt}(\sin at - at\cos at)$
92	$\dfrac{1}{(s^2 - a^2)^2}$	$\dfrac{1}{2a^3}(\sin at - at\cos at)$
93	$\dfrac{1}{s(s^2 + a^2)^2}$	$\dfrac{1}{a^4}(1 - \cos at) - \dfrac{1}{2a^3}t\sin at$

Nr.	F(s)	f(t)
94	$\dfrac{s}{s^2 + a^2}$	$\cos at$
95	$\dfrac{s}{s^2 - a^2}$	$\cosh at$
96	$\dfrac{s}{(s^2 + a^2)(s^2 + b^2)}$	$\dfrac{1}{b^2 - a^2}(\cos at - \cos bt) \quad \text{mit } a^2 \neq b^2$
97	$\dfrac{s}{[s^2 + (a+b)^2][s^2 + (a-b)^2]}$	$\dfrac{1}{2ab}\sin at \cdot \sin bt$
98	$\dfrac{s}{(s^2 + a^2)^2}$	$\dfrac{t}{2a} \cdot \sin at$
99	$\dfrac{s^2}{(s^2 + a^2)^2}$	$\dfrac{1}{2a}(\sin at + at \cdot \cos at)$ a/d
100	$\dfrac{s + d}{s^2 + a^2}$	$\dfrac{\sqrt{d^2 + a^2}}{a}\sin(at + \Phi) \quad \text{mit } \Phi = \arctan(a/d)$
101	$\dfrac{s + d}{(s^2 + a^2)(s + b)}$	$\dfrac{d - b}{a^2 + b^2}e^{-bt} + \sqrt{\dfrac{d^2 + a^2}{a^2 b^2 + a^4}}\sin(at + \Phi)$ $\text{mit } \Phi = \arctan(b/a) - \arctan(d/a)$
102	$\dfrac{s + d}{s^2(s^2 + a^2)}$	$\dfrac{1 + d \cdot t}{a^2} - \sqrt{\dfrac{a^2 + d^2}{a^6}}\sin(at + \Phi)$ $\text{mit } \Phi = \arctan(a/d)$
103	$\dfrac{s + d}{s(s^2 + a^2)(s + b)}$	$\dfrac{d}{a^2 b} - \dfrac{d - b}{b(a^2 + b^2)}e^{-bt} - \sqrt{\dfrac{d^2 + a^2}{a^4 b^2 + a^6}}\cos(at + \Phi)$ $\text{mit } \Phi = \arctan(b/a) - \arctan(d/a)$
104	$\dfrac{s + d}{(s^2 + a^2)(s + b)(s + c)}$	$\dfrac{(d - b)e^{-bt}}{(c - b)(a^2 + b^2)} + \dfrac{(d - c)e^{-ct}}{(b - c)(a^2 + c^2)} +$ $+ \sqrt{\dfrac{d^2 + a^2}{a^2(a^2 + b^2)(a^2 + c^2)}}\sin(at + \Phi)$ $\text{mit } \Phi = \arctan(c/a) - \arctan(d/a) - \arctan(a/b)$
105	$\dfrac{s + d}{a^2 + (s + b)^2}$	$\sqrt{1 + \dfrac{(d - b)^2}{a^2}} \cdot e^{-bt} \cdot \sin(at + \Phi) \quad \Phi = \arctan\dfrac{a}{d - b}$
106	$\dfrac{s \cdot \sin b + a \cdot \cos b}{s^2 + a^2}$	$\sin(at + b)$
107	$\dfrac{s \cdot \cos b - a \cdot \sin b}{s^2 + a^2}$	$\cos(at + b)$
108	$\dfrac{1}{1 + s^2 T^2}$	$\dfrac{1}{T}\sin(t/T)$
109	$\dfrac{1 + sA}{1 + s^2 T^2}$	$\dfrac{1}{T}\sqrt{1 + (A/T)^2}\sin\left(\dfrac{t}{T} + \Phi\right) \quad \Phi = \arctan(A/T)$
110	$\dfrac{s}{1 + s^2 T^2}$	$\dfrac{1}{T^2}\cos(t/T)$

9 Fourieranalyse von nichtsinusförmigen periodischen Wechselgrößen und nichtperiodischen Größen

9.1 Fourierreihenentwicklung von analytisch gegebenen nichtsinusförmigen periodischen Wechselgrößen

(Band 3, S.95-115)

Darstellung nichtsinusförmiger periodischer Wechselgrößen durch Fourierreihen

$$v(t) = \sum_{k=0}^{\infty} v_k = \sum_{k=0}^{\infty} \hat{v}_k \cdot \sin(k\omega t + \varphi_{vk})$$

$$v(t) = \hat{v}_0 \cdot \sin\varphi_{v0} + \hat{v}_1 \cdot \sin(\omega t + \varphi_{v1}) + \hat{v}_2 \cdot \sin(2\omega t + \varphi_{v2}) + \hat{v}_3 \cdot \sin(3\omega t + \varphi_{v3}) + ...$$

       Gleichanteil   1. Harmonische   2. Harmonische   3. Harmonische
                        oder Grundwelle   oder 1. Oberwelle   oder 2. Oberwelle

Fourierreihe mit Fourierkoeffizienten

$$v(t) = a_0 + \sum_{k=1}^{\infty}(a_k \cdot \cos k\omega t + b_k \cdot \sin k\omega t)$$

mit Amplitudenspektrum $\hat{v}_k = \sqrt{a_k^2 + b_k^2}$

und Phasenspektrum $\varphi_{vk} = \arctan \dfrac{a_k}{b_k}$

Fourierkoeffizienten (keine Symmetrien)

$$a_0 = \frac{1}{T} \cdot \int_0^T v(t) \cdot dt \qquad\qquad a_0 = \frac{1}{2\pi} \cdot \int_0^{2\pi} v(\omega t) \cdot d(\omega t)$$

$$a_k = \frac{2}{T} \cdot \int_0^T v(t) \cdot \cos k\omega t \cdot dt \qquad\qquad a_k = \frac{1}{\pi} \cdot \int_0^{2\pi} v(\omega t) \cdot \cos k(\omega t) \cdot d(\omega t)$$

$$b_k = \frac{2}{T} \cdot \int_0^T v(t) \cdot \sin k\omega t \cdot dt \qquad\qquad b_k = \frac{1}{\pi} \cdot \int_0^{2\pi} v(\omega t) \cdot \sin k(\omega t) \cdot d(\omega t)$$

und   und

$$a_0 = \frac{1}{T} \cdot \int_{-T/2}^{T/2} v(t) \cdot dt \qquad\qquad a_0 = \frac{1}{2\pi} \cdot \int_{-\pi}^{\pi} v(\omega t) \cdot d(\omega t)$$

$$a_k = \int_{-T/2}^{T/2} v(t) \cdot \cos k\omega t \cdot dt \qquad\qquad a_k = \frac{1}{\pi} \cdot \int_{-\pi}^{\pi} v(\omega t) \cdot \cos k\omega t \cdot d(\omega t)$$

$$b_k = \frac{2}{T} \cdot \int_{-T/2}^{T/2} v(t) \cdot \sin k\omega t \cdot dt \qquad\qquad b_k = \frac{1}{\pi} \cdot \int_{-\pi}^{\pi} v(\omega t) \cdot \sin k\omega t \cdot d(\omega t)$$

mit $k = 1, 2, ..., n$ mit $k = 1, 2, ..., n$

Vereinfachungen bei der Berechnung der Fourierkoeffizienten

Symmetrie 1. Art: gerade Funktionen mit $v(-t) = v(t)$ **bzw.** $v(-\omega t) = v(\omega t)$

(spiegelungssymmetrisch zur Ordinate)

$$v(t) = a_0 + \sum_{k=1}^{\infty} a_k \cdot \cos k\omega t \qquad\qquad v(\omega t) = a_0 + \sum_{k=1}^{\infty} a_k \cdot \cos k(\omega t)$$

mit $b_k = 0$ $\qquad\qquad$ mit $b_k = 0$

und $a_0 = \dfrac{2}{T} \cdot \displaystyle\int_{0}^{T/2} v(t) \cdot dt$ $\qquad\qquad$ und $a_0 = \dfrac{1}{\pi} \cdot \displaystyle\int_{0}^{\pi} v(\omega t) \cdot d(\omega t)$

und $a_k = \dfrac{4}{T} \cdot \displaystyle\int_{0}^{T/2} v(t) \cdot \cos k\omega t \cdot dt$ $\qquad\qquad$ und $a_k = \dfrac{2}{\pi} \cdot \displaystyle\int_{0}^{\pi} v(\omega t) \cdot \cos k(\omega t) \cdot d(\omega t)$

Beispiele:

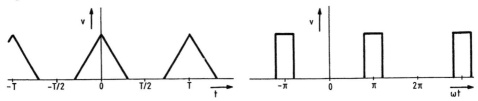

Symmetrie 2. Art: ungerade Funktionen mit $v(-t) = -v(t)$ **bzw.** $v(-\omega t) = -v(\omega t)$

(zentralsymmetrisch)

$$v(t) = \sum_{k=1}^{\infty} b_k \cdot \sin k\omega t \qquad\qquad v(\omega t) = \sum_{k=1}^{\infty} b_k \cdot \sin k(\omega t)$$

mit $a_0 = 0$ $\qquad\qquad$ mit $a_0 = 0$

und $a_k = 0$ $\qquad\qquad$ und $a_k = 0$

und $b_k = \dfrac{4}{T} \cdot \displaystyle\int_{0}^{T/2} v(t) \cdot \sin k\omega t \cdot dt$ $\qquad\qquad$ und $b_k = \dfrac{2}{\pi} \cdot \displaystyle\int_{0}^{\pi} v(\omega t) \cdot \sin k(\omega t) \cdot d(\omega t)$

Beispiele:

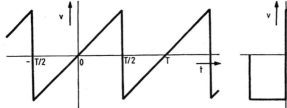
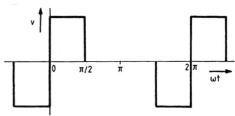

9.1 Fourierreihenentwicklung

Symmetrie 3. Art: $v(t + T/2) = -v(t)$ bzw. $v(\omega t + \pi) = -v(\omega t)$

(Verschieben um $T/2$ bzw. π und Spiegeln an der t-Achse bzw. ωt-Achse)

$$v(t) = \sum_{k=0}^{\infty} \left[a_{2k+1} \cdot \cos(2k+1)\omega t + b_{2k+1} \cdot \sin(2k+1)\omega t \right]$$

mit $\quad a_{2k+1} = \dfrac{4}{T} \cdot \displaystyle\int_{0}^{T/2} v(t) \cdot \cos(2k+1)\omega t \cdot dt \qquad a_{2k} = 0$

und $\quad b_{2k+1} = \dfrac{4}{T} \cdot \displaystyle\int_{0}^{T/2} v(t) \cdot \sin(2k+1)\omega t \cdot dt \qquad b_{2k} = 0$

für $\quad k = 0, 1, 2, 3, 4, \ldots$

oder

$$v(\omega t) = \sum_{k=0}^{\infty} \left[a_{2k+1} \cdot \cos(2k+1)\omega t + b_{2k+1} \cdot \sin(2k+1)\omega t \right]$$

mit $\quad a_{2k+1} = \dfrac{2}{\pi} \cdot \displaystyle\int_{0}^{\pi} v(\omega t) \cdot \cos(2k+1)\omega t \cdot d(\omega t) \qquad a_{2k} = 0$

und $\quad b_{2k+1} = \dfrac{2}{\pi} \cdot \displaystyle\int_{0}^{\pi} v(\omega t) \cdot \sin(2k+1)\omega t \cdot d(\omega t) \qquad b_{2k} = 0$

für $\quad k = 0, 1, 2, 3, 4, \ldots$

Beispiele:

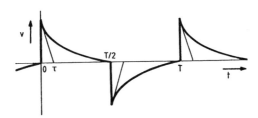

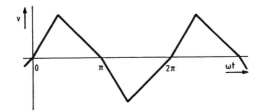

Symmetrie 1. und 3. Art:

$$v(t) = \sum_{k=0}^{\infty} a_{2k+1} \cdot \cos(2k+1)\omega t$$

mit $b_k = 0$, $a_{2k} = 0$

und

$$a_{2k+1} = \frac{8}{T} \cdot \int_0^{T/4} v(t) \cdot \cos(2k+1)\omega t \cdot dt$$

$$v(\omega t) = \sum_{k=0}^{\infty} a_{2k+1} \cdot \cos(2k+1)\omega t$$

mit $b_k = 0$, $a_{2k} = 0$

und

$$a_{2k+1} = \frac{4}{\pi} \cdot \int_0^{\pi/2} v(\omega t) \cdot \cos(2k+1)\omega t \cdot d(\omega t)$$

Beispiel:

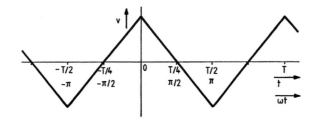

Symmetrie 2. und 3. Art:

$$v(t) = \sum_{k=0}^{\infty} b_{2k+1} \cdot \sin(2k+1)\omega t$$

mit $a_0 = 0$, $a_k = 0$, $b_{2k} = 0$

und

$$b_{2k+1} = \frac{8}{T} \cdot \int_0^{T/4} v(t) \cdot \sin(2k+1)\omega t \cdot dt$$

$$v(\omega t) = \sum_{k=0}^{\infty} b_{2k+1} \cdot \sin(2k+1)\omega t$$

mit $a_0 = 0$, $a_k = 0$, $b_{2k} = 0$

und

$$b_{2k+1} = \frac{4}{\pi} \cdot \int_0^{\pi/2} v(\omega t) \cdot \sin(2k+1)\omega t \cdot d(\omega t)$$

Beispiel:

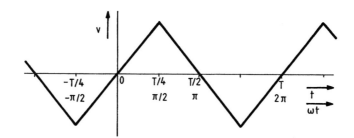

9.1 Fourierreihenentwicklung

Symmetrie 4. Art: $v(t + T/2) = v(t)$ bzw. $v(\omega t + \pi) = v(\omega t)$

(Verschieben um T/2 bzw. π)

$$v(t) = a_0 + \sum_{k=1}^{\infty} \left[a_{2k} \cdot \cos 2k\omega t + b_{2k} \cdot \sin 2k\omega t \right]$$

mit $\quad a_0 = \dfrac{2}{T} \cdot \displaystyle\int_0^{T/2} v(t) \cdot dt$

und $\quad a_{2k} = \dfrac{4}{T} \cdot \displaystyle\int_0^{T/2} v(t) \cdot \cos 2k\omega t \cdot dt \qquad\qquad a_{2k-1} = 0$

und $\quad b_{2k} = \dfrac{4}{T} \cdot \displaystyle\int_0^{T/2} v(t) \cdot \sin 2k\omega t \cdot dt \qquad\qquad b_{2k-1} = 0$

für $k = 1, 2, 3, 4, \ldots$

oder

$$v(\omega t) = a_0 + \sum_{k=1}^{\infty} \left[a_{2k} \cdot \cos 2k(\omega t) + b_{2k} \cdot \sin 2k(\omega t) \right]$$

mit $\quad a_0 = \dfrac{1}{\pi} \cdot \displaystyle\int_0^{\pi} v(\omega t) \cdot d(\omega t)$

und $\quad a_{2k} = \dfrac{2}{\pi} \cdot \displaystyle\int_0^{\pi} v(\omega t) \cdot \cos 2k(\omega t) \cdot d(\omega t) \qquad\qquad a_{2k-1} = 0$

und $\quad b_{2k} = \dfrac{2}{\pi} \cdot \displaystyle\int_0^{\pi} v(\omega t) \cdot \sin 2k(\omega t) \cdot d(\omega t) \qquad\qquad b_{2k-1} = 0$

für $k = 1, 2, 3, 4, \ldots$

Beispiele:

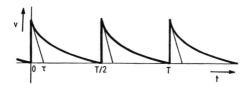

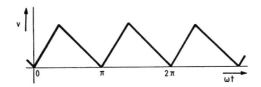

Gang der Berechnungen

Bei der Überführung einer analytisch gegebenen, nichtsinusförmigen periodischen Funktion v(t) oder v(ωt) in eine Fourierreihe mit Sinus- und Kosinus-Gliedern sollte nach folgenden Schritten vorgegangen werden:

1. Angabe der Funktionsgleichung und grafische Darstellung der Funktion
2. Untersuchung der Funktion nach Symmetrien
3. Berechnung der Fourierkoeffizienten nach den angegebenen Formeln in t oder ωt
4. Aufstellen der Fourierreihe in Summenform und in ausführlicher Form
5. Weitere Berechnungen, z.B. Effektivwert, Klirrfaktor, Leistungen.

Beispiel: Fourierreihe einer Sägezahnfunktion

Zu 1. Funktionsgleichung

$$u(\omega t) = \hat{u} \cdot \left(1 - \frac{\omega t}{2\pi}\right) \quad \text{für } 0 < \omega t < 2\pi$$

Grafische Darstellung der Funktion:

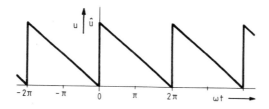

Zu 2. Die Sägezahnfunktion besitzt keine der beschriebenen Symmetrien.

Zu 3.

$$a_0 = \frac{1}{2\pi} \int_0^{2\pi} v(\omega t) \cdot d(\omega t)$$

$$a_0 = \frac{1}{2\pi} \int_0^{2\pi} \hat{u} \cdot \left(1 - \frac{\omega t}{2\pi}\right) \cdot d(\omega t) = \frac{\hat{u}}{2\pi} \cdot \left\{ \int_0^{2\pi} d(\omega t) - \frac{1}{2\pi} \int_0^{2\pi} (\omega t) \cdot d(\omega t) \right\}$$

$$a_0 = \frac{\hat{u}}{2\pi} \cdot \left\{ (\omega t) \Big|_0^{2\pi} - \frac{1}{2\pi} \cdot \frac{(\omega t)^2}{2} \Big|_0^{2\pi} \right\} = \frac{\hat{u}}{2\pi} \cdot \left\{ 2\pi - \frac{1}{2\pi} \frac{(2\pi)^2}{2} \right\} = \frac{\hat{u}}{2\pi} \cdot \pi$$

$$a_0 = \frac{\hat{u}}{2}$$

Der Gleichanteil kann auch aus der Funktion abgelesen werden, indem die Dreieckfläche in eine flächengleiche Rechteckfläche mit den Seiten 2π und a_0 überführt wird.

9.1 Fourierreihenentwicklung

$$a_k = \frac{1}{\pi} \int_0^{2\pi} v(\omega t) \cdot \cos k(\omega t) \cdot d(\omega t) = \frac{1}{\pi} \int_0^{2\pi} \hat{u} \cdot \left(1 - \frac{\omega t}{2\pi}\right) \cdot \cos k(\omega t) \cdot d(\omega t)$$

$$a_k = \frac{\hat{u}}{\pi} \cdot \left\{ \int_0^{2\pi} \cos k(\omega t) \cdot d(\omega t) - \frac{1}{2\pi} \int_0^{2\pi} (\omega t) \cdot \cos k(\omega t) \cdot d(\omega t) \right\}$$

mit $\quad \int x \cdot \cos ax \cdot dx = \dfrac{\cos ax}{a^2} + \dfrac{x \cdot \sin ax}{a}$

$$a_k = \frac{\hat{u}}{\pi} \cdot \left\{ \left.\frac{\sin k(\omega t)}{k}\right|_0^{2\pi} - \frac{1}{2\pi} \cdot \left.\left(\frac{\cos k(\omega t)}{k^2} + \frac{(\omega t) \cdot \sin k(\omega t)}{k}\right)\right|_0^{2\pi} \right\}$$

$$a_k = \frac{\hat{u}}{\pi} \cdot \left\{ \frac{\sin k(2\pi) - \sin 0}{k} - \frac{1}{2\pi} \cdot \left(\frac{\cos k(2\pi) - 1}{k^2} + \frac{(2\pi) \cdot \sin k(2\pi)}{k}\right) \right\}$$

$$a_k = 0$$

$$b_k = \frac{1}{\pi} \int_0^{2\pi} v(\omega t) \cdot \sin k(\omega t) \cdot d(\omega t) = \frac{1}{\pi} \int_0^{2\pi} \hat{u} \cdot \left(1 - \frac{\omega t}{2\pi}\right) \cdot \sin k(\omega t) \cdot d(\omega t)$$

$$b_k = \frac{\hat{u}}{\pi} \cdot \left\{ \int_0^{2\pi} \sin k(\omega t) \cdot d(\omega t) - \frac{1}{2\pi} \int_0^{2\pi} (\omega t) \cdot \sin k(\omega t) \cdot d(\omega t) \right\}$$

mit $\quad \int x \cdot \sin ax \cdot dx = \dfrac{\sin ax}{a^2} - \dfrac{x \cdot \cos ax}{a}$

$$b_k = \frac{\hat{u}}{\pi} \cdot \left\{ \left.\frac{-\cos k(\omega t)}{k}\right|_0^{2\pi} - \frac{1}{2\pi} \cdot \left.\left(\frac{\sin k(\omega t)}{k^2} - \frac{(\omega t) \cdot \cos k(\omega t)}{k}\right)\right|_0^{2\pi} \right\}$$

$$b_k = \frac{\hat{u}}{\pi} \cdot \left\{ \frac{-\cos k(2\pi) + 1}{k} - \frac{1}{2\pi} \left(\frac{\sin k(2\pi) - 0}{k^2} - \frac{(2\pi) \cdot \cos k(2\pi) - 0}{k}\right) \right\}$$

$$b_k = \frac{\hat{u}}{\pi} \cdot \left\{ \frac{1}{2\pi} \cdot \frac{2\pi}{k} \right\}$$

$$b_k = \frac{\hat{u}}{\pi k}$$

Zu 4. $\quad v(\omega t) = a_0 + \sum_{k=1}^{\infty} (a_k \cdot \cos k\omega t + b_k \cdot \sin k\omega t)$

$\quad u(\omega t) = \dfrac{\hat{u}}{2} + \dfrac{\hat{u}}{\pi} \cdot \sum_{k=1}^{\infty} \dfrac{\sin k\omega t}{k} \quad$ (Summenform)

$\quad u(\omega t) = \dfrac{\hat{u}}{2} + \dfrac{\hat{u}}{\pi} \cdot \left(\dfrac{\sin \omega t}{1} + \dfrac{\sin 2\omega t}{2} + \dfrac{\sin 3\omega t}{3} + \dfrac{\sin 4\omega t}{4} + ...\right) \quad$ (ausführliche Form)

9.2 Reihenentwicklung von in diskreten Punkten vorgegebenen nichtsinusförmigen periodischen Funktionen

Direkte trigonometrische Interpolation   (Band 3, S.116-140)

Festgelegt werden:

m Teilintervalle mit gleichen $\Delta x = 2\pi/m$, wobei $m \geq 2n + 1$ bzw. $\dfrac{m-1}{2} \geq n$

mit m Stützstellen mit den x_i-Werten

$$x_i = i \cdot \Delta x = i \cdot \frac{2\pi}{m} \quad \text{mit} \quad i = 0, 1, 2, 3, \ldots, m-1$$

und m zugehörigen Funktionwerten $v_i = f(x_i)$

$$a_0 = \frac{1}{m} \sum_{i=0}^{m-1} v_i \qquad a_0 = \frac{1}{3m} \cdot (2v_0 + 4v_1 + 2v_2 + 4v_3 + \ldots + 4v_{m-1})$$

(durch die Simpsonregel ersetzt mit $v_0 = v_m$)

$$a_k = \frac{2}{m} \sum_{i=0}^{m-1} v_i \cdot \cos kx_i \quad \text{für } k = 1, 2, 3, \ldots, n-1$$

$$b_k = \frac{2}{m} \sum_{i=0}^{m-1} v_i \cdot \sin kx_i \quad \text{für } k = 1, 2, 3, \ldots, n-1$$

und zusätzlich für gerade m:

$$a_{\frac{m}{2}} = \frac{1}{m} \sum_{i=0}^{m-1} (-1)^i \cdot v_i$$

Beispiel:

m = 12 Stützstellen

mit den Funktionwerten

$v_0, v_1, v_2, \ldots, v_{10}, v_{11}$

$\dfrac{m-1}{2} = 5{,}5 > n = 5$

und m gerade

Fourierkoeffizienten:

a_0,

$a_1, \ldots, a_5$,

$b_1, \ldots, b_5$,

a_6

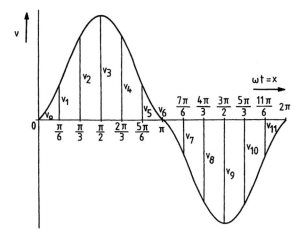

9.2 Reihenentwicklung

Tafel für die direkte trigonometrische Interpolation mit m = 12 (Zipperer-Tafel)

v_i	0		1		2		3		4		5		6
v_0	$2v_0$	$+v_0$		$+v_0$		$+v_0$		$+v_0$		$+v_0$		$+v_0$	
v_1	$4v_1$	$+q_1$	$+p_1$	$+p_1$	$+q_1$		$+v_1$	$-p_1$	$+q_1$	$-q_1$	$+p_1$	$-v_1$
v_2	$2v_2$	$+p_2$	$+q_2$	$-p_2$	$+q_2$	$-v_2$		$-p_2$	$-q_2$	$+p_2$	$-q_2$	$+v_2$
v_3	$4v_3$		$+v_3$	$-v_3$		$-v_3$	$+v_3$			$+v_3$	$-v_3$
v_4	$2v_4$	$-p_4$	$+q_4$	$-p_4$	$-q_4$	$+v_4$		$-p_4$	$+q_4$	$-p_4$	$-q_4$	$+v_4$
v_5	$4v_5$	$-q_5$	$+p_5$	$+p_5$	$-q_5$		$+v_5$	$-p_5$	$-q_5$	$+q_5$	$+p_5$	$-v_5$
v_6	$2v_6$	$-v_6$		$+v_6$		$-v_6$		$+v_6$		$-v_6$		$+v_6$
v_7	$4v_7$	$-q_7$	$-p_7$	$+p_7$	$+q_7$		$-v_7$	$-p_7$	$+q_7$	$+q_7$	$-p_7$	$-v_7$
v_8	$2v_8$	$-p_8$	$-q_8$	$-p_8$	$+q_8$	$+v_8$		$-p_8$	$-q_8$	$-p_8$	$+q_8$	$+v_8$
v_9	$4v_9$		$-v_9$	$-v_9$		$+v_9$	$+v_9$			$-v_9$	$-v_9$
v_{10}	$2v_{10}$	$+p_{10}$	$-q_{10}$	$-p_{10}$	$-q_{10}$	$-v_{10}$		$-p_{10}$	$+q_{10}$	$+p_{10}$	$+q_{10}$	$+v_{10}$
v_{11}	$4v_{11}$	$+q_{11}$	$-p_{11}$	$+p_{11}$	$-q_{11}$		$-v_{11}$	$-p_{11}$	$-q_{11}$	$-q_{11}$	$-p_{11}$	$-v_{11}$
	$36a_0$	$6a_1$	$6b_1$	$6a_2$	$6b_2$	$6a_3$	$6b_3$	$6a_4$	$6b_4$	$6a_5$	$6b_5$	$12a_6$

Die folgende leere Zipperer-Tafel kann für Rechenbeispiele kopiert und nach obiger Vorschrift ausgefüllt werden:

1. Ablesen und Eintragen der 12 Funktionswerte v_i
2. Berechnen und Eintragen der $p_i = v_i \cdot 0{,}5$ und $q_i = v_i \cdot 0{,}866$
3. Aufsummieren der Spaltenwerte und Berechnen der a_k und b_k
4. Aufstellen der trigonometrischen Summe

v_i	0		1		2		3		4		5		6

Harmonische Analyse mit Hilfe einer Ersatzfunktion

An den Stellen ξ_i hat die periodische Ersatzfunktion v(x) die Ordinatensprünge

$$s_i = v(\xi_i + 0) - v(\xi_i - 0)$$

$\quad\quad$ mit $v(\xi_i - 0)\quad$ linksseitiger Grenzwert
$\quad\quad$ und $v(\xi_i + 0)\quad$ rechtsseitiger Grenzwert,

an den r' Stellen ξ_i' hat die 1. Ableitungsfunktion die Ordinatensprünge

$$s_i' = v'(\xi_i' + 0) - v'(\xi_i' - 0),$$

an den r'' Stellen ξ_i'' hat die 2. Ableitungsfunktion die Ordinatensprünge

$$s_i'' = v''(\xi_i'' + 0) - v''(\xi_i'' - 0),$$

an den r''' Stellen ξ_i''' hat die 3. Ableitungsfunktion die Ordinatensprünge

$$s_i''' = v'''(\xi_i''' + 0) - v'''(\xi_i''' - 0),$$

an den $r^{(n)}$ Stellen $\xi_i^{(n)}$ hat die n-te Ableitungsfunktion die Ordinatensprünge

$$s_i^{(n)} = v^{(n)}(\xi_i^{(n)} + 0) - v^{(n)}(\xi_i^{(n)} - 0).$$

Für die Fourierkoeffizienten ergibt sich dann

$$a_k = -\frac{1}{\pi \cdot k} \cdot \sum_{i=1}^{r} s_i \cdot \sin k \cdot \xi_i - \frac{1}{\pi \cdot k^2} \cdot \sum_{i=1}^{r'} s_i' \cdot \cos k \cdot \xi_i'$$

$$+ \frac{1}{\pi \cdot k^3} \cdot \sum_{i=1}^{r''} s_i'' \cdot \sin k \cdot \xi_i'' + \frac{1}{\pi \cdot k^4} \cdot \sum_{i=1}^{r'''} s_i''' \cdot \cos k \cdot \xi_i''' - \ldots$$

$$\ldots \pm \frac{1}{\pi \cdot k^{n+1}} \cdot \sum_{i=1}^{r^{(n)}} s_i^{(n)} \cdot \genfrac{}{}{0pt}{}{\sin}{\cos} k \cdot \xi_i^{(n)} \pm \frac{1}{\pi \cdot k^{n+1}} \cdot \int_0^{2\pi} v^{(n+1)}(x) \cdot \genfrac{}{}{0pt}{}{\sin}{\cos} k \cdot x \cdot dx$$

bzw.

$$b_k = \frac{1}{\pi \cdot k} \cdot \sum_{i=1}^{r} s_i \cdot \cos k \cdot \xi_i - \frac{1}{\pi \cdot k^2} \cdot \sum_{i=1}^{r'} s_i' \cdot \sin k \cdot \xi_i'$$

$$- \frac{1}{\pi \cdot k^3} \cdot \sum_{i=1}^{r''} s_i'' \cdot \cos k \cdot \xi_i'' + \frac{1}{\pi \cdot k^4} \cdot \sum_{i=1}^{r'''} s_i''' \cdot \sin k \cdot \xi_i''' + \ldots$$

$$\ldots \pm \frac{1}{\pi \cdot k^{n+1}} \sum_{i=1}^{r^{(n)}} s_i^{(n)} \cdot \genfrac{}{}{0pt}{}{\cos}{\sin} k \cdot \xi_i^{(n)} \pm \frac{1}{\pi \cdot k^{n+1}} \cdot \int_0^{2\pi} v^{(n+1)}(x) \cdot \genfrac{}{}{0pt}{}{\cos}{\sin} k \cdot x \cdot dx$$

mit $k = 1, 2, 3, \ldots, n$.

9.2 Reihenentwicklung

Beispiel:

Für alle periodischen Rechteckfunktionen und für periodische Funktionen, die durch Treppenkurven angenähert werden, können die Fourierkoeffizienten ohne Integration ermittelt werden.

$$a_k = -\frac{1}{\pi \cdot k} \cdot (s_1 \cdot \sin k\xi_1 + s_2 \cdot \sin k\xi_2 + \ldots + s_r \cdot \sin k\xi_r) - \frac{1}{\pi \cdot k} \int_0^{2\pi} v'(x) \cdot \sin kx \cdot dx$$

$$b_k = \frac{1}{\pi \cdot k} \cdot (s_1 \cdot \cos k\xi_1 + s_2 \cdot \cos k\xi_2 + \ldots + s_r \cdot \cos k\xi_r) + \frac{1}{\pi \cdot k} \int_0^{2\pi} v'(x) \cdot \cos kx \cdot dx$$

und mit den Ordinatensprüngen $s_i = v(\xi_i + 0) - v(\xi_i - 0)$ und $v'(x) = 0$.

Geradenapproximation und Sprungstellenverfahren mit m =12 Stützstellen

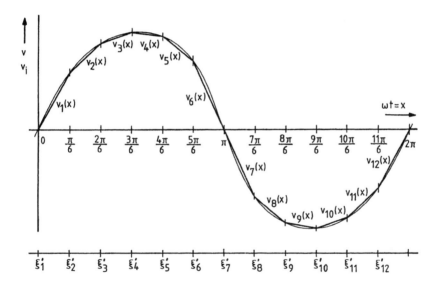

$$a_k = -\frac{1}{\pi \cdot k^2} \cdot \sum_{i=1}^{r'} s_i' \cdot \cos k \cdot \xi_i' \qquad b_k = -\frac{1}{\pi \cdot k^2} \cdot \sum_{i=1}^{r'} s_i' \cdot \sin k \cdot \xi_i'$$

mit den r' Ordinatensprüngen der 1. Ableitungsfunktionen an den Stellen ξ_i':

$$s_i' = v'(\xi_i' + 0) - v'(\xi_i' - 0)$$

Tafel für die Berechnung der 8 Fourierkoeffizienten bei Geradenapproximation mit m =12 Stützstellen und Anwendung des Sprungstellenverfahrens

Arbeitsschritte:

1. **Ablesen und Eintragen der 12 Funktionswerte v_i**

2. **Eintragen der $2 \cdot v_i$-Werte bzw. $4 \cdot v_i$-Werte und Berechnen des Gleichanteils a_0**
   Die Berechnung des Gleichanteils erfolgt nach der Simpson-formel.

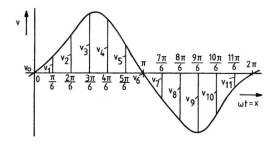

3. **Berechnen und Eintragen der Ordinatensprünge $\pm s_i'$ der Ableitungsfunktion**

   $$s_1' = \frac{6}{\pi} \cdot (v_{11} - 2v_0 + v_1) \quad \text{und} \quad s_i' = \frac{6}{\pi} \cdot (v_{i-2} - 2 \cdot v_{i-1} + v_i)$$

   Die Ordinatensprünge der Ableitungsfunktion $s_i' = v'(\xi_i' + 0) - v'(\xi_i' - 0)$ ergeben sich mit $\Delta x = \pi/6$ und $v_{12} = v_0$:

   $$s_1' = A_{1,1} - A_{1,m} = A_{1,1} - A_{1,12}$$
   $$s_i' = A_{1,i} - A_{1,i-1} \quad \text{mit} \quad i = 2, 3, 4, \ldots, 12$$

   mit $A_{1,i} = \dfrac{v_i - v_{i-1}}{\Delta x}$ und $A_{1,12} = \dfrac{v_0 - v_{11}}{\Delta x}$

   Die Formeln für die Ordinatensprünge lauten dann:

   $$s_1' = A_{1,1} - A_{1,12} = \frac{v_1 - v_0}{\Delta x} - \frac{v_0 - v_{11}}{\Delta x} = \frac{6}{\pi} \cdot (v_{11} - 2 \cdot v_0 + v_1)$$

   $$s_2' = A_{1,2} - A_{1,1} = \frac{v_2 - v_1}{\Delta x} - \frac{v_1 - v_0}{\Delta x} = \frac{6}{\pi} \cdot (v_0 - 2 \cdot v_1 + v_2)$$

   $$s_3' = A_{1,3} - A_{1,2} = \frac{v_3 - v_2}{\Delta x} - \frac{v_2 - v_1}{\Delta x} = \frac{6}{\pi} \cdot (v_1 - 2 \cdot v_2 + v_3)$$

   $$s_4' = A_{1,4} - A_{1,3} = \frac{v_4 - v_3}{\Delta x} - \frac{v_3 - v_2}{\Delta x} = \frac{6}{\pi} \cdot (v_2 - 2 \cdot v_3 + v_4)$$

   M

   $$s_{12}' = A_{1,12} - A_{1,11} = \frac{v_{12} - v_{11}}{\Delta x} - \frac{v_{11} - v_{10}}{\Delta x} = \frac{6}{\pi} \cdot (v_{10} - 2 \cdot v_{11} + v_{12})$$

4. **Berechnen und Eintragen der $\pm p_i = \pm 0{,}5 \cdot s_i'$ und $\pm q_i = \pm 0{,}866 \cdot s_i'$**
   Die auf den vorigen Seiten entwickelten Formeln für die Fourierkoeffizienten entsprechen den Spalten 1 bis 8 der folgenden Tabelle.

5. **Aufsummieren der Spaltenwerte und Berechnen der Fourierkoeffizienten a_k und b_k**
   Die Aufsummierung erfolgt spaltenweise, und die Spaltensummen müssen noch durch $\pi \cdot k^2$ dividiert werden.

9.2 Reihenentwicklung

v_i	0	s'_i	1		2		3		4		5		6		7		8	
v_0	$2v_0$	s'_1	$+s'_1$		$+s'_1$		$+s'_1$		$+s'_1$		$+s'_1$		$+s'_1$		$+s'_1$		$+s'_1$	
v_1	$4v_1$	s'_2	$+q_2$	$+p_2$	$+p_2$	$+q_2$			$+s'_2$	$-p_2$	$+q_2$	$-q_2$	$+p_2$	$+s'_2$		$-q_2$	$-p_2$	$-p_2$	$-q_2$
v_2	$2v_2$	s'_3	$+p_3$	$+q_3$	$-p_3$	$+q_3$	$-s'_3$		$-p_3$	$-q_3$	$+p_3$	$-q_3$	$+s'_3$		$+p_3$	$+q_3$	$-p_3$	$+q_3$
v_3	$4v_3$	s'_4		$+s'_4$	$+s'_4$			$-s'_4$	$+s'_4$			$+s'_4$	$-s'_4$			$-s'_4$	$+s'_4$		
v_4	$2v_4$	s'_5	$-p_5$	$+q_5$	$-p_5$	$+q_5$	$+s'_5$		$-p_5$	$+q_5$	$-p_5$	$-q_5$	$+s'_5$		$-p_5$	$+q_5$	$-p_5$	$-q_5$
v_5	$4v_5$	s'_6	$-q_6$	$+p_6$	$+p_6$	$-q_6$		$+s'_6$	$-p_6$	$-q_6$	$+q_6$	$+p_6$	$-s'_6$		$+q_6$	$-p_6$	$-p_6$	$+q_6$
v_6	$2v_6$	s'_7	$-s'_7$		$+s'_7$		$-s'_7$		$+s'_7$		$-s'_7$		$+s'_7$		$-s'_7$		$+s'_7$	
v_7	$4v_7$	s'_8	$-q_8$	$-p_8$	$+p_8$	$+q_8$		$-s'_8$	$-p_8$	$+q_8$	$+q_8$	$-p_8$	$-s'_8$		$+q_8$	$+p_8$	$-p_8$	$-q_8$
v_8	$2v_8$	s'_9	$-p_9$	$-q_9$	$-p_9$	$+q_9$	$+s'_9$		$-p_9$	$-q_9$	$-p_9$	$+q_9$	$+s'_9$		$-p_9$	$-q_9$	$-p_9$	$+q_9$
v_9	$4v_9$	s'_{10}		$-s'_{10}$	$-s'_{10}$		$+s'_{10}$	$+s'_{10}$			$-s'_{10}$	$-s'_{10}$			$+s'_{10}$	$+s'_{10}$		
v_{10}	$2v_{10}$	s'_{11}	$+p_{11}$	$-q_{11}$	$-p_{11}$	$-q_{11}$	$-s'_{11}$		$-p_{11}$	$+q_{11}$	$+p_{11}$	$+q_{11}$	$+s'_{11}$		$+p_{11}$	$-q_{11}$	$-p_{11}$	$-q_{11}$
v_{11}	$4v_{11}$	s'_{12}	$+q_{12}$	$-p_{12}$	$+p_{12}$	$-q_{12}$		$-s'_{12}$	$-p_{12}$	$-q_{12}$	$-q_{12}$	$-p_{12}$	$-s'_{12}$		$-q_{12}$	$+p_{12}$	$-p_{12}$	$+q_{12}$
	A_0		A_1	B_1	A_2	B_2	A_3	B_3	A_4	B_4	A_5	B_5	A_6		A_7	B_7	A_8	B_8

$$a_0 = \frac{A_0}{36} \qquad a_k = -\frac{A_k}{\pi \cdot k^2} \qquad b_k = -\frac{B_k}{\pi \cdot k^2} \qquad \text{mit} \quad k = 1, 2, 3, \ldots, 8$$

Die folgende leere Tafel kann für Rechenbeispiele kopiert und nach obiger Vorschrift ausgefüllt werden:

9.3 Anwendungen der Fourierreihe

(Band 3, S.141-149)

Wirkleistung bei nichtsinusförmigen Strömen und Spannungen

$$P = \frac{1}{T}\int_0^T p(t) \cdot dt = \frac{1}{T}\int_0^T u(t) \cdot i(t) \cdot dt$$

$$u(t) = a_0 + \sum_{k=1}^{\infty}(a_k \cdot \cos k\omega t + b_k \cdot \sin k\omega t)$$

$$i(t) = a_0' + \sum_{k=1}^{\infty}(a_k' \cdot \cos k\omega t + b_k' \cdot \sin k\omega t)$$

$$P = a_0 \cdot a_0' + \frac{a_1 \cdot a_1' + b_1 \cdot b_1'}{2} + \frac{a_2 \cdot a_2' + b_2 \cdot b_2'}{2} + \frac{a_3 \cdot a_3' + b_3 \cdot b_3'}{2} + \ldots$$

Mit

$$a_k = \hat{u}_k \cdot \sin\varphi_{uk} \qquad a_k' = \hat{i}_k \cdot \sin\varphi_{ik}$$

$$b_k = \hat{u}_k \cdot \cos\varphi_{uk} \qquad b_k' = \hat{i}_k \cdot \cos\varphi_{ik}$$

$$P = U_0 \cdot I_0 + U_1 \cdot I_1 \cdot \cos\varphi_1 + U_2 \cdot I_2 \cdot \cos\varphi_2 + U_3 \cdot I_3 \cdot \cos\varphi_3 + \ldots$$

Die Wirkleistung bei nichtsinusförmigen periodischen Spannungen und Strömen ist gleich der Summe der Gleichleistung und der Wechselstromleistungen der Grund- und Oberwellen.

Effektivwert einer nichtsinusförmigen periodischen Wechselgröße

$$V = \sqrt{\frac{1}{T}\int_0^T [v(t)]^2 \cdot dt}$$

$$v(t) = a_0 + \sum_{k=1}^{\infty}(a_k \cdot \cos k\omega t + b_k \cdot \sin k\omega t)$$

$$V = \sqrt{a_0^2 + \frac{a_1^2 + b_1^2}{2} + \frac{a_2^2 + b_2^2}{2} + \frac{a_3^2 + b_3^2}{2} + \ldots}$$

Mit $\quad a_k = \hat{v}_k \cdot \sin\varphi_{vk} \quad$ und $\quad b_k = \hat{v}_k \cdot \cos\varphi_{vk}$

$$V = \sqrt{V_0^2 + V_1^2 + V_2^2 + V_3^2 + V_4^2 + \ldots}$$

Der Effektivwert einer nichtsinusförmigen periodischen Wechselgröße ist gleich der geometrischen Summe der Effektivwerte des Gleichanteils, der Grundwelle und der Oberwellen.

9.3 Anwendungen der Fourierreihe

Beurteilung der Abweichung vom sinusförmigen Verlauf

Verzerrungsfaktor

$$k_v = \frac{V_1}{V} = \frac{V_1}{\sqrt{\dfrac{1}{T}\displaystyle\int_0^T [v(t)]^2 \cdot dt}} = \frac{V_1}{\sqrt{V_0^2 + V_1^2 + V_2^2 + V_3^2 + \ldots}}$$

Klirrfaktoren

$$k = \frac{\sqrt{V_2^2 + V_3^2 + V_4^2 + \ldots}}{\sqrt{V_1^2 + V_2^2 + V_3^2 + V_4^2 + \ldots}} \qquad k' = \frac{\sqrt{V_2^2 + V_3^2 + V_4^2 + \ldots}}{V_1}$$

mit $\quad k = \dfrac{k'}{\sqrt{1 + k'^2}}$

Beispiele:

Klirrfaktoren der Rechteckfunktion

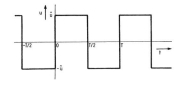

$$k = \frac{\sqrt{\left(\dfrac{4\hat{u}}{\pi \cdot \sqrt{2}}\right)^2 \cdot \left(\dfrac{1}{9} + \dfrac{1}{25} + \dfrac{1}{49} + \ldots\right)}}{\sqrt{\left(\dfrac{4\hat{u}}{\pi \cdot \sqrt{2}}\right)^2 \cdot \left(1 + \dfrac{1}{9} + \dfrac{1}{25} + \dfrac{1}{49} + \ldots\right)}} = \frac{\sqrt{\dfrac{\pi^2}{8} - 1}}{\sqrt{\dfrac{\pi^2}{8}}} = 0{,}435$$

$$k' = \frac{\sqrt{\left(\dfrac{4\hat{u}}{\pi \cdot \sqrt{2}}\right)^2 \cdot \left(\dfrac{1}{9} + \dfrac{1}{25} + \dfrac{1}{49} + \ldots\right)}}{\dfrac{4\hat{u}}{\pi \cdot \sqrt{2}}} = \sqrt{\dfrac{\pi^2}{8} - 1} = 0{,}483 \quad \text{mit } \sum_{k=0}^{\infty} \frac{1}{(2k+1)^2} = \frac{\pi^2}{8}$$

Klirrfaktoren der Sägezahnfunktion

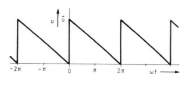

$$k = \frac{\sqrt{\left(\dfrac{\hat{u}}{\pi \cdot \sqrt{2}}\right)^2 \cdot \left(\dfrac{1}{4} + \dfrac{1}{9} + \dfrac{1}{16} + \ldots\right)}}{\sqrt{\left(\dfrac{\hat{u}}{\pi \cdot \sqrt{2}}\right)^2 \cdot \left(1 + \dfrac{1}{4} + \dfrac{1}{9} + \dfrac{1}{16} + \ldots\right)}} = \frac{\sqrt{\dfrac{\pi^2}{6} - 1}}{\sqrt{\dfrac{\pi^2}{6}}} = 0{,}626$$

$$k' = \frac{\sqrt{\left(\dfrac{\hat{u}}{\pi \cdot \sqrt{2}}\right)^2 \cdot \left(\dfrac{1}{4} + \dfrac{1}{9} + \dfrac{1}{16} + \ldots\right)}}{\dfrac{\hat{u}}{\pi \cdot \sqrt{2}}} = \sqrt{\dfrac{\pi^2}{6} - 1} = 0{,}803 \quad \text{mit } \sum_{k=1}^{\infty} \frac{1}{k^2} = \frac{\pi^2}{6}$$

Formfaktor

$$f = \frac{V}{V_a}$$

Sinusfunktion: $f = 1{,}11$

Scheitelfaktor

$$\xi = \frac{\hat{v}}{V}$$

Sinusfunktion: $\xi = \sqrt{2} = 1{,}414$

9.4 Die Darstellung nichtsinusförmiger periodischer Wechselgrößen durch komplexe Reihen (Band 3, S.150-155)

$$v(t) = \sum_{k=-\infty}^{\infty} \underline{c}_k \cdot e^{jk\omega t} \qquad\qquad v(\omega t) = \sum_{k=-\infty}^{\infty} \underline{c}_k \cdot e^{jk\omega t}$$

mit $\underline{c}_k = \dfrac{1}{T} \cdot \displaystyle\int_0^T v(t) \cdot e^{-jk\omega t} \cdot dt$ mit $\qquad$ mit $\underline{c}_k = \dfrac{1}{2\pi} \cdot \displaystyle\int_0^{2\pi} v(\omega t) \cdot e^{-jk(\omega t)} \cdot d(\omega t)$

$$\underline{c}_k = \frac{1}{T} \cdot \int_{-T/2}^{T/2} v(t) \cdot e^{-jk\omega t} \cdot dt \qquad\qquad \underline{c}_k = \frac{1}{2\pi} \cdot \int_{-\pi}^{\pi} v(\omega t) \cdot e^{-jk(\omega t)} \cdot d(\omega t)$$

$$\underline{c}_k = \frac{a_k}{2} - j \cdot \frac{b_k}{2} = |\underline{c}_k| \cdot e^{j \cdot \psi_k}$$

mit Amplitudenspektrum $\qquad |\underline{c}_k| = \dfrac{1}{2} \cdot \sqrt{a_k^2 + b_k^2} = \dfrac{1}{2} \cdot \hat{v}_k$

$\qquad\qquad\qquad\qquad\qquad\qquad -\infty < k < \infty \qquad\qquad 0 \leq k < \infty$

und Phasenspektrum $\qquad \psi_k = \arctan\left(-\dfrac{b_k}{a_k}\right) = \arctan\dfrac{a_k}{b_k} - \dfrac{\pi}{2} = \varphi_{vk} - \dfrac{\pi}{2}$

9.5 Transformation von nichtsinusförmigen nichtperiodischen Größen durch das Fourierintegral (Band 3, S.156-166)

$$f(t) = \frac{1}{2\pi} \cdot \int_{-\infty}^{\infty} F(j\omega) \cdot e^{j\omega t} \cdot d\omega$$

mit $F(j\omega) = \displaystyle\int_{-\infty}^{\infty} f(t) \cdot e^{-j\omega t} \cdot dt = \mathcal{F}\{f(t)\} \qquad$ und $\qquad \displaystyle\int_{-\infty}^{\infty} |f(t)| \cdot dt < K < \infty$

$$F(j\omega) = R(\omega) + j \cdot X(\omega) = |F(j\omega)| \cdot e^{j\varphi(\omega)}$$

mit Amplitudenspektrum $\qquad |F(j\omega)| = \sqrt{[R(\omega)]^2 + [X(\omega)]^2}$

Phasenspektrum $\qquad \varphi(\omega) = \arctan \dfrac{X(\omega)}{R(\omega)}$

9.5 Transformation von Größen durch das Fourierintegral

Korrespondenzen der Fouriertransformation

f(t)	F(jω)
$\delta(t)$	1
$\delta(t - t_0)$	$e^{-j\omega t_0}$
1	$2\pi \cdot \delta(\omega)$
$\sigma(t)$	$\dfrac{1}{j\omega} + \pi \cdot \delta(\omega)$
$\cos \omega_0 t$	$\pi \cdot [\delta(\omega - \omega_0) + \delta(\omega + \omega_0)]$
$\sin \omega_0 t$	$\dfrac{\pi}{j} \cdot [\delta(\omega - \omega_0) - \delta(\omega + \omega_0)]$
$\sigma(t) \cdot \cos \omega_0 t$	$\dfrac{j\omega}{\omega_0^2 - \omega^2} + \dfrac{\pi}{2} \cdot [\delta(\omega - \omega_0) + \delta(\omega + \omega_0)]$
$\sigma(t) \cdot \sin \omega_0 t$	$\dfrac{\omega_0}{\omega_0^2 - \omega^2} + \dfrac{\pi}{2j} \cdot [\delta(\omega - \omega_0) - \delta(\omega + \omega_0)]$
$\sigma(t) \cdot e^{-at}$	$\dfrac{1}{a + j\omega}$ mit $a > 0$ bzw. $\mathrm{Re}\{a\} > 0$
$\sigma(t) \cdot t^n \cdot \dfrac{e^{-at}}{n!}$ mit $n = 0, 1, 2, \ldots$	$\dfrac{1}{(a + j\omega)^{n+1}}$ mit $a > 0$ bzw. $\mathrm{Re}\{a\} > 0$
$\sigma(t) \cdot e^{-at} \cdot \cos \omega_0 t$	$\dfrac{j\omega + a}{(j\omega + a)^2 + \omega_0^2}$ mit $a > 0$ bzw. $\mathrm{Re}\{a\} > 0$
$\sigma(t) \cdot e^{-at} \cdot \sin \omega_0 t$	$\dfrac{\omega_0}{(j\omega + a)^2 + \omega_0^2}$ mit $a > 0$ bzw. $\mathrm{Re}\{a\} > 0$
Rechteckimpuls: $q_T(t) = \begin{cases} 1 & \text{für } |t| < T \\ 0 & \text{für } |t| > T \end{cases}$	$\dfrac{2 \cdot \sin \omega T}{\omega}$
Doppel-Rechteckimpuls: $q_T(t - T) - q_T(t + T)$	$-4j \cdot \dfrac{\sin^2 \omega T}{\omega}$
$\dfrac{a}{t^2 + a^2}$ mit $\mathrm{Re}\{a\} > 0$	$\pi \cdot e^{-a\omega}$
$\dfrac{\sin Tt}{t}$ mit $T > 0$	$\pi \cdot q_T(\omega)$

10 Vierpoltheorie

10.1 Grundlegende Zusammenhänge der Vierpoltheorie
(Band 3, S.171-174)

Elektrische Schaltungen zur Übertragung von Energien oder zur Verarbeitung von Informationen sind in den meisten Fällen „Zweitore" oder „Vierpole", also Schaltungen mit zwei Eingangsklemmen und zwei Ausgangsklemmen.

Diese Richtungsdefinitionen sind in der nachrichtentechnischen Literatur üblich:

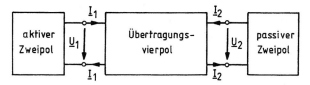

Dem normalen Vorwärtsbetrieb ist stets eine Rückwirkung vom Ausgang zum Eingang überlagert, die auch zu Störungen bei der Signalübertragung führen kann.

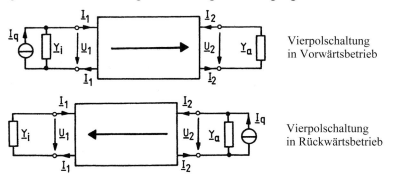

Vierpolschaltung in Vorwärtsbetrieb

Vierpolschaltung in Rückwärtsbetrieb

10.2 Vierpolgleichungen, Vierpolparameter und Ersatzschaltungen
(Band 3, S.175-185)

Leitwertform der Vierpolgleichungen:

$$\underline{I}_1 = \underline{Y}_{11} \cdot \underline{U}_1 + \underline{Y}_{12} \cdot \underline{U}_2$$
$$\underline{I}_2 = \underline{Y}_{21} \cdot \underline{U}_1 + \underline{Y}_{22} \cdot \underline{U}_2$$

oder

$$\begin{pmatrix} \underline{I}_1 \\ \underline{I}_2 \end{pmatrix} = \begin{pmatrix} \underline{Y}_{11} & \underline{Y}_{12} \\ \underline{Y}_{21} & \underline{Y}_{22} \end{pmatrix} \cdot \begin{pmatrix} \underline{U}_1 \\ \underline{U}_2 \end{pmatrix}$$

Kurzschluss-Eingangsleitwert:

$$\underline{Y}_{11} = \left(\frac{\underline{I}_1}{\underline{U}_1} \right)_{\underline{U}_2 = 0} = (\underline{Y}_{in})_{\underline{Y}_a = \infty}$$

Kurzschluss-Übertragungsleitwert rückwärts:

$$\underline{Y}_{12} = \left(\frac{\underline{I}_1}{\underline{U}_2} \right)_{\underline{U}_1 = 0} = (\underline{Y}_{ür})_{\underline{Y}_i = \infty}$$

Kurzschluss-Übertragungsleitwert vorwärts:

$$\underline{Y}_{21} = \left(\frac{\underline{I}_2}{\underline{U}_1} \right)_{\underline{U}_2 = 0} = (\underline{Y}_{üf})_{\underline{Y}_a = \infty}$$

Kurzschluss-Ausgangsleitwert:

$$\underline{Y}_{22} = \left(\frac{\underline{I}_2}{\underline{U}_2} \right)_{\underline{U}_1 = 0} = (\underline{Y}_{out})_{\underline{Y}_i = \infty}$$

10.2 Vierpolgleichungen, Vierpolparameter und Ersatzschaltungen

Widerstandsform der Vierpolgleichungen

$$\underline{U}_1 = \underline{Z}_{11} \cdot \underline{I}_1 + \underline{Z}_{12} \cdot \underline{I}_2$$
$$\underline{U}_2 = \underline{Z}_{21} \cdot \underline{I}_1 + \underline{Z}_{22} \cdot \underline{I}_2$$

oder

$$\begin{pmatrix} \underline{U}_1 \\ \underline{U}_2 \end{pmatrix} = \begin{pmatrix} \underline{Z}_{11} & \underline{Z}_{12} \\ \underline{Z}_{21} & \underline{Z}_{22} \end{pmatrix} \cdot \begin{pmatrix} \underline{I}_1 \\ \underline{I}_2 \end{pmatrix}$$

Leerlauf-Eingangswiderstand:

$$\underline{Z}_{11} = \left(\frac{\underline{U}_1}{\underline{I}_1} \right)_{\underline{I}_2 = 0} = (\underline{Z}_{in})_{\underline{Y}_a = 0}$$

Leerlauf-Übertragungswiderstand rückwärts:

$$\underline{Z}_{12} = \left(\frac{\underline{U}_1}{\underline{I}_2} \right)_{\underline{I}_1 = 0} = (\underline{Z}_{ür})_{\underline{Y}_i = 0}$$

Leerlauf-Übertragungswiderstand vorwärts:

$$\underline{Z}_{21} = \left(\frac{\underline{U}_2}{\underline{I}_1} \right)_{\underline{I}_2 = 0} = (\underline{Z}_{üf})_{\underline{Y}_a = 0}$$

Leerlauf-Ausgangswiderstand:

$$\underline{Z}_{22} = \left(\frac{\underline{U}_2}{\underline{I}_2} \right)_{\underline{I}_1 = 0} = (\underline{Z}_{out})_{\underline{Y}_i = 0}$$

Reihen-Parallel-Form der Vierpolgleichungen

$$\underline{U}_1 = \underline{H}_{11} \cdot \underline{I}_1 + \underline{H}_{12} \cdot \underline{U}_2$$
$$\underline{I}_2 = \underline{H}_{21} \cdot \underline{I}_1 + \underline{H}_{22} \cdot \underline{U}_2$$

oder

$$\begin{pmatrix} \underline{U}_1 \\ \underline{I}_2 \end{pmatrix} = \begin{pmatrix} \underline{H}_{11} & \underline{H}_{12} \\ \underline{H}_{21} & \underline{H}_{22} \end{pmatrix} \cdot \begin{pmatrix} \underline{I}_1 \\ \underline{U}_2 \end{pmatrix}$$

Kurzschluss-Eingangswiderstand:

$$\underline{H}_{11} = \left(\frac{\underline{U}_1}{\underline{I}_1} \right)_{\underline{U}_2 = 0} = (\underline{Z}_{in})_{\underline{Y}_a = \infty}$$

Leerlauf-Spannungsrückwirkung:

$$\underline{H}_{12} = \left(\frac{\underline{U}_1}{\underline{U}_2} \right)_{\underline{I}_1 = 0} = (\underline{V}_{ur})_{\underline{Y}_i = 0}$$

Kurzschluss-Stromübersetzung vorwärts:

$$\underline{H}_{21} = \left(\frac{\underline{I}_2}{\underline{I}_1} \right)_{\underline{U}_2 = 0} = (\underline{V}_{if})_{\underline{Y}_a = \infty}$$

Leerlauf-Ausgangsleitwert:

$$\underline{H}_{22} = \left(\frac{\underline{I}_2}{\underline{U}_2} \right)_{\underline{I}_1 = 0} = (\underline{Y}_{out})_{\underline{Y}_i = 0}$$

Parallel-Reihen-Form der Vierpolgleichungen

$$I_1 = \underline{C}_{11} \cdot \underline{U}_1 + \underline{C}_{12} \cdot \underline{I}_2$$
$$\underline{U}_2 = \underline{C}_{21} \cdot \underline{U}_1 + \underline{C}_{22} \cdot \underline{I}_2$$

oder

$$\begin{pmatrix} \underline{I}_1 \\ \underline{U}_2 \end{pmatrix} = \begin{pmatrix} \underline{C}_{11} & \underline{C}_{12} \\ \underline{C}_{21} & \underline{C}_{22} \end{pmatrix} \cdot \begin{pmatrix} \underline{U}_1 \\ \underline{I}_2 \end{pmatrix}$$

Leerlauf-Eingangsleitwert:

$$\underline{C}_{11} = \left(\frac{\underline{I}_1}{\underline{U}_1} \right)_{\underline{I}_2 = 0} = (\underline{Y}_{in})_{\underline{Y}_a = 0}$$

Kurzschluss-Stromrückwirkung:

$$\underline{C}_{12} = \left(\frac{\underline{I}_1}{\underline{I}_2} \right)_{\underline{U}_1 = 0} = (\underline{V}_{ir})_{\underline{Y}_i = \infty}$$

Leerlauf-Spannungsübersetzung vorwärts:

$$\underline{C}_{21} = \left(\frac{\underline{U}_2}{\underline{U}_1} \right)_{\underline{I}_2 = 0} = (\underline{V}_{uf})_{\underline{Y}_a = 0}$$

Kurzschluss-Ausgangswiderstand:

$$\underline{C}_{22} = \left(\frac{\underline{U}_2}{\underline{I}_2} \right)_{\underline{U}_1 = 0} = (\underline{Z}_{out})_{\underline{Y}_i = \infty}$$

Kettenform der Vierpolgleichungen

$$\underline{U}_1 = \underline{A}_{11} \cdot \underline{U}_2 + \underline{A}_{12} \cdot (-\underline{I}_2)$$
$$\underline{I}_1 = \underline{A}_{21} \cdot \underline{U}_2 + \underline{A}_{22} \cdot (-\underline{I}_2)$$

oder

$$\begin{pmatrix} \underline{U}_1 \\ \underline{I}_1 \end{pmatrix} = \begin{pmatrix} \underline{A}_{11} & \underline{A}_{12} \\ \underline{A}_{21} & \underline{A}_{22} \end{pmatrix} \cdot \begin{pmatrix} \underline{U}_2 \\ -\underline{I}_2 \end{pmatrix}$$

reziproke Leerlauf-Spannungsübersetzung vorwärts:

$$\underline{A}_{11} = \left(\frac{\underline{U}_1}{\underline{U}_2} \right)_{\underline{I}_2 = 0} = \left(\frac{1}{\underline{V}_{uf}} \right)_{\underline{Y}_a = 0}$$

negativer reziproker Kurzschluss-Übertragungsleitwert vorwärts:

$$\underline{A}_{12} = \left(\frac{\underline{U}_1}{-\underline{I}_2} \right)_{\underline{U}_2 = 0} = \left(\frac{1}{-\underline{Y}_{üf}} \right)_{\underline{Y}_a = \infty}$$

reziproker Leerlauf-Übertragungswiderstand vorwärts:

$$\underline{A}_{21} = \left(\frac{\underline{I}_1}{\underline{U}_2} \right)_{\underline{I}_2 = 0} = \left(\frac{1}{\underline{Z}_{üf}} \right)_{\underline{Y}_a = 0}$$

negative reziproke Kurzschluss-Stromübersetzung vorwärts:

$$\underline{A}_{22} = \left(\frac{\underline{I}_1}{-\underline{I}_2} \right)_{\underline{U}_2 = 0} = \left(\frac{1}{-\underline{V}_{if}} \right)_{\underline{Y}_a = \infty}$$

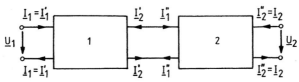

Definition der $\underline{A}$-Parameter mittels Kettenschaltung

10.2 Vierpolgleichungen, Vierpolparameter und Ersatzschaltungen

Umrechnung der Vierpolparameter von einer Form in eine andere

(Y)	$\underline{Y}_{11}$	$\underline{Y}_{12}$	$\dfrac{\underline{Z}_{22}}{\det \underline{Z}}$	$\dfrac{-\underline{Z}_{12}}{\det \underline{Z}}$	$\dfrac{1}{\underline{H}_{11}}$	$\dfrac{-\underline{H}_{12}}{\underline{H}_{11}}$	$\dfrac{\det \underline{C}}{\underline{C}_{22}}$	$\dfrac{\underline{C}_{12}}{\underline{C}_{22}}$	$\dfrac{\underline{A}_{22}}{\underline{A}_{12}}$	$\dfrac{-\det \underline{A}}{\underline{A}_{12}}$
	$\underline{Y}_{21}$	$\underline{Y}_{22}$	$\dfrac{-\underline{Z}_{21}}{\det \underline{Z}}$	$\dfrac{\underline{Z}_{11}}{\det \underline{Z}}$	$\dfrac{\underline{H}_{21}}{\underline{H}_{11}}$	$\dfrac{\det \underline{H}}{\underline{H}_{11}}$	$\dfrac{-\underline{C}_{21}}{\underline{C}_{22}}$	$\dfrac{1}{\underline{C}_{22}}$	$\dfrac{-1}{\underline{A}_{12}}$	$\dfrac{\underline{A}_{11}}{\underline{A}_{12}}$
(Z)	$\dfrac{\underline{Y}_{22}}{\det \underline{Y}}$	$\dfrac{-\underline{Y}_{12}}{\det \underline{Y}}$	$\underline{Z}_{11}$	$\underline{Z}_{12}$	$\dfrac{\det \underline{H}}{\underline{H}_{22}}$	$\dfrac{\underline{H}_{12}}{\underline{H}_{22}}$	$\dfrac{1}{\underline{C}_{11}}$	$\dfrac{-\underline{C}_{12}}{\underline{C}_{11}}$	$\dfrac{\underline{A}_{11}}{\underline{A}_{21}}$	$\dfrac{\det \underline{A}}{\underline{A}_{21}}$
	$\dfrac{-\underline{Y}_{21}}{\det \underline{Y}}$	$\dfrac{\underline{Y}_{11}}{\det \underline{Y}}$	$\underline{Z}_{21}$	$\underline{Z}_{22}$	$\dfrac{-\underline{H}_{21}}{\underline{H}_{22}}$	$\dfrac{1}{\underline{H}_{22}}$	$\dfrac{\underline{C}_{21}}{\underline{C}_{11}}$	$\dfrac{\det \underline{C}}{\underline{C}_{11}}$	$\dfrac{1}{\underline{A}_{21}}$	$\dfrac{\underline{A}_{22}}{\underline{A}_{21}}$
(H)	$\dfrac{1}{\underline{Y}_{11}}$	$\dfrac{-\underline{Y}_{12}}{\underline{Y}_{11}}$	$\dfrac{\det \underline{Z}}{\underline{Z}_{22}}$	$\dfrac{\underline{Z}_{12}}{\underline{Z}_{22}}$	$\underline{H}_{11}$	$\underline{H}_{12}$	$\dfrac{\underline{C}_{22}}{\det \underline{C}}$	$\dfrac{-\underline{C}_{12}}{\det \underline{C}}$	$\dfrac{\underline{A}_{12}}{\underline{A}_{22}}$	$\dfrac{\det \underline{A}}{\underline{A}_{22}}$
	$\dfrac{\underline{Y}_{21}}{\underline{Y}_{11}}$	$\dfrac{\det \underline{Y}}{\underline{Y}_{11}}$	$\dfrac{-\underline{Z}_{21}}{\underline{Z}_{22}}$	$\dfrac{1}{\underline{Z}_{22}}$	$\underline{H}_{21}$	$\underline{H}_{22}$	$\dfrac{-\underline{C}_{21}}{\det \underline{C}}$	$\dfrac{\underline{C}_{11}}{\det \underline{C}}$	$\dfrac{-1}{\underline{A}_{22}}$	$\dfrac{\underline{A}_{21}}{\underline{A}_{22}}$
(C)	$\dfrac{\det \underline{Y}}{\underline{Y}_{22}}$	$\dfrac{\underline{Y}_{12}}{\underline{Y}_{22}}$	$\dfrac{1}{\underline{Z}_{11}}$	$\dfrac{-\underline{Z}_{12}}{\underline{Z}_{11}}$	$\dfrac{\underline{H}_{22}}{\det \underline{H}}$	$\dfrac{-\underline{H}_{12}}{\det \underline{H}}$	$\underline{C}_{11}$	$\underline{C}_{12}$	$\dfrac{\underline{A}_{21}}{\underline{A}_{11}}$	$\dfrac{-\det \underline{A}}{\underline{A}_{11}}$
	$\dfrac{-\underline{Y}_{21}}{\underline{Y}_{22}}$	$\dfrac{1}{\underline{Y}_{22}}$	$\dfrac{\underline{Z}_{21}}{\underline{Z}_{11}}$	$\dfrac{\det \underline{Z}}{\underline{Z}_{11}}$	$\dfrac{-\underline{H}_{21}}{\det \underline{H}}$	$\dfrac{\underline{H}_{11}}{\det \underline{H}}$	$\underline{C}_{21}$	$\underline{C}_{22}$	$\dfrac{1}{\underline{A}_{11}}$	$\dfrac{\underline{A}_{12}}{\underline{A}_{11}}$
(A)	$\dfrac{-\underline{Y}_{22}}{\underline{Y}_{21}}$	$\dfrac{-1}{\underline{Y}_{21}}$	$\dfrac{\underline{Z}_{11}}{\underline{Z}_{21}}$	$\dfrac{\det \underline{Z}}{\underline{Z}_{21}}$	$\dfrac{-\det \underline{H}}{\underline{H}_{21}}$	$\dfrac{-\underline{H}_{11}}{\underline{H}_{21}}$	$\dfrac{1}{\underline{C}_{21}}$	$\dfrac{\underline{C}_{22}}{\underline{C}_{21}}$	$\underline{A}_{11}$	$\underline{A}_{12}$
	$\dfrac{-\det \underline{Y}}{\underline{Y}_{21}}$	$\dfrac{-\underline{Y}_{11}}{\underline{Y}_{21}}$	$\dfrac{1}{\underline{Z}_{21}}$	$\dfrac{\underline{Z}_{22}}{\underline{Z}_{21}}$	$\dfrac{-\underline{H}_{22}}{\underline{H}_{21}}$	$\dfrac{-1}{\underline{H}_{21}}$	$\dfrac{\underline{C}_{11}}{\underline{C}_{21}}$	$\dfrac{\det \underline{C}}{\underline{C}_{21}}$	$\underline{A}_{21}$	$\underline{A}_{22}$

Formeln für Vierpoldeterminanten:

$$\det \underline{Y} = \underline{Y}_{11}\underline{Y}_{22} - \underline{Y}_{12}\underline{Y}_{21} = \frac{1}{\det \underline{Z}} = \frac{\underline{H}_{22}}{\underline{H}_{11}} = \frac{\underline{C}_{11}}{\underline{C}_{22}} = \frac{\underline{A}_{21}}{\underline{A}_{12}}$$

$$\det \underline{Z} = \frac{1}{\det \underline{Y}} = \underline{Z}_{11}\underline{Z}_{22} - \underline{Z}_{12}\underline{Z}_{21} = \frac{\underline{H}_{11}}{\underline{H}_{22}} = \frac{\underline{C}_{22}}{\underline{C}_{11}} = \frac{\underline{A}_{12}}{\underline{A}_{21}}$$

$$\det \underline{H} = \frac{\underline{Y}_{22}}{\underline{Y}_{11}} = \frac{\underline{Z}_{11}}{\underline{Z}_{22}} = \underline{H}_{11}\underline{H}_{22} - \underline{H}_{12}\underline{H}_{21} = \frac{1}{\det \underline{C}} = \frac{\underline{A}_{11}}{\underline{A}_{22}}$$

$$\det \underline{C} = \frac{\underline{Y}_{11}}{\underline{Y}_{22}} = \frac{\underline{Z}_{22}}{\underline{Z}_{11}} = \frac{1}{\det \underline{H}} = \underline{C}_{11}\underline{C}_{22} - \underline{C}_{12}\underline{C}_{21} = \frac{\underline{A}_{22}}{\underline{A}_{11}}$$

$$\det \underline{A} = \frac{\underline{Y}_{12}}{\underline{Y}_{21}} = \frac{\underline{Z}_{12}}{\underline{Z}_{21}} = -\frac{\underline{H}_{12}}{\underline{H}_{21}} = -\frac{\underline{C}_{12}}{\underline{C}_{21}} = \underline{A}_{11}\underline{A}_{22} - \underline{A}_{12}\underline{A}_{21}$$

Ersatzschaltungen von Vierpolen

π-Ersatzschaltung:

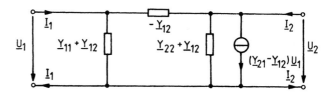

T-Ersatzschaltung:

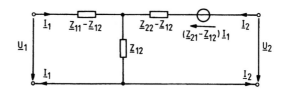

U-Ersatzschaltungen:

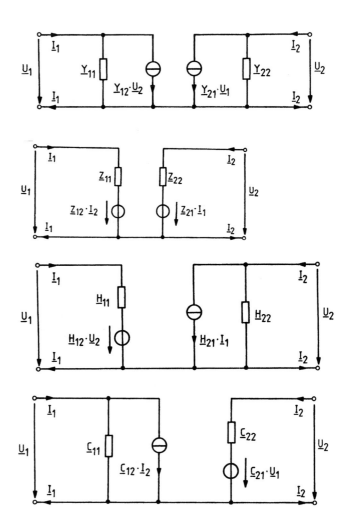

10.3 Vierpolparameter passiver Vierpole

(Band 3, S.186-188)

Längswiderstand	($\underline{Y}$)		($\underline{Z}$)	
	$\dfrac{1}{\underline{Z}}$	$-\dfrac{1}{\underline{Z}}$	($\underline{Z}$) existiert nicht (Matrixelemente sind unendlich)	
	$-\dfrac{1}{\underline{Z}}$	$\dfrac{1}{\underline{Z}}$		
($\underline{A}$)		($\underline{H}$)		($\underline{C}$)	
1	$\underline{Z}$	$\underline{Z}$	1	0	-1
0	1	-1	0	1	$\underline{Z}$
Querwiderstand	($\underline{Y}$)		($\underline{Z}$)	
	($\underline{Y}$) existiert nicht (Matrixelemente sind unendlich)		$\underline{Z}$	$\underline{Z}$
			$\underline{Z}$	$\underline{Z}$
($\underline{A}$)		($\underline{H}$)		($\underline{C}$)	
1	0	0	1	$\dfrac{1}{\underline{Z}}$	-1
$\dfrac{1}{\underline{Z}}$	1	-1	$\dfrac{1}{\underline{Z}}$	1	0
Γ-Vierpol I	($\underline{Y}$)		($\underline{Z}$)	
	$\dfrac{1}{\underline{Z}_1}+\dfrac{1}{\underline{Z}_2}$	$-\dfrac{1}{\underline{Z}_2}$	$\underline{Z}_1$	$\underline{Z}_1$
	$-\dfrac{1}{\underline{Z}_2}$	$\dfrac{1}{\underline{Z}_2}$	$\underline{Z}_1$	$\underline{Z}_1+\underline{Z}_2$
($\underline{A}$)		($\underline{H}$)		($\underline{C}$)	
1	$\underline{Z}_2$	$\dfrac{\underline{Z}_1 \cdot \underline{Z}_2}{\underline{Z}_1+\underline{Z}_2}$	$\dfrac{\underline{Z}_1}{\underline{Z}_1+\underline{Z}_2}$	$\dfrac{1}{\underline{Z}_1}$	-1
$\dfrac{1}{\underline{Z}_1}$	$1+\dfrac{\underline{Z}_2}{\underline{Z}_1}$	$-\dfrac{\underline{Z}_1}{\underline{Z}_1+\underline{Z}_2}$	$\dfrac{1}{\underline{Z}_1+\underline{Z}_2}$	1	$\underline{Z}_2$

Γ-Vierpol II	($\underline{Y}$)		($\underline{Z}$)	
(schematic: $\underline{Z}_1$ series, $\underline{Z}_2$ shunt)	$\dfrac{1}{\underline{Z}_1}$	$-\dfrac{1}{\underline{Z}_1}$	$\underline{Z}_1 + \underline{Z}_2$	$\underline{Z}_2$
	$-\dfrac{1}{\underline{Z}_1}$	$\dfrac{1}{\underline{Z}_1} + \dfrac{1}{\underline{Z}_2}$	$\underline{Z}_2$	$\underline{Z}_2$
($\underline{A}$)		($\underline{H}$)		($\underline{C}$)
$1 + \dfrac{\underline{Z}_1}{\underline{Z}_2}$	$\underline{Z}_1$	$\underline{Z}_1$	1	$\dfrac{1}{\underline{Z}_1 + \underline{Z}_2}$	$-\dfrac{\underline{Z}_2}{\underline{Z}_1 + \underline{Z}_2}$
$\dfrac{1}{\underline{Z}_2}$	1	-1	$\dfrac{1}{\underline{Z}_2}$	$\dfrac{\underline{Z}_2}{\underline{Z}_1 + \underline{Z}_2}$	$\dfrac{\underline{Z}_1 \cdot \underline{Z}_2}{\underline{Z}_1 + \underline{Z}_2}$

T-Schaltung	($\underline{Y}$)		($\underline{Z}$)	
(schematic: $\underline{Z}_1$, $\underline{Z}_3$ series; $\underline{Z}_2$ shunt)	$\dfrac{\underline{Z}_2 + \underline{Z}_3}{\underline{K}}$	$-\dfrac{\underline{Z}_2}{\underline{K}}$	$\underline{Z}_1 + \underline{Z}_2$	$\underline{Z}_2$
mit $\underline{K} = \underline{Z}_1\underline{Z}_2 + \underline{Z}_1\underline{Z}_3 + \underline{Z}_2\underline{Z}_3$	$-\dfrac{\underline{Z}_2}{\underline{K}}$	$\dfrac{\underline{Z}_1 + \underline{Z}_2}{\underline{K}}$	$\underline{Z}_2$	$\underline{Z}_2 + \underline{Z}_3$
($\underline{A}$)		($\underline{H}$)		($\underline{C}$)	
$1 + \dfrac{\underline{Z}_1}{\underline{Z}_2}$	$\underline{Z}_1 + \underline{Z}_3 + \dfrac{\underline{Z}_1\underline{Z}_3}{\underline{Z}_2}$	$\dfrac{\underline{K}}{\underline{Z}_2 + \underline{Z}_3}$	$\dfrac{\underline{Z}_2}{\underline{Z}_2 + \underline{Z}_3}$	$\dfrac{1}{\underline{Z}_1 + \underline{Z}_2}$	$-\dfrac{\underline{Z}_2}{\underline{Z}_1 + \underline{Z}_2}$
$\dfrac{1}{\underline{Z}_2}$	$1 + \dfrac{\underline{Z}_3}{\underline{Z}_2}$	$-\dfrac{\underline{Z}_2}{\underline{Z}_2 + \underline{Z}_3}$	$\dfrac{1}{\underline{Z}_2 + \underline{Z}_3}$	$\dfrac{\underline{Z}_2}{\underline{Z}_1 + \underline{Z}_2}$	$\underline{Z}_3 + \dfrac{\underline{Z}_1\underline{Z}_2}{\underline{Z}_1 + \underline{Z}_2}$

π-Schaltung	($\underline{Y}$)		($\underline{Z}$)	
(schematic: $\underline{Z}_2$ series; $\underline{Z}_1$, $\underline{Z}_3$ shunt)	$\dfrac{1}{\underline{Z}_1} + \dfrac{1}{\underline{Z}_2}$	$-\dfrac{1}{\underline{Z}_2}$	$\dfrac{\underline{Z}_1(\underline{Z}_2 + \underline{Z}_3)}{\underline{Z}_1 + \underline{Z}_2 + \underline{Z}_3}$	$\dfrac{\underline{Z}_1\underline{Z}_3}{\underline{Z}_1 + \underline{Z}_2 + \underline{Z}_3}$
	$-\dfrac{1}{\underline{Z}_2}$	$\dfrac{1}{\underline{Z}_2} + \dfrac{1}{\underline{Z}_3}$	$\dfrac{\underline{Z}_1\underline{Z}_3}{\underline{Z}_1 + \underline{Z}_2 + \underline{Z}_3}$	$\dfrac{\underline{Z}_3(\underline{Z}_1 + \underline{Z}_2)}{\underline{Z}_1 + \underline{Z}_2 + \underline{Z}_3}$
($\underline{A}$)		($\underline{H}$)		($\underline{C}$)	
$1 + \dfrac{\underline{Z}_2}{\underline{Z}_3}$	$\underline{Z}_2$	$\dfrac{\underline{Z}_1 \cdot \underline{Z}_2}{\underline{Z}_1 + \underline{Z}_2}$	$\dfrac{\underline{Z}_1}{\underline{Z}_1 + \underline{Z}_2}$	$\dfrac{\underline{Z}_1 + \underline{Z}_2 + \underline{Z}_3}{\underline{Z}_1(\underline{Z}_2 + \underline{Z}_3)}$	$-\dfrac{\underline{Z}_3}{\underline{Z}_2 + \underline{Z}_3}$
$\dfrac{1}{\underline{Z}_1} + \dfrac{1}{\underline{Z}_3} + \dfrac{\underline{Z}_2}{\underline{Z}_1\underline{Z}_3}$	$1 + \dfrac{\underline{Z}_2}{\underline{Z}_1}$	$-\dfrac{\underline{Z}_1}{\underline{Z}_1 + \underline{Z}_2}$	$\dfrac{\underline{Z}_1 + \underline{Z}_2 + \underline{Z}_3}{\underline{Z}_3(\underline{Z}_1 + \underline{Z}_2)}$	$\dfrac{\underline{Z}_3}{\underline{Z}_2 + \underline{Z}_3}$	$\dfrac{\underline{Z}_2\underline{Z}_3}{\underline{Z}_2 + \underline{Z}_3}$

10.3 Vierpolparameter passiver Vierpole

Umpoler	$(\underline{Y})$	$(\underline{Z})$
	existiert nicht	existiert nicht
$(\underline{A})$	$(\underline{H})$	$(\underline{C})$
$\begin{array}{cc} -1 & 0 \\ 0 & -1 \end{array}$	$\begin{array}{cc} 0 & -1 \\ 1 & 0 \end{array}$	$\begin{array}{cc} 0 & 1 \\ -1 & 0 \end{array}$

Symmetrische X-Schaltung	$(\underline{Y})$	$(\underline{Z})$
	$\begin{array}{cc} \frac{1}{2}\left(\frac{1}{\underline{Z}_1}+\frac{1}{\underline{Z}_2}\right) & \frac{1}{2}\left(\frac{1}{\underline{Z}_1}-\frac{1}{\underline{Z}_2}\right) \\ \frac{1}{2}\left(\frac{1}{\underline{Z}_1}-\frac{1}{\underline{Z}_2}\right) & \frac{1}{2}\left(\frac{1}{\underline{Z}_1}+\frac{1}{\underline{Z}_2}\right) \end{array}$	$\begin{array}{cc} \frac{1}{2}(\underline{Z}_1+\underline{Z}_2) & \frac{1}{2}(\underline{Z}_1-\underline{Z}_2) \\ \frac{1}{2}(\underline{Z}_1-\underline{Z}_2) & \frac{1}{2}(\underline{Z}_1+\underline{Z}_2) \end{array}$
$(\underline{A})$	$(\underline{H})$	$(\underline{C})$
$\begin{array}{cc} \frac{\underline{Z}_1+\underline{Z}_2}{\underline{Z}_1-\underline{Z}_2} & \frac{2\cdot\underline{Z}_1\cdot\underline{Z}_2}{\underline{Z}_1-\underline{Z}_2} \\ \frac{2}{\underline{Z}_1-\underline{Z}_2} & \frac{\underline{Z}_1+\underline{Z}_2}{\underline{Z}_1-\underline{Z}_2} \end{array}$	$\begin{array}{cc} \frac{2\cdot\underline{Z}_1\cdot\underline{Z}_2}{\underline{Z}_1+\underline{Z}_2} & \frac{\underline{Z}_1-\underline{Z}_2}{\underline{Z}_1+\underline{Z}_2} \\ -\frac{\underline{Z}_1-\underline{Z}_2}{\underline{Z}_1+\underline{Z}_2} & \frac{2}{\underline{Z}_1+\underline{Z}_2} \end{array}$	$\begin{array}{cc} \frac{2}{\underline{Z}_1+\underline{Z}_2} & -\frac{\underline{Z}_1-\underline{Z}_2}{\underline{Z}_1+\underline{Z}_2} \\ \frac{\underline{Z}_1-\underline{Z}_2}{\underline{Z}_1+\underline{Z}_2} & \frac{2\cdot\underline{Z}_1\cdot\underline{Z}_2}{\underline{Z}_1+\underline{Z}_2} \end{array}$

Symmetrischer Brücken-T-Vierpol		
	$(\underline{Y})$	
	$\dfrac{\underline{Z}_1+\underline{Z}_2}{\underline{Z}_1^2+2\cdot\underline{Z}_1\cdot\underline{Z}_2}+\dfrac{1}{\underline{Z}_3}$	$-\left(\dfrac{\underline{Z}_2}{\underline{Z}_1^2+2\cdot\underline{Z}_1\cdot\underline{Z}_2}+\dfrac{1}{\underline{Z}_3}\right)$
	$-\left(\dfrac{\underline{Z}_2}{\underline{Z}_1^2+2\cdot\underline{Z}_1\cdot\underline{Z}_2}+\dfrac{1}{\underline{Z}_3}\right)$	$\dfrac{\underline{Z}_1+\underline{Z}_2}{\underline{Z}_1^2+2\cdot\underline{Z}_1\cdot\underline{Z}_2}+\dfrac{1}{\underline{Z}_3}$
	$(\underline{Z})$	
	$\dfrac{\underline{Z}_1^2+\underline{Z}_1\cdot\underline{Z}_3}{2\cdot\underline{Z}_1+\underline{Z}_3}+\underline{Z}_2$	$\dfrac{\underline{Z}_1^2}{2\cdot\underline{Z}_1+\underline{Z}_3}+\underline{Z}_2$
	$\dfrac{\underline{Z}_1^2}{2\cdot\underline{Z}_1+\underline{Z}_3}+\underline{Z}_2$	$\dfrac{\underline{Z}_1^2+\underline{Z}_1\cdot\underline{Z}_3}{2\cdot\underline{Z}_1+\underline{Z}_3}+\underline{Z}_2$

10.4 Betriebskenngrößen von Vierpolen

(Band 3, S.189-202)

Kenngrößen eines Vierpols im Vorwärtsbetrieb

Betriebskenngröße		Leerlauf	Kurzschluss
Eingangsleitwert	$\underline{Y}_{in} = \dfrac{\underline{I}_1}{\underline{U}_1}$	$\underline{C}_{11}$	$\underline{Y}_{11}$
Eingangswiderstand	$\underline{Z}_{in} = \dfrac{\underline{U}_1}{\underline{I}_1}$	$\underline{Z}_{11}$	$\underline{H}_{11}$
Übertragungsleitwert vorwärts	$\underline{Y}_{üf} = \dfrac{\underline{I}_2}{\underline{U}_1}$	0	$\underline{Y}_{21} = -\dfrac{1}{\underline{A}_{12}}$
Übertragungswiderstand vorwärts	$\underline{Z}_{üf} = \dfrac{\underline{U}_2}{\underline{I}_1}$	$\underline{Z}_{21} = \dfrac{1}{\underline{A}_{21}}$	0
Spannungsübersetzung vorwärts	$\underline{V}_{uf} = \dfrac{\underline{U}_2}{\underline{U}_1}$	$\underline{C}_{21} = \dfrac{1}{\underline{A}_{11}}$	0
Stromübersetzung vorwärts	$\underline{V}_{if} = \dfrac{\underline{I}_2}{\underline{I}_1}$	0	$\underline{H}_{21} = -\dfrac{1}{\underline{A}_{22}}$

Kenngrößen eines Vierpols im Rückwärtsbetrieb

Betriebskenngröße		Leerlauf	Kurzschluss
Ausgangsleitwert	$\underline{Y}_{out} = \dfrac{\underline{I}_2}{\underline{U}_2}$	$\underline{H}_{22}$	$\underline{Y}_{22}$
Ausgangswiderstand	$\underline{Z}_{out} = \dfrac{\underline{U}_2}{\underline{I}_2}$	$\underline{Z}_{22}$	$\underline{C}_{22}$
Übertragungsleitwert rückwärts	$\underline{Y}_{ür} = \dfrac{\underline{I}_1}{\underline{U}_2}$	0	$\underline{Y}_{12}$
Übertragungswiderstand rückwärts	$\underline{Z}_{ür} = \dfrac{\underline{U}_1}{\underline{I}_2}$	$\underline{Z}_{12}$	0
Spannungsrückwirkung	$\underline{V}_{ur} = \dfrac{\underline{U}_1}{\underline{U}_2}$	$\underline{H}_{12}$	0
Stromrückwirkung	$\underline{V}_{ir} = \dfrac{\underline{I}_1}{\underline{I}_2}$	0	$\underline{C}_{12}$

10.4 Betriebskenngrößen von Vierpolen

Kenngrößen des beschalteten Vierpols im Vorwärtsbetrieb

	$(\underline{Y})$	$(\underline{Z})$	$(\underline{H})$	$(\underline{C})$	$(\underline{A})$
$\underline{Y}_{in}$	$\dfrac{\det \underline{Y} + \underline{Y}_{11} \cdot \underline{Y}_a}{\underline{Y}_{22} + \underline{Y}_a}$	$\dfrac{1 + \underline{Z}_{22} \cdot \underline{Y}_a}{\underline{Z}_{11} + \underline{Y}_a \cdot \det \underline{Z}}$	$\dfrac{\underline{H}_{22} + \underline{Y}_a}{\det \underline{H} + \underline{H}_{11} \cdot \underline{Y}_a}$	$\dfrac{\underline{C}_{11} + \underline{Y}_a \cdot \det \underline{C}}{1 + \underline{C}_{22} \cdot \underline{Y}_a}$	$\dfrac{\underline{A}_{21} + \underline{A}_{22} \cdot \underline{Y}_a}{\underline{A}_{11} + \underline{A}_{12} \cdot \underline{Y}_a}$
$\underline{Z}_{in}$	$\dfrac{\underline{Y}_{22} + \underline{Y}_a}{\det \underline{Y} + \underline{Y}_{11} \cdot \underline{Y}_a}$	$\dfrac{\underline{Z}_{11} + \underline{Y}_a \cdot \det \underline{Z}}{1 + \underline{Z}_{22} \cdot \underline{Y}_a}$	$\dfrac{\det \underline{H} + \underline{H}_{11} \cdot \underline{Y}_a}{\underline{H}_{22} + \underline{Y}_a}$	$\dfrac{1 + \underline{C}_{22} \cdot \underline{Y}_a}{\underline{C}_{11} + \underline{Y}_a \cdot \det \underline{C}}$	$\dfrac{\underline{A}_{11} + \underline{A}_{12} \cdot \underline{Y}_a}{\underline{A}_{21} + \underline{A}_{22} \cdot \underline{Y}_a}$
$\underline{Y}_{\text{üf}}$	$\dfrac{\underline{Y}_{21} \cdot \underline{Y}_a}{\underline{Y}_{22} + \underline{Y}_a}$	$\dfrac{-\underline{Z}_{21} \cdot \underline{Y}_a}{\underline{Z}_{11} + \underline{Y}_a \cdot \det \underline{Z}}$	$\dfrac{\underline{H}_{21} \cdot \underline{Y}_a}{\det \underline{H} + \underline{H}_{11} \cdot \underline{Y}_a}$	$\dfrac{-\underline{C}_{21} \cdot \underline{Y}_a}{1 + \underline{C}_{22} \cdot \underline{Y}_a}$	$\dfrac{-\underline{Y}_a}{\underline{A}_{11} + \underline{A}_{12} \cdot \underline{Y}_a}$
$\underline{Z}_{\text{üf}}$	$\dfrac{-\underline{Y}_{21}}{\det \underline{Y} + \underline{Y}_{11} \cdot \underline{Y}_a}$	$\dfrac{\underline{Z}_{21}}{1 + \underline{Z}_{22} \cdot \underline{Y}_a}$	$\dfrac{-\underline{H}_{21}}{\underline{H}_{22} + \underline{Y}_a}$	$\dfrac{\underline{C}_{21}}{\underline{C}_{11} + \underline{Y}_a \cdot \det \underline{C}}$	$\dfrac{1}{\underline{A}_{21} + \underline{A}_{22} \cdot \underline{Y}_a}$
$\underline{V}_{uf}$	$\dfrac{-\underline{Y}_{21}}{\underline{Y}_{22} + \underline{Y}_a}$	$\dfrac{\underline{Z}_{21}}{\underline{Z}_{11} + \underline{Y}_a \cdot \det \underline{Z}}$	$\dfrac{-\underline{H}_{21}}{\det \underline{H} + \underline{H}_{11} \cdot \underline{Y}_a}$	$\dfrac{\underline{C}_{21}}{1 + \underline{C}_{22} \cdot \underline{Y}_a}$	$\dfrac{1}{\underline{A}_{11} + \underline{A}_{12} \cdot \underline{Y}_a}$
$\underline{V}_{if}$	$\dfrac{\underline{Y}_{21} \cdot \underline{Y}_a}{\det \underline{Y} + \underline{Y}_{11} \cdot \underline{Y}_a}$	$\dfrac{-\underline{Z}_{21} \cdot \underline{Y}_a}{1 + \underline{Z}_{22} \cdot \underline{Y}_a}$	$\dfrac{\underline{H}_{21} \cdot \underline{Y}_a}{\underline{H}_{22} + \underline{Y}_a}$	$\dfrac{-\underline{C}_{21} \cdot \underline{Y}_a}{\underline{C}_{11} + \underline{Y}_a \cdot \det \underline{C}}$	$\dfrac{-\underline{Y}_a}{\underline{A}_{21} + \underline{A}_{22} \cdot \underline{Y}_a}$

Kenngrößen des beschalteten Vierpols im Rückwärtsbetrieb

	$(\underline{Y})$	$(\underline{Z})$	$(\underline{H})$	$(\underline{C})$	$(\underline{A})$
$\underline{Y}_{out}$	$\dfrac{\det \underline{Y} + \underline{Y}_{22} \cdot \underline{Y}_i}{\underline{Y}_{11} + \underline{Y}_i}$	$\dfrac{1 + \underline{Z}_{11} \cdot \underline{Y}_i}{\underline{Z}_{22} + \underline{Y}_i \cdot \det \underline{Z}}$	$\dfrac{\underline{H}_{22} + \underline{Y}_i \cdot \det \underline{H}}{1 + \underline{H}_{11} \cdot \underline{Y}_i}$	$\dfrac{\underline{C}_{11} + \underline{Y}_i}{\det \underline{C} + \underline{C}_{22} \cdot \underline{Y}_i}$	$\dfrac{\underline{A}_{21} + \underline{A}_{11} \cdot \underline{Y}_i}{\underline{A}_{22} + \underline{A}_{12} \cdot \underline{Y}_i}$
$\underline{Z}_{out}$	$\dfrac{\underline{Y}_{11} + \underline{Y}_i}{\det \underline{Y} + \underline{Y}_{22} \cdot \underline{Y}_i}$	$\dfrac{\underline{Z}_{22} + \underline{Y}_i \cdot \det \underline{Z}}{1 + \underline{Z}_{11} \cdot \underline{Y}_i}$	$\dfrac{1 + \underline{H}_{11} \cdot \underline{Y}_i}{\underline{H}_{22} + \underline{Y}_i \cdot \det \underline{H}}$	$\dfrac{\det \underline{C} + \underline{C}_{22} \cdot \underline{Y}_i}{\underline{C}_{11} + \underline{Y}_i}$	$\dfrac{\underline{A}_{22} + \underline{A}_{12} \cdot \underline{Y}_i}{\underline{A}_{21} + \underline{A}_{11} \cdot \underline{Y}_i}$
$\underline{Y}_{\text{ür}}$	$\dfrac{\underline{Y}_{12} \cdot \underline{Y}_i}{\underline{Y}_{11} + \underline{Y}_i}$	$\dfrac{-\underline{Z}_{12} \cdot \underline{Y}_i}{\underline{Z}_{22} + \underline{Y}_i \cdot \det \underline{Z}}$	$\dfrac{-\underline{H}_{12} \cdot \underline{Y}_i}{1 + \underline{H}_{11} \cdot \underline{Y}_i}$	$\dfrac{\underline{C}_{12} \cdot \underline{Y}_i}{\det \underline{C} + \underline{C}_{22} \cdot \underline{Y}_i}$	$\dfrac{-\underline{Y}_i \cdot \det \underline{A}}{\underline{A}_{22} + \underline{A}_{12} \cdot \underline{Y}_i}$
$\underline{Z}_{\text{ür}}$	$\dfrac{-\underline{Y}_{12}}{\det \underline{Y} + \underline{Y}_{22} \cdot \underline{Y}_i}$	$\dfrac{\underline{Z}_{12}}{1 + \underline{Z}_{11} \cdot \underline{Y}_i}$	$\dfrac{\underline{H}_{12}}{\underline{H}_{22} + \underline{Y}_i \cdot \det \underline{H}}$	$\dfrac{-\underline{C}_{12}}{\underline{C}_{11} + \underline{Y}_i}$	$\dfrac{\det \underline{A}}{\underline{A}_{21} + \underline{A}_{11} \cdot \underline{Y}_i}$
$\underline{V}_{ur}$	$\dfrac{-\underline{Y}_{12}}{\underline{Y}_{11} + \underline{Y}_i}$	$\dfrac{\underline{Z}_{12}}{\underline{Z}_{22} + \underline{Y}_i \cdot \det \underline{Z}}$	$\dfrac{\underline{H}_{12}}{1 + \underline{H}_{11} \cdot \underline{Y}_i}$	$\dfrac{-\underline{C}_{12}}{\det \underline{C} + \underline{C}_{22} \cdot \underline{Y}_i}$	$\dfrac{\det \underline{A}}{\underline{A}_{22} + \underline{A}_{12} \cdot \underline{Y}_i}$
$\underline{V}_{ir}$	$\dfrac{\underline{Y}_{12} \cdot \underline{Y}_i}{\det \underline{Y} + \underline{Y}_{22} \cdot \underline{Y}_i}$	$\dfrac{-\underline{Z}_{12} \cdot \underline{Y}_i}{1 + \underline{Z}_{11} \cdot \underline{Y}_i}$	$\dfrac{-\underline{H}_{12} \cdot \underline{Y}_i}{\underline{H}_{22} + \underline{Y}_i \cdot \det \underline{H}}$	$\dfrac{\underline{C}_{12} \cdot \underline{Y}_i}{\underline{C}_{11} + \underline{Y}_i}$	$\dfrac{-\underline{Y}_i \cdot \det \underline{A}}{\underline{A}_{21} + \underline{A}_{11} \cdot \underline{Y}_i}$

10.5 Leistungsverstärkung und Dämpfung

(Band 3, S.203-217)

Bei aktiven Vierpolschaltungen wird für die Beurteilung der Leistungsübertragung die Leistungsverstärkung V_p definiert.

Bei passiven Vierpolen wird der Kehrwert der Leistungsverstärkung als Leistungskenngröße verwendet und *Dämpfung* genannt.

Die Leistungsverstärkung (Klemmen-Leistungsverstärkung, power gain) ist gleich dem Verhältnis der Wirkleistung am Vierpolausgang P_{out} zur Wirkleistung am Vierpoleingang P_{in}:

$$V_p = \frac{P_{out}}{P_{in}} \qquad V_p = 10 \cdot \lg\left(\frac{P_{out}}{P_{in}}\right) \text{ in dB}$$

$$V_p = |\underline{V}_{uf}|^2 \cdot \frac{G_a}{G_{in}} \qquad \text{mit} \quad G_{in} = \text{Re}\{\underline{Y}_{in}\}$$

oder

$$V_p = |\underline{V}_{if}|^2 \cdot \frac{R_a}{R_{in}} \qquad \text{mit} \quad R_{in} = \text{Re}\{\underline{Z}_{in}\}$$

Sind der Eingangswiderstand und der Belastungswiderstand reell, dann kann die Leistungsverstärkung auch aus der Strom- und Spannungsverstärkung errechnet werden:

$$V_p = \frac{I_2}{I_1} \cdot \frac{I_2 \cdot R_a}{I_1 \cdot R_{in}} = \frac{I_2}{I_1} \cdot \frac{U_2}{U_1} = |\underline{V}_{if}| \cdot |\underline{V}_{uf}|$$

V_p-Formel mit $\underline{Y}$-Parametern:

$$V_p = \frac{|\underline{Y}_{21}|^2 \cdot G_a}{\text{Re}\left\{(\det \underline{Y} + \underline{Y}_{11} \cdot \underline{Y}_a) \cdot (\underline{Y}_{22}^* + \underline{Y}_a^*)\right\}}$$

V_p-Formel mit $\underline{H}$-Parametern:

$$V_p = \frac{|\underline{H}_{21}|^2 \cdot G_a}{\text{Re}\left\{(\underline{H}_{22} + \underline{Y}_a) \cdot \left[(\det \underline{H})^* + \underline{H}_{11}^* \cdot \underline{Y}_a^*\right]\right\}}$$

V_p-Formel mit $\underline{A}$-Parametern:

$$V_p = \frac{G_a}{\text{Re}\left\{(\underline{A}_{21} + \underline{A}_{22} \cdot \underline{Y}_a) \cdot (\underline{A}_{11}^* + \underline{A}_{12}^* \cdot \underline{Y}_a^*)\right\}}$$

10.6 Spezielle Vierpole

(Band 3, S.218-225)

Umkehrbare Vierpole

Ein Vierpol ist umkehrbar (reziprok, übertragungssymmetrisch), wenn für diesen Vierpol der Kirchhoffsche Umkehrungssatz gilt:

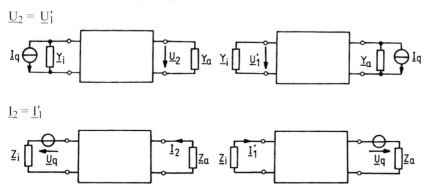

Passive Vierpole sind umkehrbar.

Bedingungsgleichungen für einen umkehrbaren Vierpol:

| $\underline{Y}_{12} = \underline{Y}_{21}$ | $\underline{Z}_{12} = \underline{Z}_{21}$ | $\underline{H}_{12} = -\underline{H}_{21}$ | $\underline{C}_{12} = -\underline{C}_{21}$ | $\det \underline{A} = 1$ |

Symmetrische Vierpole

Ein symmetrischer oder widerstandslängssymmetrischer Vierpol hat gleiches Übertragungsverhalten in Vorwärts- und Rückwärtsrichtung.

Umkehrbarer Vierpol mit Richtungssymmetrie: $\quad \underline{Y}_{in}(\underline{Y}) = \underline{Y}_{out}(\underline{Y})$

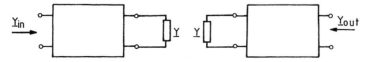

Bedingungsgleichungen für einen symmetrischen Vierpol:

$\underline{Y}_{11} = \underline{Y}_{22}$	$\underline{Z}_{11} = \underline{Z}_{22}$	$\det \underline{H} = 1$	$\det \underline{C} = 1$	$\underline{A}_{11} = \underline{A}_{22}$
$\underline{Y}_{12} = \underline{Y}_{21}$	$\underline{Z}_{12} = \underline{Z}_{21}$	$\underline{H}_{12} = -\underline{H}_{21}$	$\underline{C}_{12} = -\underline{C}_{21}$	$\det \underline{A} = 1$

Rückwirkungsfreie Vierpole

Wird bei einem Vierpol eine Ausgangsgröße nicht auf den Eingang übertragen, dann ist der Vierpol rückwirkungsfrei; ein Rückwärtsbetrieb ist nicht möglich.

Bedingungsgleichungen für einen rückwirkungsfreien Vierpol:

| $\underline{Y}_{12} = 0$ | $\underline{Z}_{12} = 0$ | $\underline{H}_{12} = 0$ | $\underline{C}_{12} = 0$ | $\det \underline{A} = 0$ |

10.7 Zusammenschalten zweier Vierpole

10.7.1 Grundsätzliches über Vierpolzusammenschaltungen

(Band 3, S.226-229)

Vierpolparameter einer Vierpolzusammenschaltung

Um das Wechselstromverhalten von nicht einfachen passiven Vierpolen (z.B. Symmetrische X-Schaltung, Symmetrischer Brücken-T-Vierpol, Phasenketten, Laufzeitketten) und von rückgekoppelten aktiven Vierpolen (z.B. einstufige und mehrstufige Transistorverstärker im Kleinsignalbetrieb) mit Hilfe der Betriebskenngrößen beschreiben zu können, sind deren Vierpolparameter zu berechnen.

Die Parameter können aber erst ermittelt werden, wenn die Vierpolzusammenschaltung entwickelt ist, d. h. wenn untersucht ist, auf welche Art die vorkommenden einfachen Vierpole wechselstrommäßig zusammengeschaltet sind. Bei einem Verstärker z.B. sollte beim Vierpol „Transistor" begonnen werden und dann die Zusammenschaltung des Transistors mit den Widerständen untersucht werden.

Sind mehr als zwei einfache Vierpole zusammengeschaltet, dann werden zunächst zwei Vierpole zu einem Vierpol zusammengefasst und dann der dritte Vierpol mit dem zusammengefassten Vierpol vereinigt, usw. Dabei ist darauf zu achten, dass die Reihenfolge nicht vertauschbar ist. Es handelt sich also immer nur um die Zusammenschaltung von jeweils zwei Vierpolen.

Arten des Zusammenschaltens von Vierpolen:

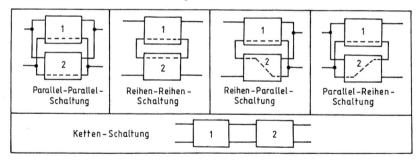

Werden zwei Dreipole (z.B. Transistor und Γ-Vierpol) zusammengeschaltet, dann muss bei der Zusammenschaltung die durchgehende Verbindung mit der gestrichelten Linie in den Prinzipschaltungen übereinstimmen.

Rückkopplungs-Vierpole

    Parallel-Parallel-Schaltung (Spannung-Strom-Rückkopplung)

    Reihen-Reihen-Schaltung (Strom-Spannung-Rückkopplung)

    Reihen-Parallel-Schaltung (Spannung-Spannung-Rückkopplung)

    Parallel-Reihen-Schaltung (Strom-Strom-Rückkopplung)

10.7.2 Die Parallel-Parallel-Schaltung zweier Vierpole

(Band 3, S.230-232)

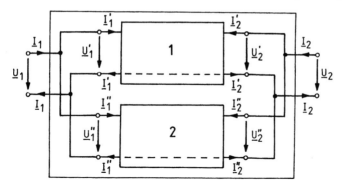

Die Leitwertmatrix von zwei Vierpolen in Parallel-Parallel-Schaltung wird berechnet, indem die entsprechenden Leitwert-Vierpolparameter der Einzelvierpole addiert werden:

$$\begin{pmatrix} \underline{Y}_{11} & \underline{Y}_{12} \\ \underline{Y}_{21} & \underline{Y}_{22} \end{pmatrix} = \begin{pmatrix} \underline{Y}'_{11} + \underline{Y}''_{11} & \underline{Y}'_{12} + \underline{Y}''_{12} \\ \underline{Y}'_{21} + \underline{Y}''_{21} & \underline{Y}'_{22} + \underline{Y}''_{22} \end{pmatrix}$$

Beispiele:

1. Symmetrischer Brücken-T-Vierpol:

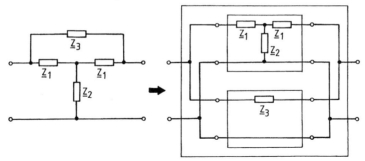

2. Rückgekoppelter Transistor in Emitterschaltung (Spannung-Strom-Rückkopplung):

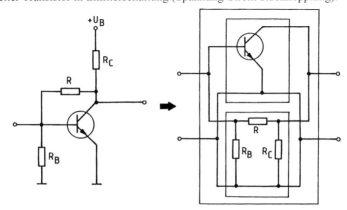

10.7.3 Die Reihen-Reihen-Schaltung zweier Vierpole

(Band 3, S.232-235)

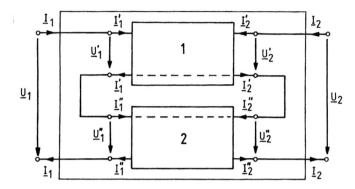

Die Widerstandsmatrix von zwei Vierpolen in Reihen-Reihen-Schaltung wird berechnet, indem die entsprechenden Widerstand-Vierpolparameter der Einzelvierpole addiert werden.

$$\begin{pmatrix} \underline{Z}_{11} & \underline{Z}_{12} \\ \underline{Z}_{21} & \underline{Z}_{22} \end{pmatrix} = \begin{pmatrix} \underline{Z}'_{11} + \underline{Z}''_{11} & \underline{Z}'_{12} + \underline{Z}''_{12} \\ \underline{Z}'_{21} + \underline{Z}''_{21} & \underline{Z}'_{22} + \underline{Z}''_{22} \end{pmatrix}$$

Beispiele:

1. Symmetrischer Brücken-T-Vierpol:

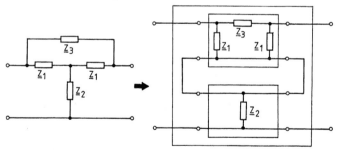

2. Rückgekoppelter Transistor in Emitterschaltung (Strom-Spannung-Rückkopplung):

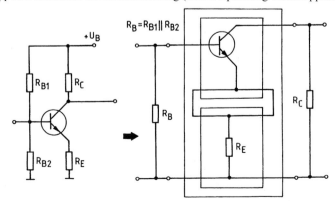

10.7.4 Die Reihen-Parallel-Schaltung zweier Vierpole

(Band 3, S.236-241)

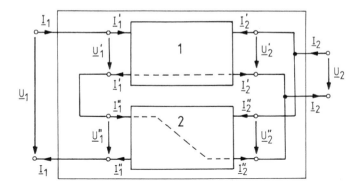

Die Hybridmatrix von zwei Vierpolen in Reihen-Parallel-Schaltung wird berechnet, indem die entsprechenden Hybrid-Vierpolparameter der Einzelvierpole addiert werden:

$$\begin{pmatrix} \underline{H}_{11} & \underline{H}_{12} \\ \underline{H}_{21} & \underline{Z}_{22} \end{pmatrix} = \begin{pmatrix} \underline{H}'_{11} + \underline{H}''_{11} & \underline{H}'_{12} + \underline{H}''_{12} \\ \underline{H}'_{21} + \underline{H}''_{21} & \underline{H}'_{22} + \underline{H}''_{22} \end{pmatrix}$$

Die in der Tabelle 10.3 angegebenen $\underline{H}$-Parameter müssen also hinsichtlich dieser beiden Parameter geändert werden, ehe sie zu den $\underline{H}$-Parametern des Vierpols 1 addiert werden. Die Parameter $\underline{H}_{12}$ und $\underline{H}_{21}$ erhalten umgekehrte Vorzeichen.

Geänderte Zusammenschaltung

Damit die Vierpolparameter des Rückkopplungsvierpols unverändert mit den Parametern des Vierpols 1 zusammengefasst werden können, lässt sich auch die Zusammenschaltung so verändern, dass die durchgehende Verbindung des Vierpols 2 wie bei der Reihen-Reihen-Schaltung oben liegt:

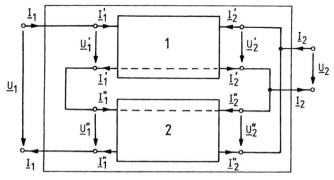

$$\begin{pmatrix} \underline{H}_{11} & \underline{H}_{12} \\ \underline{H}_{21} & \underline{H}_{22} \end{pmatrix} = \begin{pmatrix} \underline{H}'_{11} + \underline{H}''_{11} & \underline{H}'_{12} - \underline{H}''_{12} \\ \underline{H}'_{21} - \underline{H}''_{21} & \underline{H}'_{22} + \underline{H}''_{22} \end{pmatrix}$$

Beispiele:
1. Kollektorschaltung als rückgekoppelter Transistor in Emitterschaltung ohne Kollektorwiderstand (Spannung-Spannung-Rückkopplung):

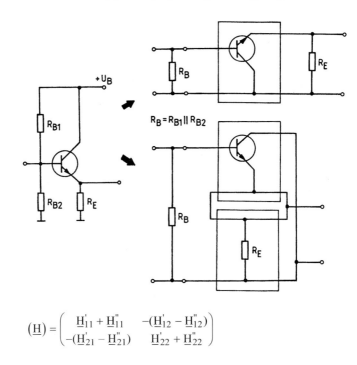

$$(\underline{H}) = \begin{pmatrix} \underline{H}'_{11} + \underline{H}''_{11} & -(\underline{H}'_{12} - \underline{H}''_{12}) \\ -(\underline{H}'_{21} - \underline{H}''_{21}) & \underline{H}'_{22} + \underline{H}''_{22} \end{pmatrix}$$

2. Kollektorschaltung als rückgekoppelter Transistor in Emitterschaltung mit Kollektorwiderstand:

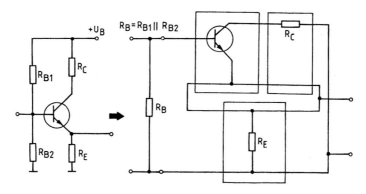

Der Kollektorwiderstand ist als Längswiderstand in Kette zum Transistor geschaltet und verändert dessen Parameter.

3. Phasenumkehrstufe

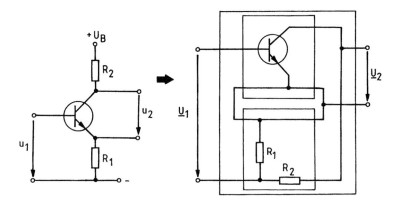

10.7.5 Die Parallel-Reihen-Schaltung zweier Vierpole

(Band 3, S.241-242)

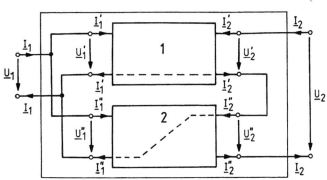

Die C-Parameter von zwei Vierpolen in Parallel-Reihen-Schaltung werden berechnet, indem die entsprechenden C-Parameter der Einzelvierpole addiert werden:

$$\begin{pmatrix} \underline{C}_{11} & \underline{C}_{12} \\ \underline{C}_{21} & \underline{C}_{22} \end{pmatrix} = \begin{pmatrix} \underline{C}'_{11} + \underline{C}''_{11} & \underline{C}'_{12} + \underline{C}''_{12} \\ \underline{C}'_{21} + \underline{C}''_{21} & \underline{C}'_{22} + \underline{C}''_{22} \end{pmatrix}$$

Transistoren in Parallel-Reihen-Schaltung finden in der Praxis keine Anwendung.

10.7.6 Die Ketten-Schaltung zweier Vierpole

(Band 3, S.243-247)

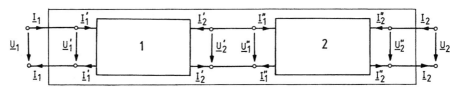

$$\begin{pmatrix} \underline{A}_{11} & \underline{A}_{12} \\ \underline{A}_{21} & \underline{A}_{22} \end{pmatrix} = \begin{pmatrix} \underline{A}'_{11} & \underline{A}'_{12} \\ \underline{A}'_{21} & \underline{A}'_{22} \end{pmatrix} \cdot \begin{pmatrix} \underline{A}''_{11} & \underline{A}''_{12} \\ \underline{A}''_{21} & \underline{A}''_{22} \end{pmatrix}$$

Falksches Schema der Matrizenmultiplikation:

		$\underline{A}''_{11}$ $\underline{A}''_{21}$	$\underline{A}''_{12}$ $\underline{A}''_{22}$
$\underline{A}'_{11}$	$\underline{A}'_{12}$	$\underline{A}'_{11} \cdot \underline{A}''_{11} + \underline{A}'_{12} \cdot \underline{A}''_{21}$	$\underline{A}'_{11} \cdot \underline{A}''_{12} + \underline{A}'_{12} \cdot \underline{A}''_{22}$
$\underline{A}'_{21}$	$\underline{A}'_{22}$	$\underline{A}'_{21} \cdot \underline{A}''_{11} + \underline{A}'_{22} \cdot \underline{A}''_{21}$	$\underline{A}'_{21} \cdot \underline{A}''_{12} + \underline{A}'_{22} \cdot \underline{A}''_{22}$

Beispiel:

Transistorverstärker

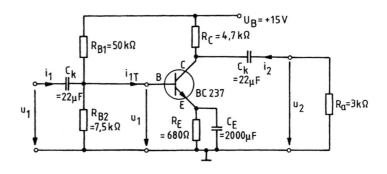

Ersatzschaltbild

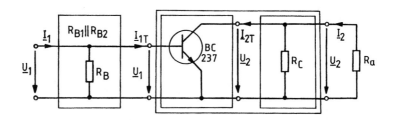

10.8 Die Umrechnung von Vierpolparametern von Dreipolen
(Band 3, S.248-252)

$$(h_c) = \begin{pmatrix} h_{11e} & 1 - h_{12e} \\ -(h_{21e} + 1) & h_{22e} \end{pmatrix} \qquad (h_b) = \begin{pmatrix} \dfrac{h_{11e}}{1 + h_{21e}} & \dfrac{\det h_e - h_{12e}}{1 + h_{21e}} \\ \dfrac{-h_{21e}}{1 + h_{21e}} & \dfrac{h_{22e}}{1 + h_{21e}} \end{pmatrix}$$

Umrechnung der Vierpolparameter mittels Umpoler-Zusammenschaltungen

Kollektorschaltung als Reihen-Parallel-Schaltung

Basisschaltung als Parallel-Reihen-Schaltung

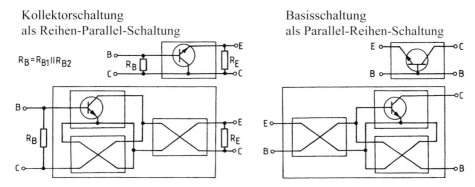

Umrechnung der Vierpolparameter mittels vollständiger Leitwertmatrix

gegeben:

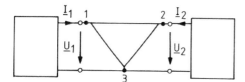

$$\begin{pmatrix} \underline{I}_1 \\ \underline{I}_2 \end{pmatrix} = \begin{pmatrix} y_{11} & y_{12} \\ y_{21} & y_{22} \end{pmatrix} \cdot \begin{pmatrix} \underline{U}_1 \\ \underline{U}_2 \end{pmatrix}$$

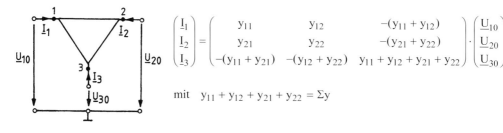

$$\begin{pmatrix} \underline{I}_1 \\ \underline{I}_2 \\ \underline{I}_3 \end{pmatrix} = \begin{pmatrix} y_{11} & y_{12} & -(y_{11} + y_{12}) \\ y_{21} & y_{22} & -(y_{21} + y_{22}) \\ -(y_{11} + y_{21}) & -(y_{12} + y_{22}) & y_{11} + y_{12} + y_{21} + y_{22} \end{pmatrix} \cdot \begin{pmatrix} \underline{U}_{10} \\ \underline{U}_{20} \\ \underline{U}_{30} \end{pmatrix}$$

mit $y_{11} + y_{12} + y_{21} + y_{22} = \Sigma y$

gesucht:

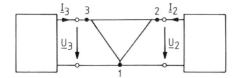

$$\begin{pmatrix} \underline{I}_3 \\ \underline{I}_2 \end{pmatrix} = \begin{pmatrix} \Sigma y & -(y_{12} + y_{22}) \\ -(y_{21} + y_{22}) & y_{22} \end{pmatrix} \cdot \begin{pmatrix} \underline{U}_3 \\ \underline{U}_2 \end{pmatrix}$$

10.9 Die Wellenparameter passiver Vierpole

(Band 3, S.253-258)

Wellenwiderstände passiver Vierpole

Eingangs-Wellenwiderstand $\underline{Z}_{w1}$ Ausgangs-Wellenwiderstand $\underline{Z}_{w2}$

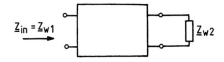

$$\underline{Z}_{w1} = \sqrt{\frac{\underline{A}_{11} \cdot \underline{A}_{12}}{\underline{A}_{21} \cdot \underline{A}_{22}}} = \sqrt{\underline{Z}_{in\,l} \cdot \underline{Z}_{in\,k}}$$

$$\underline{Z}_{w2} = \sqrt{\frac{\underline{A}_{22} \cdot \underline{A}_{12}}{\underline{A}_{21} \cdot \underline{A}_{11}}} = \sqrt{\underline{Z}_{out\,l} \cdot \underline{Z}_{out\,k}}$$

Wellenwiderstand eines symmetrischen Vierpols

$$\underline{Z}_{w1} = \underline{Z}_{w2} = \underline{Z}_w = \sqrt{\frac{\underline{A}_{12}}{\underline{A}_{21}}} = \sqrt{\underline{Z}_{in\,l} \cdot \underline{Z}_{in\,k}} = \sqrt{\underline{Z}_{out\,l} \cdot \underline{Z}_{out\,k}} = \sqrt{\underline{Z}_l \cdot \underline{Z}_k}$$

$$\underline{A}_{11} = \underline{A}_{22} = \sqrt{\frac{\underline{Z}_l}{\underline{Z}_l - \underline{Z}_k}} \qquad \underline{A}_{12} = \underline{Z}_k \cdot \sqrt{\frac{\underline{Z}_l}{\underline{Z}_l - \underline{Z}_k}} \qquad \underline{A}_{21} = \frac{1}{\sqrt{\underline{Z}_l \cdot (\underline{Z}_l - \underline{Z}_k)}}$$

Übertragungsmaß

    mittleres Wellenübertragungsmaß

$$g = \frac{1}{2} \cdot (g_u + g_i) = a + j \cdot b = \ln\left(\sqrt{\underline{A}_{11} \cdot \underline{A}_{22}} + \sqrt{\underline{A}_{12} \cdot \underline{A}_{21}}\right)$$

    mit $a = \mathrm{Re}\{g\}$ Wellendämpfungsmaß

    und $b = \mathrm{Im}\{g\}$ Wellenphasenmaß (Winkelmaß)

    Spannungs-Wellenübertragungsmaß   Strom-Wellenübertragungsmaß

$$g_u = \ln\frac{\underline{U}_1}{\underline{U}_2} \qquad\qquad g_i = \ln\frac{\underline{I}_1}{-\underline{I}_2}$$

Übertragungsmaß symmetrischer passiver Vierpole

$$g = a + j \cdot b = \ln\left(\underline{A}_{11} + \sqrt{\underline{A}_{12} \cdot \underline{A}_{21}}\right) = \ln\left(\underline{A}_{11} + \sqrt{\underline{A}_{11}^2 - 1}\right)$$

Sachwortverzeichnis

A
Abgleichbedingung 12, 113
Admittanz 94
allgemeine Kapazitätsformel 40
allgemeine Ortskurvengleichung 124
allgemeine Widerstandsformel 32
Amplitude 85
Amplitudenspektrum 163, 178
Andersonbrücke 114
Anfangsphasenwinkel 85
Anpassung im Grundstromkreis 4, 10, 26, 123
aperiodischer Fall 149, 155
aperiodischer Grenzfall 149, 156
äquivalente Schaltungen 98 ff.
Aronschaltung 143
Aufladen eines Kondensators 41
Augenblicksleistung 116, 117
Ausgleichsvorgänge in linearen Netzen 144
Außenleiter 135
Ausweitung der Feldlinien am Luftspalt 54

B
Bandbreite 104, 109, 134
belasteter Spannungsteiler 13
Bemessungsgleichung des elektrischen Widerstands 2
Berechnung geschlossener magnetischer Kreise 54 ff.
Berechnung von Ausgleichsvorgängen 153 ff.
Berechnung von Wechselstromnetzen 101
Betriebskenngrößen von Vierpolen 188 f.
bewegte Leiterschleife im Magnetfeld 64 f.
bewegter Leiter im Magnetfeld 63
bewegte Spule im Magnetfeld 65 f.
Blindleistung 117 f., 137
Blindleistungskompensation 122
Blindleitwert 94
Blindwiderstand 92
Boucherot-Schaltung 113
Brechungsgesetz für schräg geschichtete Magnetmaterialien 53
Brechungsgesetz für schräg geschichtetes Dielektrikum 43

C
charakteristische Gleichung 147
Coulombsches Gesetz 1, 36

D
Dämpfung 190
Dauermagnetkreis mit Streuung 62
Dielektrizitätskonstante 36
direkte trigonometrische Interpolation 170
Drei-Amperemeter-Methode 121
Dreieckschaltung 137
Dreieck-Stern-Transformation 15, 97
Dreiphasensysteme 136 ff.
Drei-Voltmeter-Methode 121
Durchflutung 47
Durchflutungssatz 50

E
Effektivwert 85, 176
Eisenfüllfaktor 54
elektrische Energie 3, 23
elektrische Energie einer Kapazität 42, 116
elektrische Energiedichte 42
elektrische Feldstärke im elektrostatischen Feld 35, 39
elektrische Feldstärke im Strömungsfeld 1, 31
elektrische Kraft 1, 36, 42
elektrische Leistung 3, 23
elektrischer Leitwert 2, 31 f.
elektrischer Strom, elektrischer Fluss 1, 29 f.
elektrischer Widerstand 2, 31 f.
elektrische Spannung im elektrostatischen Feld 35, 39
elektrische Spannung im Strömungsfeld 1 f., 31
elektrische Stromdichte-elektrische Flussdichte 1, 29 f.
elektrisches Potential 1, 28, 31 f., 35
elektrisches Strömungsfeld 29 ff.
elektromagnetisches Feld 27 ff.
elektromagnetische Spannungserzeugung 63 ff.
elektrostatisches Feld 33 ff.
elektrostatisches Feld einer Punktladung 34
Emitterschaltung 194
Energieansatz 3
Energieäquivalente 3, 23
Energieumwandlungen 23
Entladung eines Kondensators mittels einer Spule 147
Ersatzschaltbilder des Transformators 127 f., 130 f.
Ersatzschaltungen von Vierpolen 184
Ersatzspannungsquelle 9

Ersatzstromquelle 9
Erster Kirchhoffscher Satz 7, 90

F
Formfaktor 85, 177
Fourieranalyse 163 ff.
Fourierintegral 178
Fourierkoeffizienten 163 ff.
Fourierreihe 163 ff.
Frequenzabhängigkeit der Blindleitwerte 108
Frequenzabhängigkeit der Blindwiderstände 103
Frequenzabhängigkeit der Spannungsübersetzung eines Transformators 134
Frequenz-Messbrücke nach Wien 115

G
Gegeninduktion 75 f.
Gegeninduktivität 73
Gegen-Reihenschaltung von Spulen 78
gegensinnige Kopplung 77
Gleichrichtwert 85
gleichsinnige Kopplung 77
Gleichstrom 1, 29 f.
Gleichstromtechnik 4
Grenzfrequenzen 104, 109, 134
Grundstromkreis 4, 123
Gütefaktor 119

H
Hauptinduktivitäten 81
Hopkinsonsches Gesetz 48
Hummelschaltung 112

I
Illiovici-Brücke 114
Impedanz 92
in Reihe geschaltete Parallelschaltungen 99
Induktionsfluss 69
Induktionsgesetz 63 ff.
Induktivität 70 ff.

K
Kapazität einer Doppelleitung 40
Kapazität einer zylindersymmetrischen Anordnung 40
Kapazität eines Zweielektrodensystems 35
Kapazitäts-Messbrücke 114
Kennleitwert 108
Kennlinie des aktiven Zweipols 5
Kennlinie des passiven Zweipols 5
Kennwiderstand 103
Kettenform der Vierpolgleichungen 182
Klirrfaktoren 177
Knotenpunktregel-Knotenpunktsatz 7, 90

Knotenspannungsverfahren 22, 90, 101
Koerzitivfeldstärke 52
Kollektorschaltung 196
Kompensationsschaltungen 14
komplexe Amplitude 86
komplexe Leistung 119
komplexe Operatoren 89
komplexer Effektivwert 86
komplexe Reihen 178
komplexer Leitwert 94 f.
komplexer Widerstand 92 f.
Kontinuitätsgleichung des magnetischen Flusses 46
Konvektionsstrom 1, 41
Kopplungsfaktoren 81
Korrespondenzen der Fouriertransformation 179
Korrespondenzen der Laplacetransformation 158 ff.
Kraft auf die Elektroden eines Kondensators 42
Kraftwirkung auf elektrische Ladungen im Magnetfeld 63
Kreisfrequenz 85
Kreisgüte 104, 109
Kurzschluss im Grundstromkreis 4, 10
Kurzschlussleistung 26

L
Längsschichtung im elektrostatischen Feld 43
Längsschichtung im magnetischen Feld 53
Laplacetransformation 150 f.
Leerlauf am Transformator 129
Leerlauf im Grundstromkreis 4, 10
Leerlaufleistung 26
Leistungen im Grundstromkreis 26, 123
Leistung im Wechselstromkreis 116 ff.
Leistungsdreieck 119
Leistungsfaktor 117, 122
Leistungsverstärkung 190
Leitwertform der Vierpolgleichungen 180
linearer Widerstand 5

M
Magnetfeld eines stromdurchflossen Leiters 51
Magnetfeld eines stromdurchflossenen Rohres 51
magnetische Energie 82, 116
magnetische Feldstärke einer Doppelleitung 60
magnetische Feldstärke – magnetische Erregung 49

Sachwortverzeichnis

magnetische Flussdichte – magnetische Induktion 44 ff.
magnetische Kräfte 83
magnetische Kreise mit Dauermagneten 61 f.
magnetischer Fluss 44 ff.
magnetischer Leitwert 48
magnetischer Widerstand 48
magnetisches Feld 44 ff.
magnetische Spannungen 49
Magnetisierungskurve 49, 52
Maschenregel-Maschensatz 7, 90
Maschenstromverfahren 21, 90, 101
Maximalwert 85
Maxwell-Wien-Brücke 114
Mehrphasensysteme 135 ff.
Messbereichserweiterung eines Spannungsmessers 6
Messbereichserweiterung eines Strommessers 9
Messung der elektrischen Energie 23
Messung der elektrischen Leistung 23
Messung der Ersatzschaltbildgrößen des Transformators 132 f.
Messung der Leistungen des Dreiphasensystems 143
Messung der Scheinleistung 120
Messung der Wirk- und Blindleistung 121
Messung von Widerständen 12
Mittelwerte von Wechselgrößen 85

N
Netzwerkberechnungen 16 ff., 90, 101
Netzberechnung für Netze mit gekoppelten Spulen 79
nichtlinearer Widerstand 5
normaler Belastungsfall des Grundstromkreises 10, 123
normierte Verstimmung 104, 109
Nutzfluss 54

O
Ohmsches Gesetz 2
Ohmsches Gesetz der Wechselstromtechnik 92, 94
Ohmsches Gesetz des magnetischen Kreises 48
Operationen der Laplacetransformation 157
Operator des Mehrphasensystems 135
Optimierung des Dauermagnetkreises 62
Ortkurve „Kreis in allgemeiner Lage" 126
Ortskurve „Gerade" 125
Ortskurve „Kreis durch den Nullpunkt" 125
Ortskurve „Parabel" 126
Ortskurve „Zirkulare Kubik" 126
Ortskurven 124 ff.

P
parallel geschaltete Reihenschaltungen 98
Parallel-Reihen-Form der Vierpolgleichungen 182
Parallelresonanz 108, 110
Parallelschaltung verlustbehafteter Blindwiderstände 110 f.
Parallelschaltung von Kondensatoren 37, 94
Parallelschaltung von Spannungsquellen 11
Parallelschaltung von Spulen 79, 94
Parallelschaltung von Wechselstromwiderständen 94, 107 ff.
Parallelschaltung von Widerständen 8-9
Periodendauer 84
periodischer Fall 149, 156
Periodizität 85
Permeabilität 48, 52
Permittivität 36
Phasenspektrum 163, 178
Phasenumkehrstufe 197
Phasenverschiebung 92, 94
Polek-Schaltung 112
Praktischer Parallel-Resonanzkreis 111

Q
Querschichtung im elektrostatischen Feld 43
Querschichtung im magnetischen Feld 53

R
Rampenfunktion 150
Reaktanz 92
Rechte-Hand-Regel 68
Reihen-Parallel-Form der Vierpolgleichungen 181
Reihenresonanz 103
Reihenschaltung von Kondensatoren 38, 92
Reihenschaltung von Spannungsquellen 7
Reihenschaltung von Spulen 78, 92
Reihenschaltung von Wechselstromwiderständen 92, 102 ff.
Reihenschaltung von Widerständen 6
relative Dielektrizitätskonstante 36
relative Permeabilität 48
relative Verstimmung 104, 109
Remanenz 52
Resistanz 92
Resonanzfrequenz 103, 108
Resonanzkreisfrequenz 103, 108
Resonanzkurven 105 f.
rückwirkungsfreie Vierpole 191

S
Sägezahnfunktion 168 f.
Sättigungsinduktion 52
Scheinleistung 117 ff., 137

Scheinleitwert 94
Scheinwiderstand 92
Scheitelfaktor 85, 177
Schering-Messbrücke 115
Schleifdrahtmessbrücke 13
Selbstinduktion 72
sinusförmige Wechselgrößen 85
Spannungsresonanz 103
spannungsrichtige Leistungsmessung 24
spannungsrichtige Widerstands-
    Messschaltung 12
Spannungsteilerregel 6, 90, 96, 101
Spannungsverhältnis des Transformators 129
spezifischer Leitwert 2
spezifischer Widerstand 2
Sprungfunktion 150
Sprungstellenverfahren 172 ff.
Stern-Dreieck-Transformation 15, 97
Sternpunktleiter 135
Sternschaltung 136
Streufaktor 54, 81
Streufluss 54
Streuinduktivitäten 81
Stromresonanz 108, 110
stromrichtige Leistungsmessung 24, 120
stromrichtige Widerstands-Messschaltung 12
Stromteilerregel 8, 90, 96, 101
Strömungsfeld einer zylindersymmetrischen
    Anordnung 30
Superpositionsverfahren 17, 90, 101
Suszeptanz 94
symbolische Methode 90
Symmetrien von periodischen Funktionen
    164 ff.
symmetrischer Brücken-T-Vierpol 187, 194
symmetrische Vierpole 191
symmetrische X-Schaltung 187

T
Temperaturabhängigkeit des spezifischen
    Widerstands 2
Temperaturkoeffizient 2
Transformator 80, 127 ff.
Transformatorgleichungen 127 f.
Transistorverstärker 198

U
Überlagerung der Kennlinien des aktiven und
    passiven Zweipols 5
Überlagerung von elektrischen Potentialen 39
Übersetzungsverhältnis des Transformators
    129
Übertragungsmaß 200

umkehrbare Vierpole 191
Umpoler 187
Umrechnung der Vierpolparameter 183, 199
unbelasteter Spannungsteiler 6
unsymmetrische verkettete Dreiphasen-
    systeme 138 ff.
unverzweigter Stromkreis 4 ff.

V
Verbesserung des Leistungsfaktors 122
verkettete Mehrphasensysteme 135
verketteter Fluss 69
Verlustfaktor 119
Verlustwinkel 119
Verschiebestrom 41
Verschiebungsfluss- Erregungsfluss 33
Verschiebungsflussdichte – Erregungsfluss-
    dichte 33
verzweigter Stromkreis 7 ff.
Verzerrungsfaktor 177
Vierpolgleichungen 180 ff.
Vierpolparameter 180 ff.
Vierpolparameter passiver Vierpole 185 ff.
Vierpolschaltung in Rückwärtsbetrieb 180
Vierpolschaltung in Vorwärtsbetrieb 180
Vierpoltheorie 180 ff.
vollständige Leitwertmatrix 199

W
Wärmeenergie 3, 23
Wechselstromleitwerte 91 ff.
Wechselstrom-Messbrückenschaltungen 113 ff.
Wechselstromtechnik 84
Wechselstromwiderstände 91 ff.
Wellenparameter passiver Vierpole 200
Wellenwiderstand 200
Wheatstone-Messbrücke 12
Widerstandsform der Vierpolgleichungen 181
Wien-Robinson-Brücke 115
Wirkleistung 116 ff., 137, 176
Wirkungsgrad in Stromkreisen 25, 123
Wirkwiderstand 92

Z
Zählpfeilsysteme 6
Zeigerbilder 88, 93, 95
Zeigerbilder des Transformators 128 f.
zeitlich veränderliches Magnetfeld und
    ruhende Leiter – Ruheinduktion 67 ff.
Zusammenschalten zweier Vierpole 192 ff.
Zweigstromanalyse 16, 90, 101
Zweipoltheorie 18-20, 90, 101
Zweiter Kirchhoffscher Satz 7, 90